U0050602

Deepen Your Mind

Deepen Your Mind

洪錦魁簡介

一位跨越電腦作業系統與科技時代的電腦專家，著作等身的作家。

☐ DOS 時代他的代表作品是 IBM PC 組合語言、C、C++、Pascal、資料結構。

☐ Windows 時代他的代表作品是 Windows Programming 使用 C、Visual Basic。

☐ Internet 時代他的代表作品是網頁設計使用 HTML。

☐ 大數據時代他的代表作品是 R 語言邁向 Big Data 之路。

☐ 人工智慧時代他的代表作品是機器學習彩色圖解 + 基礎數學與基礎微積分 + Python 實作

除了作品被翻譯為簡體中文、馬來西亞文外，2000 年作品更被翻譯為 Mastering HTML 英文版行銷美國，近年來作品則是在北京清華大學和台灣深智同步發行：

1：Java 入門邁向高手之路王者歸來

2：Python 最強入門邁向頂尖高手、數據科學之路王者歸來

3：OpenCV 影像創意邁向 AI 視覺王者歸來

4：Python 網路爬蟲：大數據擷取、清洗、儲存與分析王者歸來

5：演算法最強彩色圖鑑 + Python 程式實作王者歸來

6：網頁設計 HTML+CSS+JavaScript+jQuery+Bootstrap+Google Maps 王者歸來

7：機器學習彩色圖解 + 基礎數學、基礎微積分 + Python 實作王者歸來

8：R 語言邁向 Big Data 之路王者歸來

9：Excel 完整學習、Excel 函數庫、Excel VBA 應用王者歸來

10：Power BI 最強入門 – 大數據視覺化 + 智慧決策 + 雲端分享王者歸來

他的近期著作分別登上天瓏、博客來、Momo 電腦書類暢銷排行榜前幾名，他的著作最大的特色是，所有程式語法或是功能解說會依特性分類，同時以實用的程式範例做解說，讓整本書淺顯易懂，讀者可以由他的著作事半功倍輕鬆掌握相關知識。

matplotlib
2D 到 3D 資料視覺化
王者歸來
(全彩印刷)

序

這是國內第一本使用 matplotlib 完整講解 2D 到 3D 資料視覺化的書籍。

人工智慧的興起,除了機器學習與深度學習帶領風潮,從 2D 到 3D 的資料視覺化也成為人工智慧工程師鑽研的主題,多次與教育界的朋友聊天,一致感覺目前國內缺乏這方面完整敘述的書籍,這也是筆者撰寫這本書的動力。

這本書包含 32 個主題,509 個程式實例,整本書內容如下:

- ❏ 完整解說操作 matplotlib 需要的 Numpy 知識
- ❏ 認識座標軸與圖表內容設計
- ❏ 繪製多個圖表
- ❏ 圖表的註解
- ❏ 建立與徹底認識圖表數學符號
- ❏ 折線圖與堆疊折線圖
- ❏ 散點圖
- ❏ 色彩映射 Color mapping
- ❏ 色彩條 Colorbars
- ❏ 建立數據圖表
- ❏ 長條圖與橫條圖
- ❏ 直方圖
- ❏ 圓餅圖

- ❑ 箱線圖
- ❑ 極座標繪圖
- ❑ 階梯圖
- ❑ 棉棒圖
- ❑ 影像金字塔
- ❑ 間斷長條圖
- ❑ 小提琴圖
- ❑ 誤差條
- ❑ 輪廓圖
- ❑ 箭袋圖
- ❑ 幾何圖形
- ❑ 表格製作
- ❑ 基礎 3D 繪圖
- ❑ 3D 曲面設計
- ❑ 3D 長條圖
- ❑ 設計動畫

寫過許多的電腦書著作，本書沿襲筆者著作的特色，程式實例豐富，相信讀者只要遵循本書內容必定可以在最短時間精通使用 Python + matplotlib 完成資料視覺化。編著本書雖力求完美，但是學經歷不足，謬誤難免，尚祈讀者不吝指正。

洪錦魁 2022-03-15

jiinkwei@me.com

教學資源說明

教學資源有教學投影片、本書實例與習題解答，內容超過 1500 頁。

如果您是學校老師同時使用本書教學，歡迎與本公司聯繫，本公司將提供教學投影片。請老師聯繫時提供任教學校、科系、Email、和手機號碼，以方便深智數位股份有限公司業務單位協助您。

臉書粉絲團

歡迎加入：王者歸來電腦專業圖書系列

歡迎加入：iCoding 程式語言讀書會 (Python, Java, C, C++, C#, JavaScript, 大數據, 人工智慧等不限)，讀者可以不定期獲得本書籍和作者相關訊息。

歡迎加入：穩健精實 AI 技術手作坊

讀者資源說明

請至本公司網頁 https://deepmind.com.tw 下載本書程式實例與習題所需的影像素材檔案。

目錄

第 3 章　座標軸基礎設計

第 4 章　圖表內容設計

第 17 章　極座標繪圖

第 18 章　堆疊折線圖

第 28 章 表格製作

第 29 章 基礎 3D 繪圖

第 30 章 3D 曲面與輪廓設計

第一章
學習 matplotlib 需要的 Numpy 知識

Python 是一個應用範圍很廣的程式語言，雖然串列 (list) 和元組 (tuple) 可以執行繪製圖表所需的一維陣列 (one-dimension array) 或是多維陣列 (multi-dimension array) 運算的資料。但是如果我們強調需要使用高速計算時，就必需要使用 Numpy，事實上 matplotlib 模組是建立在 Numpy 基礎上的繪圖函數庫。如果使用串列 (list) 和元組 (tuple) 當作繪圖的數據來源，雖然簡單，伴隨的優點卻同時產生了下列缺點：

- ❏ 執行速度慢。
- ❏ 需要較多系統資源。

為此許多高速運算的模組因而誕生，在科學運算或人工智慧領域最常見，應用最廣的模組是 Numpy，此名稱所代表的英文是 Numerical Python。本章將針對未來操作 matplotlib 需要的 Numpy 知識，做一個完整的說明。

1-0 建議閱讀書籍

這本書主要是使用 Python 講解 matplotlib 的完整知識，如果讀者不熟悉 Python，建議可以閱讀下列書籍。

或

上述書籍的第 1 版與第 2 版皆曾經獲得博客來週或月銷售排行榜的第 1 名。

1-1　陣列 ndarray

Numpy 模組所建立的陣列資料型態稱 ndarray(n-dimension array)，n 是代表維度，例如：稱一維陣列、二維陣列、… n 維陣列。ndarray 陣列幾個特色如下：

❑ 陣列大小是固定。
❑ 陣列元素內容的資料型態是相同。

也因為上述 Numpy 陣列的特色，讓它運算時可以有較好的執行速度與需要較少的系統資源。

1-2　Numpy 的資料型態

Numpy 支援比 Python 更多資料型態，下列是 Numpy 所定義的資料型態。

❑ bool_：和 Python 的 bool 相容，以一個位元組儲存 True 或 False。
❑ int_：預設的整數型態，與 C 語言的 long 相同，通常是 int32 或 int64。
❑ intc：與 C 語言的 int 相同，通常是 int32 或 int64。
❑ intp：用於索引的整數，與 C 的 size_t 相同，通常是 int32 或 int64。
❑ int8：8 位元整數 (-128 ～ 127)。
❑ int16：16 位元整數 (-32768 ～ 32767)。
❑ int32：32 位元整數 (-2147483648 ～ 2147483647)。
❑ int64：64 位元整數 (-9223372036854775808 ～ 9223372036854775807)。
❑ uint8：8 位元無號整數 (0 ～ 255)。
❑ uint16：16 位元無號整數 (0 ～ 65535)。
❑ uint32：32 位元無號整數 (0 ～ 4294967295)。
❑ uint64：64 位元無號整數 (0 ～ 18446744073709551615)。
❑ float_：與 Python 的 float 相同。
❑ float16：半精度浮點數，符號位，5 位指數，10 位尾數。
❑ float32：單精度浮點數，符號位，8 位指數，23 位尾數。
❑ float64：雙倍精度浮點數，符號位，11 位指數，52 位尾數。

❑ complex_：複數，complex_128 的縮寫。

❑ complex64：複數，由 2 個 32 位元浮點數表示 (實部和虛部)。

❑ complex128：複數，由 2 個 64 位元浮點數表示 (實部和虛部)。

1-3　使用 array( ) 建立一維或多維陣列

1-3-1　認識 ndarray 的屬性

當使用 Numpy 模組建立 ndarray 資料型態的陣列後，可以使用下列方式獲得 ndarray 的屬性，下列是幾個常用的屬性。

ndarray.dtype：陣列元素型態。

ndarray.itemsize：陣列元素資料型態大小 (或稱所佔空間)，單位是為位元組。

ndarray.ndim：陣列的維度。

ndarray.shape：陣列維度元素個數，資料型態是元組，也可以用於調整陣列大小。

ndarray.size：陣列元素個數。

1-3-2　使用 array( ) 建立一維陣列

我們可以使用 array( ) 函數建立一維陣列，array( ) 函數的語法如下：

```
numpy.array(object, dtype=None, ndmin)
```

上述參數意義如下：

❑ object：陣列資料。

❑ dtype：資料類型，如果省略將使用可以容納資料最省的類型。

❑ ndmin：建立陣列維度。

建立時在小括號內填上中括號，然後將陣列數值放在中括號內，彼此用逗號隔開。

實例 1：建立一維陣列，陣列內容是 1, 2, 3，同時列出陣列的資料型態。

```
>>> import numpy as np
>>> x = np.array([1, 2, 3])
>>> print(type(x))          列印x資料類型
<class 'numpy.ndarray'>
>>> print(x)                列印x陣列內容
[1 2 3]
```

上述所建立的一維陣列圖形如下：

<table>
<tr><td>x[0]</td><td>1</td></tr>
<tr><td>x[1]</td><td>2</td></tr>
<tr><td>x[2]</td><td>3</td></tr>
</table>

陣列建立好了，可以用索引方式取得或設定內容。

實例 2：列出陣列元素內容。

```
>>> import numpy as np
>>> x = np.array([1, 2, 3])
>>> print(x[0])
1
>>> print(x[1])
2
>>> print(x[2])
3
```

實例 3：設定陣列內容。

```
>>> import numpy as np
>>> x = np.array([1, 2, 3])
>>> x[1] = 10
>>> print(x)
[ 1 10  3]
```

實例 4：認識 ndarray 的屬性。

```
>>> import numpy as np
>>> x = np.array([1, 2, 3])
>>> x.dtype              ←——————— 列印x陣列元素型態
dtype('int32')
>>> x.itemsize           ←——————— 列印x陣列元素大小
4
>>> x.ndim               ←——————— 列印x陣列維度
1
>>> x.shape              ←——————— 列印x陣列外形,3是第1維元素個數
(3,)
>>> x.size               ←——————— 列印x陣列元素個數
3
```

上述 x.dtype 獲得 int32，表示是 32 位元的整數。x.itemsize 是陣列元素大小，其中以位元組為單位，一個位元組是 8 個位元，由於元素是 32 位元整數，所以回傳是 4。x.ndim 回傳陣列維度是 1，表示這是一維陣列。x.shape 以元組方式回傳第一維元素個數是 3，未來二維陣列還會解說。x.size 則是回傳元素個數。

實例 5：array( ) 函數也可以接受使用 dtype 參數設定元素的資料型態。

```
>>> import numpy as np
>>> x = np.array([2, 4, 6], dtype=np.int8)
>>> x.dtype
dtype('int8')
```

上述因為元素是 8 位元整數，所以執行 x.itemsize，所得的結果是 1。

```
>>> x.itemsize
1
```

實例 6：浮點數陣列的建立與列印。

```
>>> import numpy as np
>>> y = np.array([1.1, 2.3, 3.6])
>>> y.dtype
dtype('float64')
>>> y
array([1.1, 2.3, 3.6])
>>> print(y)
[1.1 2.3 3.6]
```

上述所建立的一維陣列圖形如下：

x[0]	1.1
x[1]	2.3
x[2]	3.6

1-3-3　使用 array( ) 函數建立多維陣列

在使用 array( ) 建立陣列時，如果設定參數 ndmin 就可以建立多維陣列。

程式實例 ch1_1.py：建立二維陣列。

```
1  # ch1_1.py
2  import numpy as np
3
4  row1 = [1, 2, 3]
5  arr1 = np.array(row1, ndmin=2)
6  print(f"陣列維度 = {arr1.ndim}")
7  print(f"陣列外型 = {arr1.shape}")
8  print(f"陣列大小 = {arr1.size}")
9  print("陣列內容")
10 print(arr1)
11 print("-"*70)
12 row2 = [4, 5, 6]
13 arr2 = np.array([row1,row2], ndmin=2)
14 print(f"陣列維度 = {arr2.ndim}")
15 print(f"陣列外型 = {arr2.shape}")
16 print(f"陣列大小 = {arr2.size}")
17 print("陣列內容")
18 print(arr2)
```

執行結果

```
================== RESTART: D:\matplotlib\ch1\ch1_1.py ==================
陣列維度 = 2
陣列外型 = (1, 3)
陣列大小 = 3
陣列內容
[[1 2 3]]
----------------------------------------------------------------
陣列維度 = 2
陣列外型 = (2, 3)
陣列大小 = 6
陣列內容
[[1 2 3]
 [4 5 6]]
```

程式實例 ch1_2.py：另一種設定二維陣列的方式重新設計 ch1_1.py。

```
1   # ch1_2.py
2   import numpy as np
3
4   x = np.array([[1, 2, 3], [4, 5, 6]])
5   print(f"陣列維度 = {x.ndim}")
6   print(f"陣列外型 = {x.shape}")
7   print(f"陣列大小 = {x.size}")
8   print("陣列內容")
9   print(x)
```

執行結果

```
================== RESTART: D:/matplotlib/ch1/ch1_2.py ==================
陣列維度 = 2
陣列外型 = (2, 3)
陣列大小 = 6
陣列內容
[[1 2 3]
 [4 5 6]]
```

上述所建立的二維陣列，與二維陣列索引的圖形如下：

1	2	3
4	5	6

二維陣列內容

x[0][0]	x[0][1]	x[0][2]
x[1][0]	x[1][1]	x[1][2]

二維陣列索引

也可以用 x[0, 2] 代表 x[0][2]，可以參考下列實例，未來在實務應用 x[0, 2] 表達方式更是比較常使用。

程式實例 ch1_3.py：認識引用二維陣列索引的方式。

```
1   # ch1_3.py
2   import numpy as np
3
4   x = np.array([[1, 2, 3], [4, 5, 6]])
5   print(x[0][2])
6   print(x[1][2])
7   # 或是
8   print(x[0, 2])
9   print(x[1, 2])
```

執行結果

```
=================== RESTART: D:/matplotlib/ch1/ch1_3.py ===================
3
6
3
6
```

上述第 5 列與第 8 列意義相同，讀者可以了解引用索引方式。

1-4 使用 zeros( ) 建立內容是 0 的多維陣列

函數 zeros( ) 可以建立內容是 0 的陣列，語法如下：

　　np.zeros(shape, dtype=float)

上述參數意義如下：

❑ shape：陣列外型。

❑ dtype：預設是浮點數資料類型，也可以用此設定資料類型。

程式實例 ch1_4.py：分別建立 1 x 3 一維和 2 x 3 二維外型的陣列，一維陣列元素資料類型是浮點數 (float)，二維陣列元素資料類型是 8 位元無號整數 (unit8)。

```
1  # ch1_4.py
2  import numpy as np
3
4  x1 = np.zeros(3)
5  print(x1)
6  print("-"*70)
7  x2 = np.zeros((2, 3), dtype=np.uint8)
8  print(x2)
```

執行結果

```
=================== RESTART: D:/matplotlib/ch1/ch1_4.py ===================
[0. 0. 0.]
-----------------------------------------------------------------------
[[0 0 0]
 [0 0 0]]
```

1-5 使用 ones( ) 建立內容是 1 的多維陣列

函數 ones( ) 可以建立內容是 1 的陣列，語法如下：

　　np.ones(shape, dtype=None)

上述參數意義如下：

❑ shape：陣列外型。

❑ dtype：預設是 64 浮點數資料類型 (float64)，也可以用此設定資料類型。

程式實例 ch1_5.py：分別建立 1 x 3 一維和 2 x 3 二維外型的陣列，一維陣列元素資料
類型是浮點數 (float)，二維陣列元素資料類型是 8 位元無號整數 (unit8)。

```
1  # ch1_5.py
2  import numpy as np
3
4  x1 = np.ones(3)
5  print(x1)
6  print("-"*70)
7  x2 = np.ones((2, 3), dtype=np.uint8)
8  print(x2)
```

執行結果

```
==================== RESTART: D:/matplotlib/ch1/ch1_5.py ====================
[1. 1. 1.]
----------------------------------------------------------------------
[[1 1 1]
 [1 1 1]]
```

1-6 使用 random.randint( ) 建立隨機數陣列

函數 random.randint( ) 可以建立均勻分佈隨機數內容的陣列，語法如下：

np.random.randint(low, high=None, size=None, dtype=int)

上述參數意義如下：

❑ low：隨機數的最小值 (含此值)。

❑ high：這是選項，如果有此參數代表隨機數的最大值 (不含此值)。如果不含此參數，
則隨機數是 0 ~ low 之間。

❑ size：這是選項，陣列的維數。

❑ dtype：預設是整數資料類型 (int)，也可以用此設定資料類型。

程式實例 ch1_6.py：分別建立單一隨機數、含 10 個元素陣列的隨機數、3 x 5 的二維
陣列的隨機數。

```
1  # ch1_6.py
2  import numpy as np
3
4  x1 = np.random.randint(10, 20)
5  print("回傳值是10(含)至20(不含)的單一隨機數")
6  print(x1)
7  print("-"*70)
8  print("回傳一維陣列10個元素，值是1(含)至5(不含)的隨機數")
9  x2 = np.random.randint(1, 5, 10)
10 print(x2)
11 print("-"*70)
12 print("回傳單3*5陣列，值是0(含)至10(不含)的隨機數")
13 x3 = np.random.randint(10, size=(3, 5))
14 print(x3)
```

執行結果

```
================ RESTART: D:/matplotlib/ch1/ch1_6.py ================
回傳值是10(含)至20(不含)的單一隨機數
15
--------------------------------------------------------------------
回傳一維陣列10個元素，值是1(含)至5(不含)的隨機數
[3 3 2 4 1 3 3 2 3 2]
--------------------------------------------------------------------
回傳單3*5陣列，值是0(含)至10(不含)的隨機數
[[0 6 1 8 9]
 [6 9 2 2 0]
 [4 8 6 2 7]]
```

1-7　使用 arange( ) 函數建立陣列數據

函數 arange( ) 是建立陣列數據的方法，此函數語法如下：

    np.arange(**start**, **stop**, **step**)   # start 和 step 是可以省略

start 是起始值如果省略預設值是 0，stop 是結束值但是所產生的陣列不包含此值，step 是陣列相鄰元素的間距如果省略預設值是 1。

程式實例 ch1_7.py：建立連續數值 0- 15 的一維陣列。

```
1  # ch1_7.py
2  import numpy as np
3
4  x = np.arange(16)
5  print(x)
```

執行結果

```
================ RESTART: D:/matplotlib/ch1/ch1_7.py ================
[ 0  1  2  3  4  5  6  7  8  9 10 11 12 13 14 15]
```

程式實例 ch1_8.py：在 0 和 2(不含) 建立間距是 0.1 的一維陣列。

```
1  # ch1_8.py
2  import numpy as np
3
4  x = np.arange(0,2,0.1)
5  print(x)
```

執行結果

```
==================== RESTART: D:/matplotlib/ch1/ch1_8.py ====================
[0.  0.1 0.2 0.3 0.4 0.5 0.6 0.7 0.8 0.9 1.  1.1 1.2 1.3 1.4 1.5 1.6 1.7
 1.8 1.9]
```

1-8 使用 linspace( ) 函數建立陣列

函數 linspace( ) 可以建立指定區間均勻間隔的數字陣列，語法如下：

   np.linspace(start, end, num)

start 是起始值 (含) 如果省略預設值是 0，stop 是結束值 (含)，num 是區間的元素個數。

程式實例 ch1_9.py：在 0 和 2 之間建立 100 個點的陣列。

```
1  # ch1_9.py
2  import numpy as np
3
4  x = np.linspace(0,2,100)
5  print(x)
```

執行結果

```
==================== RESTART: D:/matplotlib/ch1/ch1_9.py ====================
[0.         0.02020202 0.04040404 0.06060606 0.08080808 0.1010101
 0.12121212 0.14141414 0.16161616 0.18181818 0.2020202  0.22222222
 0.24242424 0.26262626 0.28282828 0.3030303  0.32323232 0.34343434
 0.36363636 0.38383838 0.4040404  0.42424242 0.44444444 0.46464646
 0.48484848 0.50505051 0.52525253 0.54545455 0.56565657 0.58585859
 0.60606061 0.62626263 0.64646465 0.66666667 0.68686869 0.70707071
 0.72727273 0.74747475 0.76767677 0.78787879 0.80808081 0.82828283
 0.84848485 0.86868687 0.88888889 0.90909091 0.92929293 0.94949495
 0.96969697 0.98989899 1.01010101 1.03030303 1.05050505 1.07070707
 1.09090909 1.11111111 1.13131313 1.15151515 1.17171717 1.19191919
 1.21212121 1.23232323 1.25252525 1.27272727 1.29292929 1.31313131
 1.33333333 1.35353535 1.37373737 1.39393939 1.41414141 1.43434343
 1.45454545 1.47474747 1.49494949 1.51515152 1.53535354 1.55555556
 1.57575758 1.5959596  1.61616162 1.63636364 1.65656566 1.67676768
 1.6969697  1.71717172 1.73737374 1.75757576 1.77777778 1.7979798
 1.81818182 1.83838384 1.85858586 1.87878788 1.8989899  1.91919192
 1.93939394 1.95959596 1.97979798 2.        ]
```

1-9 使用 reshape( ) 函數更改陣列形式

函數 reshape( ) 可以更改陣列形式，語法如下：

　　np.reshape(a, newshape)

上述 a 是要更改的陣列，newshape 是新陣列的外形，newshape 可以是整數或是元組。

程式實例 ch1_10.py：將 1 x 16 陣列改為 2 x 8 陣列。

```
1  # ch1_10.py
2  import numpy as np
3
4  x = np.arange(16)
5  print(x)
6  print(np.reshape(x,(2,8)))
```

執行結果

```
==================== RESTART: D:/matplotlib/ch1/ch1_10.py ====================
[ 0  1  2  3  4  5  6  7  8  9 10 11 12 13 14 15]
[[ 0  1  2  3  4  5  6  7]
 [ 8  9 10 11 12 13 14 15]]
```

有時候 reshape( ) 函數的元組 newshape 的其中一個元素是 -1，這表示將依照另一個元素安排元素內容。

程式實例 ch1_11.py：重新設計 ch1_10.py，但是 newshape 元組的其中一個元素值是 -1，整個 newshape 內容是 (4,-1)。

```
1  # ch1_11.py
2  import numpy as np
3
4  x = np.arange(16)
5  print(x)
6  print(np.reshape(x,(4,-1)))
```

執行結果

```
==================== RESTART: D:/matplotlib/ch1/ch1_11.py ====================
[ 0  1  2  3  4  5  6  7  8  9 10 11 12 13 14 15]
[[ 0  1  2  3]
 [ 4  5  6  7]
 [ 8  9 10 11]
 [12 13 14 15]]
```

程式實例 ch1_12.py：重新設計 ch1_10.py，但是 newshape 元組的其中一個元素值是 -1，整個 newshape 內容是 (-1, 8)。

```
1  # ch1_12.py
2  import numpy as np
3
4  x = np.arange(16)
5  print(x)
6  print(np.reshape(x,(-1,8)))
```

執行結果

```
==================== RESTART: D:/matplotlib/ch1/ch1_12.py ====================
[ 0  1  2  3  4  5  6  7  8  9 10 11 12 13 14 15]
[[ 0  1  2  3  4  5  6  7]
 [ 8  9 10 11 12 13 14 15]]
```

第二章
認識 matplotlib 基礎與繪製折線圖

　　matplotlib 是一個繪圖的模組，搭配 Python 可以建立靜態、動態和交互式的可視化圖表，有了此工具可以使數據變得容易理解，同時也可以將圖表轉成不同格式輸出，這也是本書的主題。使用前需先安裝：

pip install matplotlib

　　matplotlib 是一個龐大的繪圖庫模組，只要導入其中的 pyplot 子模組內的 API 函數，就可以完成許多圖表繪製，如下所示：

import matplotlib.pyplot as plt

　　經過上述宣告後，就可以用 plt 呼叫相關模組的方法。本書未來如果沒有特別說明，所有函數皆是 pyplot 子模組內的 API 函數。本書也將會在需要時，介紹其他子模組。

2-1 matplotlib 模組的歷史

　　matplotlib 模組是適用於 Python 語言的繪圖模組，主要是使用 Python 編寫，考慮平台相容特性部分用 C、Objective-C 和 JavaScript 編寫。最初是由 John D. Hunter 開發，同時在 2003 年遵循 BSD 授權條款發佈上市，因此所有人可以免費使用，這期間同時有許多人也參與貢獻，2012 年 8 月 John D. Hunter 過世前，Michael Droettboom 被提名為 matplotlib 的首席開發者。

　　目前此模組也是不斷地在開發與擴充當中，了解 matplotlib 版本可以使用 __version__ 屬性。

程式實例 ch2_0.py：了解 matplotlib 的版本。

```
1  # ch2_0.py
2  import matplotlib
3
4  print(f"matplotlib version : {matplotlib.__version__}")
```

執行結果

```
===================== RESTART: D:/matplotlib/ch2/ch2_0.py =====================
matplotlib version : 3.3.0
```

2-2　使用 plot( ) 繪製折線圖 - 了解數據趨勢

plot( ) 可以繪製折線圖，常用語法格式如下：

matplotlib.pyplot.plot(x, y, **kwargs)

但是我們會在程式前方增加下列指令導入模組：

import matplotlib.pyplot as plt

所以可以將語法改寫如下，這個觀念適用本書所有程式。

plt.plot(x, y, **kwargs)

上述函數各參數用法如下：

❑ x：x 軸系列值，如果省略系列值，將自動標記 0, 1, …。

❑ y：y 軸系列值。

上述常見的選項參數 **kwargs 可有可無，下列所述的線條數特性稱 2D 線條參數，未來許多有關線條的設定皆可以參考此參數，其用法如下：

❑ lw：lw 是 linewidth 的縮寫，可以用 lw 或 linewidth 設定折線圖的線條寬度，可以參考 2-3 節。

❑ ls：ls 是 linestyle 的縮寫，可以用 ls 或 linestyle 設定折線圖的線條樣式，也可以省略。

❑ label：圖表的標籤，可以參考 2-7 節。

❑ color：縮寫是 c，可以設定色彩，可以參考 2-4 節。

❑ marker：節點樣式，可以參考 2-6 節。

❑ zorder：當繪製多條線時，zorder 值較小的先繪製。

註 **kwargs 參數皆是選項，可有可無，此觀念可以應用在本書未來所有章節。

2-2-1　顯示圖表 show( )

show( ) 函數可以顯示圖表，這個函數通常是放在程式最後一列，讀者可以參考 ch2_1.py 的第 7 列。

2-2-2　畫線基礎實作

這個程式是將含數據的串列當參數傳給 plot( )，串列內的數據會被視為 y 軸的值，x 軸的值會依串列值的索引位置自動產生。

程式實例 ch2_1.py：繪製折線的應用，squares[ ] 串列有 9 筆資料代表 y 軸值，數據 squares[ ] 基本上是 x 軸索引 0- 8 的平方值序列。

```
1  # ch2_1.py
2  import matplotlib.pyplot as plt
3
4  x = [0, 1, 2, 3, 4, 5, 6, 7, 8]
5  squares = [0, 1, 4, 9, 16, 25, 36, 49, 64]
6  plt.plot(x, squares)
7  plt.show()
```

執行結果

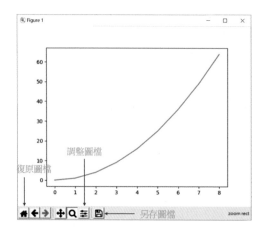

上述使用 💾 圖示，另存圖檔的方法，將在 2-8-1 節解說。

程式實例 ch2_2.py：重新設計 ch2_1.py，這個實例使用串列生成式建立 x 軸數據。

```
1  # ch2_2.py
2  import matplotlib.pyplot as plt
3
4  x = [x for x in range(9)]
5  squares = [0, 1, 4, 9, 16, 25, 36, 49, 64]
6  plt.plot(squares)
7  plt.show()
```

執行結果　與 ch2_1.py 相同。

在繪製線條時，預設顏色是藍色，更多相關設定 2-3 節會解說。如果 x 軸的數據是 0, 1, … n 時，在使用 plot( ) 時我們可以省略 x 軸數據，可以參考下列程式實例。

程式實例 ch2_3.py：省略 x 軸數據重新設計 ch2_1.py。

```
1  # ch2_3.py
2  import matplotlib.pyplot as plt
3
4  squares = [0, 1, 4, 9, 16, 25, 36, 49, 64]
5  plt.plot(squares)
6  plt.show()
```

執行結果 與 ch2_1.py 相同。

從上述執行結果可以看到左下角的軸刻度不是 (0,0)，將在下一章解說。

2-2-3 繪製函數圖形

使用 plot( ) 函數也可以繪製函數圖形。

程式實例 ch2_4.py：繪製 0 – 2 π 間的 sin 函數的波形。

```
1  # ch2_4.py
2  import matplotlib.pyplot as plt
3  import numpy as np
4
5  x = np.linspace(0, 2*np.pi, 500)    # 建立含500個元素的陣列
6  y = np.sin(x)                        # sin函數
7  plt.plot(x, y)
8  plt.show()
```

執行結果 可以參考下方左圖。

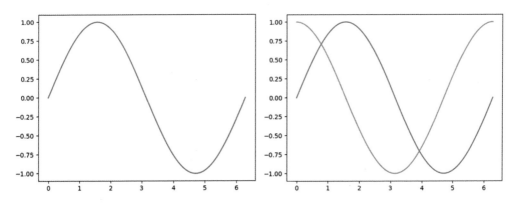

在繪製圖形時，也可以在一組圖形內繪製多組數據。

程式實例 ch2_5.py：擴充程式實例 ch2_4.py，同時增加繪製 cos 函數波形。

```
1   # ch2_5.py
2   import matplotlib.pyplot as plt
3   import numpy as np
4
5   x = np.linspace(0, 2*np.pi, 500)    # 建立含500個元素的陣列
6   y1 = np.sin(x)                       # sin函數
7   y2 = np.cos(x)                       # cos函數
8   plt.plot(x, y1)
9   plt.plot(x, y2)
10  plt.show()
```

執行結果　可以參考上方右圖，波型的顏色則是預設顏色。

　　上述程式第 8 列和第 9 列是使用 2 個 plot( ) 函數繪製 2 組數據，其實也可以使用 1 個 plot( ) 函數。

程式實例 ch2_6.py：使用 1 個 plot( ) 函數重新設計 ch2_5.py。

```
1   # ch2_6.py
2   import matplotlib.pyplot as plt
3   import numpy as np
4
5   x = np.linspace(0, 2*np.pi, 500)    # 建立含500個元素的陣列
6   y1 = np.sin(x)                       # sin函數
7   y2 = np.cos(x)                       # cos函數
8   plt.plot(x, y1, x, y2)
9   plt.show()
```

執行結果　與 ch2_5.py 相同。

2-3　線條寬度

　　最簡單的方式是使用 plot( ) 函數內的 linewidth(簡寫是 lw) 參數，設定線條寬度。也可以使用 matplotlib.pyplt.rcParams 設定線條寬度。

註　2-11 節會列出 matplotlib.pyplot.rcParams 完整列表，此列表內容包含 matplotlib.pyplot 模組的整個繪圖設定預設值，未來本書使用 rcParams 字串表示完整的 matplotlib.pyplot.rcParams。

2-3-1　使用 lw 和 linewidth 設定線條寬度

　　參數 lw 或 linewidth 所設定線條寬度的單位是像素點。

程式實例 ch2_6_1.py：用不同的線調寬度繪製 sin 和 cos 函數線條。

```
1   # ch2_6_1.py
2   import matplotlib.pyplot as plt
3   import numpy as np
4
5   x = np.linspace(0, 2*np.pi, 500)    # 建立含500個元素的陣列
6   y1 = np.sin(x)                      # sin函數
7   y2 = np.cos(x)                      # cos函數
8   plt.plot(x, y1, lw = 2)             # 線條寬度是 2
9   plt.plot(x, y2, linewidth = 5)      # 線條寬度是 5
10  plt.show()
```

執行結果 可以參考下方左圖。

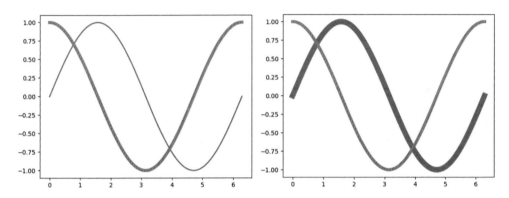

2-3-2 使用 rcParams 更改線條寬度

有關 rcParams 串列內容可以設定的參數內容非常多，如果沒有任何設定會使用預設值。其中 lines.linewidth 可以設定線條寬度，下列是將線條寬度改為 9。

　　plt.rcParams['lines.linewidth'] = 9

註 rcParams 的相關設定還有許多，未來將於需要時逐步解說。

程式實例 ch2_6_2.py：將 sin 的線條寬度改為 9，cos 的線條寬度改為 5。

```
1   # ch2_6_2.py
2   import matplotlib.pyplot as plt
3   import numpy as np
4
5   plt.rcParams['lines.linewidth'] = 9 # 設定線條寬度
6   x = np.linspace(0, 2*np.pi, 500)    # 建立含500個元素的陣列
7   y1 = np.sin(x)                      # sin函數
8   y2 = np.cos(x)                      # cos函數
9   plt.plot(x, y1)                     # 線條寬度是 9
10  plt.plot(x, y2, linewidth = 5)      # 線條寬度是 5
11  plt.show()
```

執行結果 可以參考上方右圖。

2-3-3　使用 zorder 控制繪製線條的順序

　　使用 plot( ) 函數繪製線條時，預設是依照出現順序繪製線條，如果在 plot( ) 函數內增加 zorder 參數時，可以改為先繪製 zorder 值比較低的線條。

程式實例 ch2_6_3.py：zorder 參數的應用，理論上應該先繪製第 9 列 plot( ) 的 sin 線條，但是因為它的 zorder 是 3，第 10 列 plot( ) 參數 zorder 是 2，所以先繪製第 10 列的 cos 線條。

```
1  # ch2_6_3.py
2  import matplotlib.pyplot as plt
3  import numpy as np
4
5  plt.rcParams['lines.linewidth'] = 9 # 設定線條寬度
6  x = np.linspace(0, 2*np.pi, 500)    # 建立含500個元素的陣列
7  y1 = np.sin(x)                      # sin函數
8  y2 = np.cos(x)                      # cos函數
9  plt.plot(x, y1, zorder=3)           # 繪製sin, zorder是 3
10 plt.plot(x, y2, zorder=2)           # 繪製cos, zorder是 2
11 plt.show()
```

執行結果

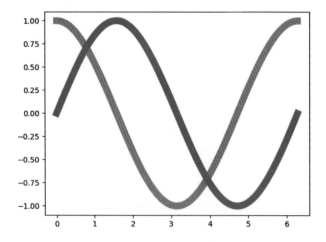

　　由於 sin 線條是後繪製，所以和 cos 線條交接處，sin 線條是壓在 cos 線條上方。

2-4　線條色彩

2-4-1　使用色彩字元設定線條色彩

　　如果想設定線條色彩，可以在 plot( ) 內增加下列 color 顏色參數設定，下列是常見的色彩表。

色彩字元	色彩說明
'b'	blue(藍色)
'c'	cyan(青色)
'g'	green(綠色)
'k'	black(黑色)
'm'	magenta(品紅)
'r'	red(紅色)
'w'	white(白色)
'y'	yellow(黃色)

註 附錄 B 有完整的色彩顏色名稱列表可以參考使用。

程式實例 ch2_7.py：重新設計 ch2_6.py，設定 sin 函數的顏色是青色，cos 函數的顏色是紅色。

```
1  # ch2_7.py
2  import matplotlib.pyplot as plt
3  import numpy as np
4
5  x = np.linspace(0, 2*np.pi, 500)    # 建立含500個元素的陣列
6  y1 = np.sin(x)                       # sin函數
7  y2 = np.cos(x)                       # cos函數
8  plt.plot(x, y1, color='c')           # 設定青色cyan
9  plt.plot(x, y2, color='r')           # 設定紅色red
10 plt.show()
```

執行結果

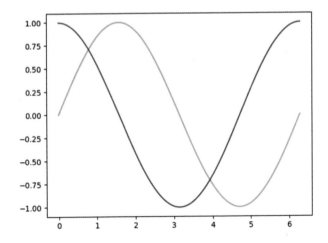

註 上述也可以用色彩全名，例如：cyan 代表青色，red 代表紅色。

程式實例 ch2_8.py：使用顏色全名，重新設計 ch2_7.py。

```
1  # ch2_8.py
2  import matplotlib.pyplot as plt
3  import numpy as np
4
5  x = np.linspace(0, 2*np.pi, 500)    # 建立含500個元素的陣列
6  y1 = np.sin(x)                       # sin函數
7  y2 = np.cos(x)                       # cos函數
8  plt.plot(x, y1, color='cyan')        # 設定青色cyan
9  plt.plot(x, y2, color='red')         # 設定紅色red
10 plt.show()
```

執行結果　與 ch2_7.py 相同。

2-4-2　省略 color 色彩名稱設定線條色彩

　　設定色彩時 color 參數名稱也可以省略，例如：直接使用 'c' 代表青色 (cyan)，直接使用 'r' 代表紅色 (red)。

程式實例 ch2_9.py：省略 color 參數名稱，重新設計 ch2_7.py。

```
1  # ch2_9.py
2  import matplotlib.pyplot as plt
3  import numpy as np
4
5  x = np.linspace(0, 2*np.pi, 500)    # 建立含500個元素的陣列
6  y1 = np.sin(x)                       # sin函數
7  y2 = np.cos(x)                       # cos函數
8  plt.plot(x, y1, 'c')                 # 設定青色cyan
9  plt.plot(x, y2, 'r')                 # 設定紅色red
10 plt.show()
```

執行結果　與 ch2_7.py 相同。

　　上述省略 color 時，也可以將第 8 和 9 組成一列，可以參考下列實例。

程式實例 ch2_9_1.py：使用省略方式重新設計 ch2_9.py。

```
1  # ch2_9_1.py
2  import matplotlib.pyplot as plt
3  import numpy as np
4
5  x = np.linspace(0, 2*np.pi, 500)    # 建立含500個元素的陣列
6  y1 = np.sin(x)                       # sin函數
7  y2 = np.cos(x)                       # cos函數
8  plt.plot(x, y1, 'c', x, y2, 'r')     # 設定cyan和red
9  plt.show()
```

執行結果　與 ch2_9.py 相同。

2-4-3 使用 RGB 觀念的 16 進位數字字串處理線條色彩

此外，也可以使用 RGB 的觀念，用 16 進位的數字字串，處理線條色彩。

程式實例 ch2_10.py：使用 16 進位的數字字串，處理線條色彩。

```
1   # ch2_10.py
2   import matplotlib.pyplot as plt
3   import numpy as np
4
5   x = np.linspace(0, 2*np.pi, 500)        # 建立含500個元素的陣列
6   y1 = np.sin(x)                          # sin函數
7   y2 = np.cos(x)                          # cos函數
8   plt.plot(x, y1, color=('#00ffff'))      # 設定青色cyan
9   plt.plot(x, y2, color=('#ff0000'))      # 設定紅色red
10  plt.show()
```

執行結果 與 ch2_7.py 相同。

有關上述 RGB 色彩數值與顏色觀念可以參考附錄 B。

2-4-4 使用 RGB 觀念處理線條色彩

建立色彩時也可以使用 RGB 觀念處理線條色彩，這時傳入的資料型態是元組，同時 Red、Green、Blue 的色彩值必須處理為 0 – 1 之間。

程式實例 ch2_11.py：使用 RGB 觀念重新設計 ch2_7.py。

```
1   # ch2_11.py
2   import matplotlib.pyplot as plt
3   import numpy as np
4
5   x = np.linspace(0, 2*np.pi, 500)        # 建立含500個元素的陣列
6   y1 = np.sin(x)                          # sin函數
7   y2 = np.cos(x)                          # cos函數
8   plt.plot(x,y1,color=((0/255,255/255,255/255)))    # 設定青色cyan
9   plt.plot(x,y2,color=((255/255,0/255,0/255)))      # 設定紅色red
10  plt.show()
```

執行結果 上述第 8 列和第 9 列將色彩值除以 255，就可以得到 0 – 1 之間的值。

2-4-5 使用 RGBA 觀念處理線條色彩

本節觀念基本上是 RGB 的擴充，所謂的 A 就是指透明度，此值介於 0, 1 之間，0 代表完全透明，值越大透明度越低，當等於 1 時代表完全不透明。

程式實例 ch2_12.py：使用 RGBA 觀念重新設計 ch2_7.py，繪製 sin 函數使用透明度是 0.8，繪製 cos 函數使用透明度是 0.2。

```
1   # ch2_12.py
2   import matplotlib.pyplot as plt
3   import numpy as np
4
5   x = np.linspace(0, 2*np.pi, 500)      # 建立含500個元素的陣列
6   y1 = np.sin(x)                         # sin函數
7   y2 = np.cos(x)                         # cos函數
8   plt.plot(x,y1,color=((0/255,255/255,255/255,0.8)))   # 青色,透明度0.8
9   plt.plot(x,y2,color=((255/255,0/255,0/255,0.2)))     # 紅色,透明度0.2
10  plt.show()
```

執行結果　讀者可以將上述執行結果與 ch2_7.py 做比較。

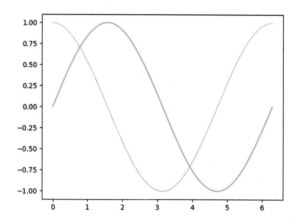

2-4-6　色彩調色板

　　Tableau Palette 可以翻譯為色彩調色板，有時候可以看到一些設計師使用此當作色彩，使用方式如下：

程式實例 ch2_12_1.py：使用色彩調色板，用不同顏色設計 ch2_7.py。

```
1   # ch2_12_1.py
2   import matplotlib.pyplot as plt
3   import numpy as np
4
5   x = np.linspace(0, 2*np.pi, 500)      # 建立含500個元素的陣列
6   y1 = np.sin(x)                         # sin函數
```

```
7   y2 = np.cos(x)                    # cos函數
8   plt.plot(x, y1, color='tab:orange') # 設定 orange
9   plt.plot(x, y2, color='tab:purple') # 設定 purple
10  plt.show()
```

執行結果

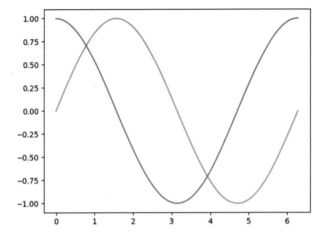

2-4-7　CSS 色彩

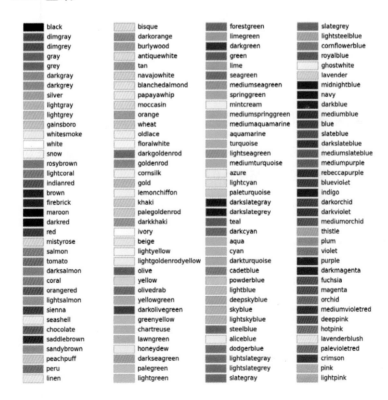

程式實例 ch2_12_2.py：使用 CSS 色彩觀念重新設計 ch2_12_1.py。

```
1  # ch2_12_2.py
2  import matplotlib.pyplot as plt
3  import numpy as np
4
5  x = np.linspace(0, 2*np.pi, 500)    # 建立含500個元素的陣列
6  y1 = np.sin(x)                       # sin函數
7  y2 = np.cos(x)                       # cos函數
8  plt.plot(x, y1, color='lawngreen')   # 設定 CSS 色彩
9  plt.plot(x, y2, color='coral')       # 設定 CSS 色彩
10 plt.show()
```

執行結果

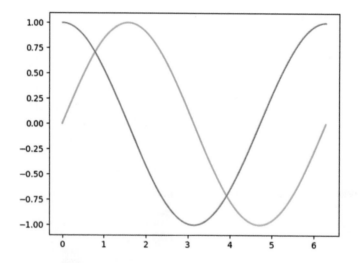

2-4-8　建立灰階強度的線條色彩

使用 plot( ) 也可以建立灰階強度的色彩，值在 0 和 1 之間，如果是 0 代表黑色，1 代表白色。越接近 1 顏色越淡，越接近 0 顏色越深。

程式實例 ch2_13.py：設定 sin 函數的灰階值是 0.9，cos 函數的灰階值是 0.3。

```
1  # ch2_13.py
2  import matplotlib.pyplot as plt
3  import numpy as np
4
5  x = np.linspace(0, 2*np.pi, 500)    # 建立含500個元素的陣列
6  y1 = np.sin(x)                       # sin函數
7  y2 = np.cos(x)                       # cos函數
8  plt.plot(x, y1, color=('0.9'))       # 設定灰階0.9
9  plt.plot(x, y2, color=('0.3'))       # 設定灰階0.3
10 plt.show()
```

執行結果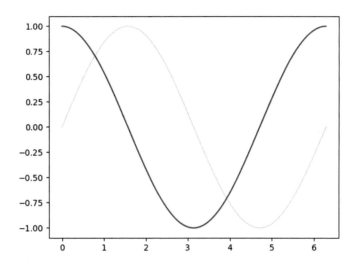

2-5 建立線條樣式

我們可以使用 ls 或 linestyle 設定此線條樣式。

字元	英文字串	說明
'-'	'solid'	這是預設實線
'- -'	'dashed'	虛線樣式
'-.'	'dashdot'	虛線點樣式
':'	'dotted'	虛點樣式

當使用 ls 或 linestyle 設定時，只能使用英文字串。如果省略 ls 或 linestyle 則可以使用字元設定。

程式實例 ch2_13_1.py：使用 ls 和 linestyle 設定線條樣式，顏色使用預設。

```
1  # ch2_13_1.py
2  import matplotlib.pyplot as plt
3
4  d1 = [1, 2, 3, 4, 5, 6, 7, 8]          # data1線條之y值
5  d2 = [1, 3, 6, 10, 15, 21, 28, 36]      # data2線條之y值
6  d3 = [1, 4, 9, 16, 25, 36, 49, 64]      # data3線條之y值
7  d4 = [1, 7, 15, 26, 40, 57, 77, 100]    # data4線條之y值
8
9  plt.plot(d1, linestyle = 'solid')       # 預設實線
```

```
10  plt.plot(d2, linestyle = 'dotted')      # 虛點樣式
11  plt.plot(d3, ls = 'dashed')             # 虛線樣式
12  plt.plot(d4, ls = 'dashdot')            # 虛線點樣式
13  plt.show()
```

執行結果

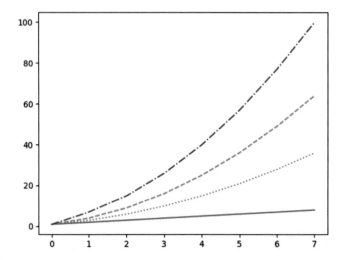

程式實例 **ch2_13_2.py**：省略 ls 或 linestyle 重新設計 ch2_13_1.py，直接使用字元設定。

```
1  # ch2_13_2.py
2  import matplotlib.pyplot as plt
3
4  d1 = [1, 2, 3, 4, 5, 6, 7, 8]           # data1線條之y值
5  d2 = [1, 3, 6, 10, 15, 21, 28, 36]      # data2線條之y值
6  d3 = [1, 4, 9, 16, 25, 36, 49, 64]      # data3線條之y值
7  d4 = [1, 7, 15, 26, 40, 57, 77, 100]    # data4線條之y值
8
9  plt.plot(d1, '-')                       # 預設實線
10 plt.plot(d2, ':')                       # 虛點樣式
11 plt.plot(d3, '--')                      # 虛線樣式
12 plt.plot(d4, '-.')                      # 虛線點樣式
13 plt.show()
```

執行結果　與 ch2_13_1.py 相同。

程式實例 **ch2_13_3.py**：使用特定的顏色重新設計前一個程式，同時將第 9 – 12 列濃縮成 1 列。

```
1  # ch2_13_3.py
2  import matplotlib.pyplot as plt
3
4  d1 = [1, 2, 3, 4, 5, 6, 7, 8]           # data1線條之y值
5  d2 = [1, 3, 6, 10, 15, 21, 28, 36]      # data2線條之y值
6  d3 = [1, 4, 9, 16, 25, 36, 49, 64]      # data3線條之y值
7  d4 = [1, 7, 15, 26, 40, 57, 77, 100]    # data4線條之y值
```

```
 8
 9  seq = [1, 2, 3, 4, 5, 6, 7, 8]
10  plt.plot(seq,d1,'g-',seq, d2,'r:',seq,d3,'y--',seq,d4,'k-.')
11  plt.show()
```

執行結果

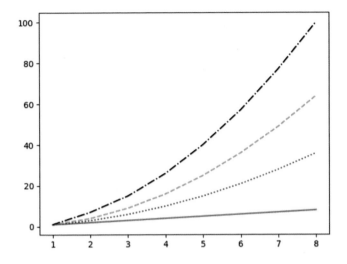

2-6 建立線條上的節點樣式

　　下列是常見的樣式表，可以使用 marker 參數單獨設定使用，可以參考 ch2_14.py。也可以混合使用，若要放在一個 plot( ) 函數繪製多條線，需省略 marker，可以參考 ch2_15.py。

字元	說明
'-' 或 "solid"	這是預設實線
'- -' 或 'dashed'	虛線
'-.' 或 'dashdot'	虛點線
':' 或 'dotted'	虛線樣式
'.'	點標記
','	像素標記
'o'	圓標記
'v'	三角形向下標記
'^'	三角形向上標記
'<'	左三角形

字元	說明
'>'	右三角形
'1'	tri_down 標記
'2'	tri_up 標記
'3'	三左標記
'4'	三右標記
's'	方形標記
'p'	五角標記
'*'	星星標記
'+'	加號標記
'D'	鑽石記號筆
'd'	Thin_diamond 標記
'x'	X 標記
'H'	六邊形 1 標記
'h'	六邊形 2 標記

上述可以混合使用，例如：'r-.' 代表紅色虛點線，也可以搭配 marker 參數單獨使用。

程式實例 ch2_14.py：使用預設顏色與 marker 設定不同標記，繪製實心線條。

```
1  # ch2_14.py
2  import matplotlib.pyplot as plt
3
4  d1 = [1, 2, 3, 4, 5, 6, 7, 8]            # data1線條之y值
5  d2 = [1, 3, 6, 10, 15, 21, 28, 36]       # data2線條之y值
6  d3 = [1, 4, 9, 16, 25, 36, 49, 64]       # data3線條之y值
7  d4 = [1, 7, 15, 26, 40, 57, 77, 100]     # data4線條之y值
8
9  seq = [1, 2, 3, 4, 5, 6, 7, 8]
10 plt.plot(seq,d1,'-',marker='x')
11 plt.plot(seq,d2,'-',marker='o')
12 plt.plot(seq,d3,'-',marker='^')
13 plt.plot(seq,d4,'-',marker='s')
14 plt.show()
```

執行結果

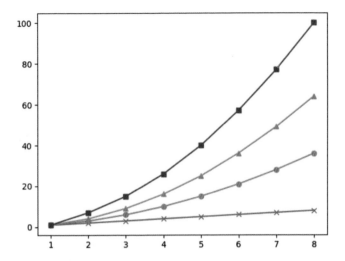

　　實務上，如果程式不是太複雜，一般皆省略 marker 參數。

程式實例 ch2_14_1.py：取消使用 marker，同時使用一個 plot( ) 函數重新設計 ch2_14.py。

```
1  # ch2_14.py
2  import matplotlib.pyplot as plt
3
4  d1 = [1, 2, 3, 4, 5, 6, 7, 8]            # data1線條之y值
5  d2 = [1, 3, 6, 10, 15, 21, 28, 36]       # data2線條之y值
6  d3 = [1, 4, 9, 16, 25, 36, 49, 64]       # data3線條之y值
7  d4 = [1, 7, 15, 26, 40, 57, 77, 100]     # data4線條之y值
8
9  seq = [1, 2, 3, 4, 5, 6, 7, 8]
10 plt.plot(seq,d1,'-x',seq, d2,'-o',seq,d3,'-^',seq,d4,'-s')
11 plt.show()
```

執行結果　與 ch2_14.py 相同。

程式實例 ch2_15.py：繪製水平直線，但是使用不同的標記。

```
1  # ch2_15.py
2  import matplotlib.pyplot as plt
3
4  d1 = [10 for y in range(1, 9)]           # data1線條之y值
5  d2 = [20 for y in range(1, 9)]           # data2線條之y值
6  d3 = [30 for y in range(1, 9)]           # data3線條之y值
7  d4 = [40 for y in range(1, 9)]           # data4線條之y值
8  d5 = [50 for y in range(1, 9)]           # data5線條之y值
9  d6 = [60 for y in range(1, 9)]           # data6線條之y值
10 d7 = [70 for y in range(1, 9)]           # data7線條之y值
11 d8 = [80 for y in range(1, 9)]           # data8線條之y值
12 d9 = [90 for y in range(1, 9)]           # data9線條之y值
13 d10 = [100 for y in range(1, 9)]         # data10線條之y值
```

```
14  d11 - [110 for y in range(1, 9)]          # data11線條之y值
15  d12 = [120 for y in range(1, 9)]          # data12線條之y值
16
17  seq = [1, 2, 3, 4, 5, 6, 7, 8]
18  plt.plot(seq,d1,'-1',seq,d2,'-2',seq,d3,'-3',seq,d4,'-4',
19           seq,d5,'-s',seq,d6,'-p',seq,d7,'-*',seq,d8,'-+',
20           seq,d9,'-D',seq,d10,'-d',seq,d11,'-H',seq,d12,'-h')
21  plt.show()
```

執行結果

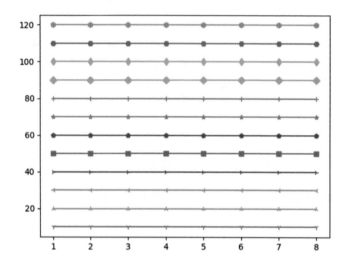

程式實例 ch2_15_1.py：使用節點樣式的特色，建立 Sin 函數圖，此例使用的參數是 'bo'。

```
1   # ch2_15_1.py
2   import matplotlib.pyplot as plt
3   import numpy as np
4
5   x = np.linspace(0.0, 2*np.pi, 50)    # 建立 50 個點
6   y = np.sin(x)
7   plt.plot(x,y,'bo')                   # 繪製 sine wave
8   plt.xlabel('Angel')
9   plt.ylabel('Sin')
10  plt.title('Sine Wave')
11  plt.show()
```

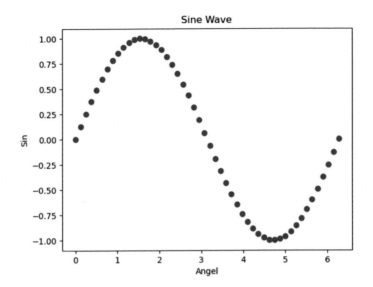

2-7　標題的設定

標題可以分成：

1：　圖表標題

2：　x 軸和 y 軸標題

原始的 matplotlib 不支援中文字型，筆者將在 2-7-3 節講解建立中文標題的方法。

2-7-1　圖表標題 title( )

函數 title( ) 可以建立圖表標題，語法如下：

```
plt.title(label, **kwargs)
```

上述 label 是圖表標題名稱。

上述常見的 **kwargs 參數如下：

❏ fontsize：可以設定圖表標題的字型大小，如果省略則使用預設。可以直接設定字型大小的數值或是字串，字串可以是 "xx-small"、"x-small'、"small"、"medium"、"large"、"x-large"、"xx-large"，這個觀念也可以其他函數。

❏ fontweight：可以設定標題字的輕重，常用的有 "extra bold"、"heavy"、 "bold"、 "normal"、"light"、"ultralight"。

❏ fontstyle：可以設定圖表標題是否傾斜，可以是 "normal"、"italic"、"oblique"。

❏ loc：可以設定標題是 center(置中)、left(靠左)、right(靠右)，如果省略則是使用預設，預設是置中對齊。

❏ color：標題字型顏色。

程式實例 ch2_16.py：繪製歐拉函數，同時加上標題 Euler Number，歐拉數函數公式如下。

$$e = (1 + \frac{1}{n})^n$$

```
1  # ch2_16.py
2  import matplotlib.pyplot as plt
3  import numpy as np
4
5  x = np.linspace(0.1, 100, 10000)    # 建立含10000個元素的陣列
6  y = [(1+1/x)**x for x in x]
7  plt.plot(x, y)
8  plt.title('Euler Number')
9  plt.show()
```

執行結果 可以參考下方左圖。

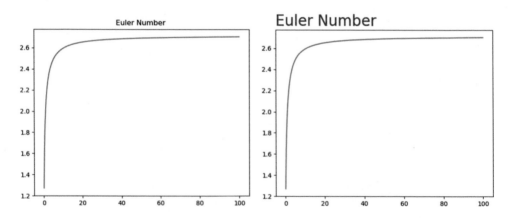

程式實例 ch2_17.py：將標題 fontsize 改為 24，顏色是藍色，同時靠左對齊。

```
1  # ch2_17.py
2  import matplotlib.pyplot as plt
3  import numpy as np
4
```

```
5  x = np.linspace(0.1, 100, 10000)     # 建立含10000個元素的陣列
6  y = [(1+1/x)**x for x in x]
7  plt.plot(x, y)
8  plt.title('Euler Number',fontsize=24,loc='left',color='b')
9  plt.show()
```

執行結果 可以參考上方右圖。

程式實例 ch2_17_1.py：重新設計 ch2_17.py，字型改為 bold。

```
8  plt.title('Euler Number',fontsize=24,loc='left',color='b',
9              fontweight='bold')
```

執行結果 可以參考下方左圖。

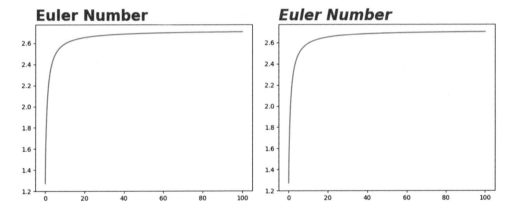

程式實例 ch2_17_2.py：重新設計 ch2_17_1.py，將字串改為 italic 體。

```
8  plt.title('Euler Number',fontsize=24,loc='left',color='b',
9              fontweight='bold',fontstyle='italic')
```

執行結果 可以參考上方右圖。

2-7-2 x 軸和 y 軸標題

函數 xlabel( ) 可以建立 x 軸標題，ylabel( ) 可以建立 y 軸標題，語法如下：

```
plt.xlabel(label, **kwargs)
plt.ylabel(label, **kwargs)
```

上述 label 是圖表 x 軸或 y 軸名稱。

上述常見的選項參數 **kwargs 如下：

❏ fontsize：可以設定圖表標題的字型大小，如果省略則使用預設。

❏ labelpad：也可以使用 rcParams["axes.labelpad"] 設定，這可以設定標籤與圖表邊界的點間距，包含刻度和刻度標籤，預設是 4.0。

❏ loc：對於 xlabel( ) 函數，可以設定標題是 center(置中)、left(靠左)、right(靠右) 對齊，如果省略則是使用預設，預設是置中對齊 (center)，此外也可以使用 rcParams["xaxis.labellocation"] 設定。

❏ loc：對於 ylabel( ) 函數，可以設定標題是 bottom(下方)、center(中間)、top(上方) 對齊，如果省略則是使用預設，預設是中間對齊 (center)，此外也可以使用 rcParams["yaxis.labellocation"] 設定。

❏ color：標題字型顏色。

程式實例 ch2_18.py：繪製某個月的平均溫度圖，同時加上 x 軸和 y 軸座標。

```
1  # ch2_18.py
2  import matplotlib.pyplot as plt
3
4  temperature = [23, 22, 20, 24, 22, 22, 23, 20, 17, 18,
5                 20, 20, 16, 14, 14, 20, 20, 20, 15, 14,
6                 14, 14, 14, 16, 16, 16, 18, 21, 21, 20,
7                 16]
8  x = [x for x in range(1,len(temperature)+1)]
9  plt.plot(x, temperature)
10 plt.title("Weather Report", fontsize=24)
11 plt.xlabel('Date')
12 plt.ylabel('Temperature')
13 plt.show()
```

執行結果　請參考下方左圖。

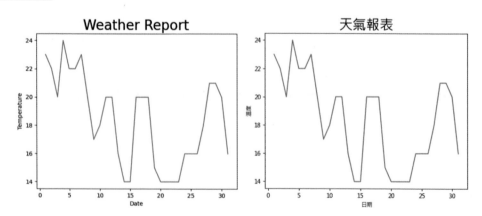

2-7-3 用中文字處理標題

如果想要在 matplotlib 模組內更改預設的字型，例如：使用中文字，需在程式前方增加下列字型設定。

plt.rcParams['font.family'] = ['Microsoft JhengHei']

這時所有圖表文字皆會改成上述字型，上述 Microsoft JhengHei 必須是 C:\Windows\Fonts 內的字型名稱。

程式實例 ch2_19.py：用中文字處理標題重新設計 ch2_18.py。

```
1  # ch2_19.py
2  import matplotlib.pyplot as plt
3
4  plt.rcParams["font.family"] = ["Microsoft JhengHei"]
5
6  temperature = [23, 22, 20, 24, 22, 22, 23, 20, 17, 18,
7                 20, 20, 16, 14, 14, 20, 20, 20, 15, 14,
8                 14, 14, 14, 16, 16, 16, 18, 21, 21, 20,
9                 16]
10 x = [x for x in range(1,len(temperature)+1)]
11 plt.plot(x, temperature)
12 plt.title("天氣報表", fontsize=24)
13 plt.xlabel('日期')
14 plt.ylabel('溫度')
15 plt.show()
```

執行結果　請參考上方右圖。

2-7-4 更改 x 標籤和 y 標籤的預設位置

圖表 x 軸標籤預設是左右置中，y 軸標籤預設是上下置中，但是我們可以更改此設定。

程式實例 ch2_19_1.py：重新設計 ch2_19.py，將 x 軸標籤改為向左對齊，將 y 軸標籤改為靠下對齊。

```
13  plt.xlabel('日期',loc="left")        # 靠左對齊
14  plt.ylabel('溫度',loc="bottom")      # 靠下對齊
```

執行結果

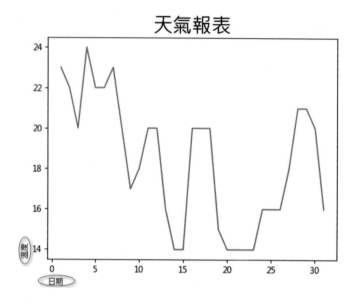

2-7-5　負號的處理

前一小節筆者講解了中文字串的處理，使用中文字串時如果有負值，則需增加下列設定，才可以顯示完整的負號。

plt.rcParams['axes.unicode_minus"] = False

程式實例 ch2_19_2.py：重新設計 ch2_7.py，使用中文字串，但是負號無法顯示。

```
1   # ch2_19_2.py
2   import matplotlib.pyplot as plt
3   import numpy as np
4
5   plt.rcParams["font.family"] = ["Microsoft JhengHei"]
6   x = np.linspace(0, 2*np.pi, 500)      # 建立含500個元素的陣列
7   y1 = np.sin(x)                         # sin函數
8   y2 = np.cos(x)                         # cos函數
9   plt.plot(x, y1, color='c')             # 設定青色cyan
10  plt.plot(x, y2, color='r')             # 設定紅色red
11  plt.title('Sin和Cos函數圖')
12  plt.show()
```

執行結果　可以參考下方左圖，左下方的負值無法顯示負號。

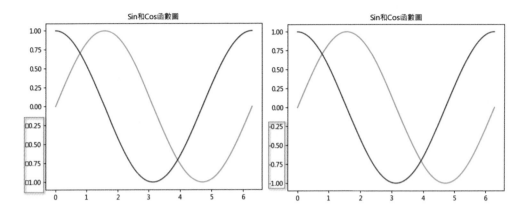

程式實例 ch2_19_3.py：修訂設計 ch2_19_2.py，讓可以正常顯示負號。

```
1   # ch2_19_3.py
2   import matplotlib.pyplot as plt
3   import numpy as np
4
5   plt.rcParams["font.family"] = ["Microsoft JhengHei"]
6   plt.rcParams["axes.unicode_minus"] = False
7   x = np.linspace(0, 2*np.pi, 500)      # 建立含500個元素的陣列
8   y1 = np.sin(x)                        # sin函數
9   y2 = np.cos(x)                        # cos函數
10  plt.plot(x, y1, color='c')            # 設定青色cyan
11  plt.plot(x, y2, color='r')            # 設定紅色red
12  plt.title('Sin和Cos函數圖')
13  plt.show()
```

執行結果 　可以參考上方右圖，左下方可以正常顯示負號。

2-8 儲存圖表

有 2 個方法可以儲存圖表，下列將分別解說。

2-8-1 使用 Save the figure 圖示

假設想要儲存 ch2_19.py 的圖表，可以使用下列方法。

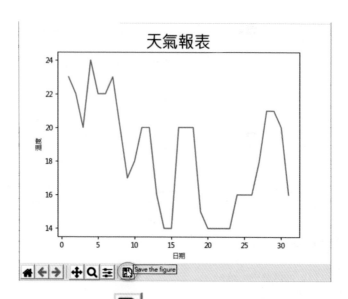

上述按 Save the figure 圖示 ，可以看到 Save the fugure 對話方塊，筆者選擇 C:\matplotlib\ch2，然後使用 Portable Network Graphics 圖檔格式 (png)，檔案名稱輸入 out2_19，如下所示：

上述按存檔鈕，就可以使用 out2_19.png 儲存此檔案，讀者可以嘗試開啟 out2_19.png 檔案，體會儲存的結果。

2-8-2 使用 savefig( ) 函數儲存圖檔

我們也可以使用 savefig( ) 函數儲存所繪製的圖表，語法如下：

plt.savefig(fname,dpi=None,facecolor='w',edgecolor='w',pad_inches=0.1)

上述各參數意義如下：

❑ fname：檔案名稱。

❑ dpi：解析度，每英寸的點數。預設是 figure，表示用此圖的解析度。

❑ facecolor：圖表表面的顏色，預設是 auto，使用目前圖表的表面顏色。

❑ edgecolor：圖表邊緣的顏色，預設是 auto，使用目前圖表的邊緣顏色。

❑ pad_inches：這是設定圖表周圍的間距，預設是 0.1。

其實最簡單的方式是設定檔案名稱，其他參數使用預設值即可。

程式實例 ch2_20.py：擴充設計 ch2_19.py，將執行結果存入 out2_20.png。

```
1  # ch2_20.py
2  import matplotlib.pyplot as plt
3
4  plt.rcParams["font.family"] = ["Microsoft JhengHei"]
5
6  temperature = [23, 22, 20, 24, 22, 22, 23, 20, 17, 18,
7                 20, 20, 16, 14, 14, 20, 20, 20, 15, 14,
8                 14, 14, 14, 16, 16, 16, 18, 21, 21, 20,
9                 16]
10 x = [x for x in range(1,len(temperature)+1)]
11 plt.plot(x, temperature)
12 plt.title("天氣報表", fontsize=24)
13 plt.xlabel('日期')
14 plt.ylabel('溫度')
15 plt.savefig('out2_20.png')        # 儲存圖表檔案
16 plt.show()
```

執行結果 圖表的結果可以參考 ch2_19.py，然後在 ch2 資料夾可以看到所儲存的 out2_20.png 圖表檔案。

上述第 15 列先使用 savefig( ) 函數，第 16 列再使用 show( ) 函數，表示先儲存圖表，再顯示圖表。

2-9　開啟或顯示圖表

使用 matplotlib 模組開啟圖表或是圖檔可以使用 matplotlib.image 子模組，這時需在程式前方增加下列導入 matplotlib.image 動作。

Import matplotlib.image as img

有了上述導入子模組，就可以使用 img 調用 imread( ) 函數開啟圖表檔案。

程式實例 ch2_21.py：開啟 out2_20.png 圖表。

```
1  # ch2_21.py
2  import matplotlib.pyplot as plt
3  import matplotlib.image as img
4
5  pict = img.imread('out2_20.png')
6  plt.imshow(pict)
7  plt.show()
```

執行結果

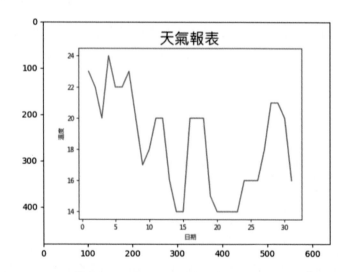

從上述可以看到原先圖表有座標軸，當開啟後又包含一個座標軸，所以在開啟時建議使用 axis( ) 函數，取消顯示座標軸，語法如下：

plt.axis('off')

註　axis( ) 函數是屬於 matplotlib.pyplot 子模組，此函數的功能有許多，更完整的 axis( ) 函數用法將在 3-1-1 節解說。

程實例式 ch2_22.py：擴充 ch2_21.py，顯示圖表時取消顯示座標軸。

```
1  # ch2_22.py
2  import matplotlib.pyplot as plt
3  import matplotlib.image as img
4
5  pict = img.imread('out2_20.png')
6  plt.axis('off')
7  plt.imshow(pict)
8  plt.show()
```

執行結果

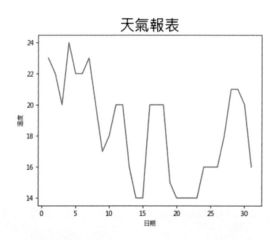

2-10 matplotlib 模組開啟一般圖檔

2-10-1 開啟與顯示圖檔

上一節筆者介紹了開啟圖表，其實 imread( ) 函數也可以開啟一般圖檔，顯示圖檔則是使用 imshow( ) 函數，此語法如下：

> plt.imshow(X, cmap=None, aspect=None)

上述是列出常用的參數，上述各參數意義如下：

❑ X：影像檔案或是下列外形資料。

(M, N)：分別是 M 列 (row) 和 N 行 (col) 的影像檔案陣列資料。

(M, N, 3)：RGB 的彩色影像。

(M, N, 4)：RGBA 的彩色影像，例如：png 影像檔案。

❑ cmap：將資料使用色彩映射圖處理，未來第 10 章會做說明。

❑ aspect：可以使用 "equal" 或 "auto"。預設是 "equal"，比例是 1，像素點是正方形。若是設為 auto，可以依據軸資料調整。

註 第 12 章會做更完整的解說，下列是開啟一般圖檔的實例。

程式實例 ch2_23.py：開啟 jk.jpg 圖檔，同時增加標題洪錦魁。

```
1   # ch2_23.py
2   import matplotlib.pyplot as plt
3   import matplotlib.image as img
4
5   plt.rcParams["font.family"] = ["Microsoft JhengHei"]
6   pict = img.imread('jk.jpg')
7   plt.axis('off')
8   plt.title("洪錦魁",fontsize=24)
9   plt.imshow(pict)
10  plt.show()
```

執行結果 可以參考下方左圖。

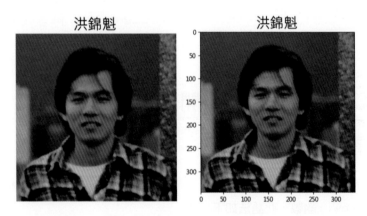

另外，如果這時如果上述程式取消 plt.axis('off') 函數，則可以顯示圖表的單位。

程式實例 ch2_24.py：修訂 ch2_23.py，增加座標軸刻度。

```
1   # ch2_24.py
2   import matplotlib.pyplot as plt
3   import matplotlib.image as img
4
5   plt.rcParams["font.family"] = ["Microsoft JhengHei"]
6   pict = img.imread('jk.jpg')
7   #plt.axis('off')
8   plt.title("洪錦魁",fontsize=24)
9   plt.imshow(pict)
10  plt.show()
```

可以參考上方右圖。

2-10-2　了解圖檔的寬、高與通道數

當我們使用 matplotlib.image 的 imread( ) 函數開啟圖檔時，此圖檔其實就是使用 Numpy 的陣列儲存圖檔影像，這時可以使用 shape 屬性獲得此圖檔的 height(高)、width(寬)、channel(通道數)，假設所使用的圖檔物件變數是 figure，公式如下：

height, width, channel = figure.shape

程式實例 ch2_25.py：擴充 ch2_23.py，開啟 jk.jpg 圖檔時，增加列出此圖檔的高、寬和通道數。

```
1   # ch2_25.py
2   import matplotlib.pyplot as plt
3   import matplotlib.image as img
4
5   plt.rcParams["font.family"] = ["Microsoft JhengHei"]
6   pict = img.imread('jk.jpg')
7   h, w, c = pict.shape
8   print(f"圖檔高度   = {h}")
9   print(f"圖檔寬度   = {w}")
10  print(f"圖檔通道數 = {c}")
11  plt.axis('off')
12  plt.title("洪錦魁",fontsize=24)
13  plt.imshow(pict)
14  plt.show()
```

執行結果
```
==================== RESTART: D:/matplotlib/ch2/ch2_25.py ====================
圖檔高度   = 345
圖檔寬度   = 342
圖檔通道數 = 3
```

讀者若是想要瞭解更多影像的知識，可以參考筆者所著 OpenCV 影像創意邁向 AI 視覺王者歸來。

2-11 matplotlib 的全域性字典 rcParams

2-11-1 全域性字典 rcParams

在 2-3 節與 2-7 節筆者皆介紹了 rcParams，其實這是 matplotlib 模組的全域性字典，在這個字典中我們可以看到建立 matplotlib 的所有預設值，可以使用下列函數獲得此字典的完整列表。

```
rcParams_list = plt.rcParams.keys( )
```

程式實例 ch2_26.py：列出完整 matplotlib 模組繪圖預設字典列表。

```
1  # ch2_26.py
2  import matplotlib.pyplot as plt
3
4  mat_rcParams = plt.rcParams.keys()
5  print(type(mat_rcParams))
6  print("以下是matplotlib完整的內容")
7  print(mat_rcParams)
8  plt.show()
```

執行結果

```
==================== RESTART: D:/matplotlib/ch2/ch2_26.py ====================
<class 'collections.abc.KeysView'>
以下是matplotlib完整的內容
```
Squeezed text (351 lines).

下列是展開後的部分內容。

```
==================== RESTART: D:/matplotlib/ch2/ch2_26.py ====================
<class 'collections.abc.KeysView'>
以下是matplotlib完整的內容
KeysView(RcParams({'_internal.classic_mode': False,
          'agg.path.chunksize': 0,
          'animation.avconv_args': [],
          'animation.avconv_path': 'avconv',
          'animation.bitrate': -1,
          'animation.codec': 'h264',
          'animation.convert_args': [],
          'animation.convert_path': 'convert',
          'animation.embed_limit': 20.0,
          'animation.ffmpeg_args': [],
          'animation.ffmpeg_path': 'ffmpeg',
          'animation.frame_format': 'png',
```

未來介紹相關更改設定時，筆者也會針對設定做說明。

2-11-2　matplotlibrc 檔案

此外 matplotlib 模組內有 matplotlibrc 檔案，此檔案也記載了繪製圖表的預設值資料，可以使用下列方式開啟。

```
print(plt.rcParams)                          # 可以參考 ch2_27.py
print(plt.rcParamsDefault)                   # 可以參考 ch2_28.py
```

不過上述的項目數，比 plt.rcParams.keys( ) 項目數少。

程式實例 ch2_27.py：使用 rcParams 列出 matplotlibrc 檔案內容。

```
1  # ch2_27.py
2  import matplotlib.pyplot as plt
3
4  print("以下是matplotlibrc檔案內容")
5  print(plt.rcParams)
6  plt.show()
```

執行結果

```
==================== RESTART: D:\matplotlib\ch2\ch2_27.py ====================
以下是matplotlibrc檔案內容
```
Squeezed text (315 lines).

程式實例 ch2_28.py：使用 rcParamsDefault 列出 matplotlibrc 檔案內容。

```
1  # ch2_28.py
2  import matplotlib.pyplot as plt
3
4  print("以下是matplotlibrc檔案內容")
5  print(plt.rcParamsDefault)
6  plt.show()
```

執行結果

```
==================== RESTART: D:\matplotlib\ch2\ch2_28.py ====================
以下是matplotlibrc檔案內容
Squeezed text (315 lines).
```

第三章
座標軸基礎設計

這一章將針對座標軸的使用做一個更完整的解說。

3-1 使用 axis( ) 函數設定和取得 x 和 y 軸的範圍

程式實例 ch2_1.py 可以看到數據左下角的座標不是 (0, 0)，這是因為 matplotlib 會依據所使用的數據大小，自行預設座標軸區間，這一節的重點是我們使用自定的座標軸區間。

3-1-1 設定 x 軸和 y 軸的範圍

函數 axis( ) 可以設定和取得所繪製圖表的 x 軸和 y 軸的範圍，語法如下：

```
plt.axis([xmin, xmax, ymin, ymax], **kwargs)
```

上述是選項參數，參數必須是串列或是元組，xmin 是 x 軸最小刻度，xmax 是 x 軸最大刻度。ymin 是 y 軸最小刻度，ymax 是 y 軸最大刻度。

上述常見的選項參數 **kwargs 如下：

❑ 'on'：這是預設，也就是顯示座標軸和標籤。

❑ 'off'：關閉顯示座標軸和標籤。

❑ 'equal'：設定 x 和 y 軸的刻度單位長度是相同。

❑ 'square'：設定長度與寬度相同大小。

程式實例 ch3_1.py：重新設計 ch2_1.py，筆者使用串列生成是建立 x 和 square 串列內容，將 x 軸刻度設為 0 − 9，將 y 軸刻度設為 0 − 70。

```
1  # ch3_1.py
2  import matplotlib.pyplot as plt
3
4  x = [x for x in range(9)]
5  squares = [y * y for y in range(9)]
6  plt.plot(squares)
7  plt.axis([0, 9, 0, 70])
8  plt.show()
```

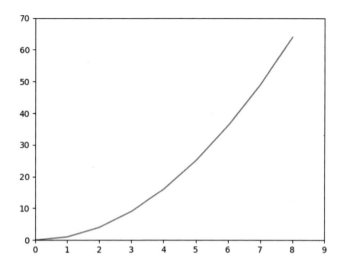

上述我們可以得到座標軸左下角是 (0, 0) 了。

3-1-2 取得 x 軸和 y 軸的範圍

其實我們也可以使用 axis( ) 函數取得 x 軸和 y 軸的最小值和最大值，這時的用法如下：

xmin, xmax, ymin, ymax = plt.axis( )

程式實例 ch3_2.py：取得當下 x 軸和 y 軸的最小值和最大值。

```
1  # ch3_2.py
2  import matplotlib.pyplot as plt
3
4  x = [x for x in range(9)]
5  squares = [y * y for y in range(9)]
6  plt.plot(squares)
7  xmin, xmax, ymin, ymax = plt.axis()
8  print(f"xmin = {xmin}")
9  print(f"xmax = {xmax}")
10 print(f"ymin = {ymin}")
11 print(f"ymax = {ymax}")
12 plt.show()
```

執行結果

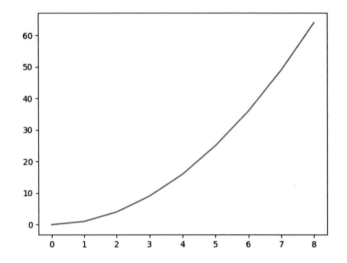

```
===================== RESTART: D:/matplotlib/ch3/ch3_2.py =====================
xmin = -0.4
xmax = 8.4
ymin = -3.2
ymax = 67.2
```

3-1-3 設定圖表高度與寬度單位大小相同

　　在預設情況 matplotlib 模組會依據資料自行調整圖表的寬度與高度，如果 axis( )
函數內設定為 'equal'，可以讓彼此單位長度一致。

程式實例 ch3_2_1.py：重新設計 ch3_1.py，設定 x 軸和 y 軸的單位長度相同。

```
1  # ch3_2_1.py
2  import matplotlib.pyplot as plt
3
4  x = [x for x in range(9)]
5  squares = [y * y for y in range(9)]
6  plt.plot(squares)
7  plt.axis('equal')
8  plt.show()
```

執行結果　可以參考下方左圖。

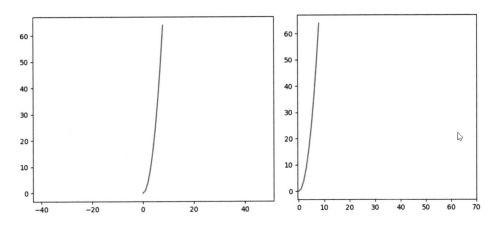

3-1-4　建立正方形圖表

在 axis( ) 函數內設定為 'square'，可以建立正方形的圖表。

程式實例 ch3_2_2.py：重新設計 ch3_2_1.py，建立正方形的圖表。

```
1  # ch3_2_2.py
2  import matplotlib.pyplot as plt
3
4  x = [x for x in range(9)]
5  squares = [y * y for y in range(9)]
6  plt.plot(squares)
7  plt.axis('square')
8  plt.show()
```

執行結果 可以參考上方右圖。

3-2 使用 xlim( ) 和 ylim() 函數設定和取得 x 和 y 軸的範圍

3-2-1　語法觀念

如果在 xlim( ) 或 ylim( ) 函數內有設定參數，這參數代表 x 和 y 軸的範圍。如果沒有設定參數，則回傳各軸的範圍區間。xlim( ) 函數的語法如下：

```
plt.xlim(left, right)          # 兩個參數，left 是左邊界，right 是右邊界
plt.xlim((left, right))        # 參數是元組，left 是左邊界，right 是右邊界
left, right = plt.xlim( )      # 沒有參數，回傳左邊界和右邊界
```

如果只想更改單一方向，例如 left 或 right，可以設定如下：

```
plt.xlim(left=1)                    # 設定左邊界是 1
plt.xlim(right=10)                  # 設定右邊界是 10
```

ylim( ) 函數的語法如下：

```
plt.ylim(bottom, top)               # 兩個參數，bottom 是下邊界，top 是上邊界
plt.ylim((bottom, top))             # 參數是元組，bottom 是下邊界，top 是上邊界
bottom, top= plt.ylim( )            # 沒有參數，回傳下邊界和上邊界
```

如果只想更改單一方向，例如 bottom 或 top，可以設定如下：

```
plt.ylim(bottom=1)                  # 設定下邊界是 1
plt.ylim(top=10)                    # 設定上邊界是 10
```

3-2-2　設定 x 和 y 軸的範圍區間

程式實例 ch3_3.py：使用 xlim( ) 和 ylim( ) 重新設計 ch3_1.py。

```
1  # ch3_3.py
2  import matplotlib.pyplot as plt
3
4  x = [x for x in range(9)]
5  squares = [y * y for y in range(9)]
6  plt.plot(squares)
7  plt.xlim(0, 9)
8  plt.ylim(0, 70)
9  plt.show()
```

執行結果　可以參考 ch3_1.py。

3-2-3　取得 x 軸和 y 軸的範圍

其實我們也可以使用 xlim( ) 和 ylim( ) 函數取得 x 軸和 y 軸的最小值和最大值，這時的用法如下：

```
xmin, xmax = plt.xlim( )
ymin, ymax = plt.yllim( )
```

程式實例 ch3_4.py：使用 xlim( ) 和 ylim( ) 重新設計 ch3_2.py。

```
1  # ch3_4.py
2  import matplotlib.pyplot as plt
3
```

```
4   x = [x for x in range(9)]
5   squares = [y * y for y in range(9)]
6   plt.plot(squares)
7   xmin, xmax = plt.xlim()
8   ymin, ymax = plt.ylim()
9   print(f"xmin = {xmin}")
10  print(f"xmax = {xmax}")
11  print(f"ymin = {ymin}")
12  print(f"ymax = {ymax}")
13  plt.show()
```

執行結果　可以參考 ch3_2.py。

3-3 用 xticks( ) 執行 x 軸刻度標籤設計

3-3-1 基礎刻度標籤設計

這個函數可以設計 x 軸刻度標籤，有關 xticks( ) 語法如下：

plt.xticks(ticks=None, labels=None, **kwargs)

❑ ticks：這是選項參數，刻度標籤位置串列，如果是空串列可以移除刻度標籤。

❑ labels：這是選項參數，要放置刻度標籤的標籤。

上述常見的選項參數 **kwargs 如下：

❑ rotation：可以逆時針方向旋轉 x 軸的標籤，單位是角度。

❑ color：設定刻度標籤顏色。

❑ fontsize：刻度標籤字型大小。

下列先看使用預設方式所產生的刻度標籤。

程式實例 ch3_5.py：假設 3 大品牌車輛 2023-2025 的銷售數據如下：

Benz	3367	4120	5539
BMW	4000	3590	4423
Lexus	5200	4930	5350

請使用預設方法將上述資料繪製成圖表。

```
1  # ch3_5.py
2  import matplotlib.pyplot as plt
3
4  plt.rcParams["font.family"] = ["Microsoft JhengHei"]
5  Benz = [3367, 4120, 5539]              # Benz線條
6  BMW = [4000, 3590, 4423]               # BMW線條
7  Lexus = [5200, 4930, 5350]             # Lexus線條
8
9  seq = [2023, 2024, 2025]               # 年度
10 plt.plot(seq, Benz, '-*', seq, BMW, '-o', seq, Lexus, '-^')
11 plt.title("銷售報表", fontsize=24)
12 plt.xlabel("年度", fontsize=14)
13 plt.ylabel("數量", fontsize=14)
14 plt.show()
```

執行結果　請參考下方左圖。

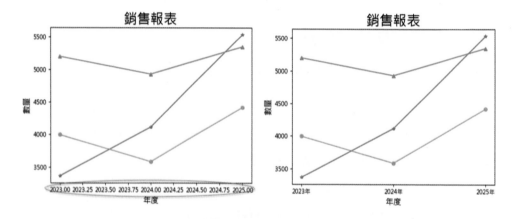

程式實例 ch3_6.py：使用 xticks( ) 函數重新設計 ch3_5.py。

```
1  # ch3_6.py
2  import matplotlib.pyplot as plt
3
4  plt.rcParams["font.family"] = ["Microsoft JhengHei"]
5  Benz = [3367, 4120, 5539]              # Benz線條
6  BMW = [4000, 3590, 4423]               # BMW線條
7  Lexus = [5200, 4930, 5350]             # Lexus線條
8
9  seq = [2023, 2024, 2025]               # 年度
10 labels = ["2023年","2024年","2025年"]
11 plt.xticks(seq,labels)
12 plt.plot(seq, Benz, '-*', seq, BMW, '-o', seq, Lexus, '-^')
13 plt.title("銷售報表", fontsize=24)
14 plt.xlabel("年度", fontsize=14)
15 plt.ylabel("數量", fontsize=14)
16 plt.show()
```

執行結果　可以參考上方右圖，可以看到 x 軸刻度標籤簡單清晰。

3-3-2 基礎數值實例

有時候我們會繪製 x 軸間距的標記不均勻的圖表，這時會造成座標軸的標記重疊。

程式實例 ch3_7.py：座標軸標記重疊的實例。

```
1  # ch3_7.py
2  import matplotlib.pyplot as plt
3
4  x = [0.5,1.0,10,50,100]
5  y = [5,10,35,20,25]
6  labels = ['A','B','C','D','E']
7  plt.xticks(x,labels)
8  plt.plot(x,y,"-o")
9  plt.show()
```

執行結果 可以參考下方左圖。

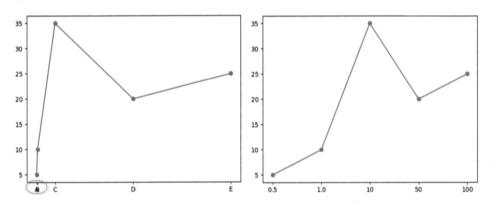

適度的使用 xticks( ) 函數，可以將標記平均分配。

程式實例 ch3_8.py：將 x 軸標記區間平均分配，同時標記改為 x 串列內容，然後重新設計 ch3_7.py。

```
1  # ch3_8.py
2  import matplotlib.pyplot as plt
3
4  x = [0.5,1.0,10,50,100]
5  y = [5,10,35,20,25]
6  value = range(len(x))
7  plt.plot(value,y,"-o")
8  plt.xticks(value,x)
9  plt.show()
```

執行結果 可以參考上方右圖，雖然 x 軸數據不平均，但是整個表格是平均的。

3-3-3　旋轉座標軸標籤

在講解旋轉標籤之前，我們先看一下實例。

程式實例 ch3_9.py：列出一週的平均溫度。

```
1  # ch3_9.py
2  import matplotlib.pyplot as plt
3
4  plt.rcParams["font.family"] = ["Microsoft JhengHei"]
5  week = [0,1,2,3,4,5,6]
6  temperature = [23,25,29,31,26,30,24]
7  labels = ['Sunday','Monday','Tuesday','Wednesday',
8            'Thursday','Friday','Saturday']
9  plt.xticks(week,labels)
10 plt.plot(temperature,"-o")
11 plt.title("一週的平均溫度", fontsize=24)
12 plt.xlabel("星期", fontsize=14)
13 plt.ylabel("溫度", fontsize=14)
14 plt.show()
```

執行結果

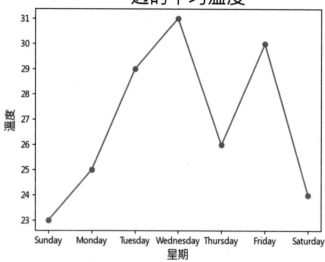

上述 x 軸雖然可以顯示星期字串，但是英文字串長度不一，看起來有一些凌亂，這時可以在 xticks( ) 函數內增加 rotation 參數。

程式實例 ch3_10.py：擴充設計 ch3_9.py，將星期字串旋轉 30 度，這個程式與 ch3_9.py 的差異如下：

```
9  plt.xticks(week,labels,rotation=30)
```

執行結果　部分資料將沒有顯示，可以點選 Configure subplots 圖示 ▓，可以參考下方左圖。然後調整 bottom 的參數，可以參考下方右圖。

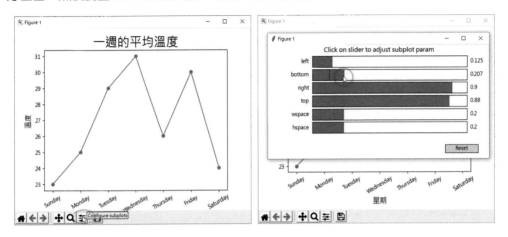

下列是最後的執行結果。

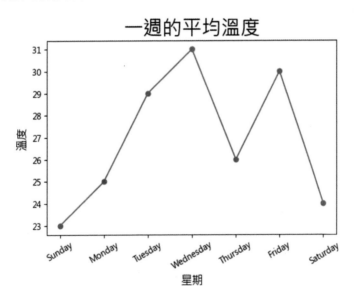

3-3-4　不帶參數的 xticks( ) 函數

使用 xticks( ) 函數，如果不帶任何參數，相當於可以回傳現在位置與標籤值，語法如下：

```
locs, labels = plt.xticks( )
```

　　　上述所回傳的 locs 是標籤的位置，資料型態是矩陣。labels 是標籤的字串，資料型態是串列 (list)。

程式實例 ch3_11.py：擴充設計 ch3_6.py，增加列出標籤位置與字串。

```
1   # ch3_11.py
2   import matplotlib.pyplot as plt
3
4   plt.rcParams["font.family"] = ["Microsoft JhengHei"]
5   Benz = [3367, 4120, 5539]                # Benz線條
6   BMW = [4000, 3590, 4423]                 # BMW線條
7   Lexus = [5200, 4930, 5350]               # Lexus線條
8
9   seq = [2023, 2024, 2025]                 # 年度
10  labels = ["2023年","2024年","2025年"]
11  plt.xticks(seq,labels)
12  plt.plot(seq, Benz, '-*', seq, BMW, '-o', seq, Lexus, '-^')
13  plt.title("銷售報表", fontsize=24)
14  plt.xlabel("年度", fontsize=14)
15  plt.ylabel("數量", fontsize=14)
16  locs, the_labels = plt.xticks()          # 回傳位置與標籤字串
17  print(f'locs       = {locs}')
18  print(f'the_labels = {the_labels}')
19  plt.show()
```

執行結果
```
==================== RESTART: D:/matplotlib/ch3/ch3_11.py ====================
locs       = [2023 2024 2025]
the_labels = [Text(2023, 0, '2023年'), Text(2024, 0, '2024年'), Text(2025, 0, '2
025年')]
```

3-3-5　更改刻度標籤預設

　　　程式實例 ch2_7.py 所建立的圖表 x 軸刻度標籤從 0 – 6，這是預設。假設想要更改此為從 0 – 7，間距是 0.5，其中不含 7，可以參考下列實例。

程式實例 ch3_12.py：將 x 軸刻度標籤改為間距是 0.5，同時不含 7。

```
1   # ch3_12.py
2   import matplotlib.pyplot as plt
3   import numpy as np
4
5   x = np.linspace(0, 2*np.pi, 500)     # 建立含500個元素的陣列
6   y1 = np.sin(x)                       # sin函數
7   y2 = np.cos(x)                       # cos函數
8   plt.xticks(np.arange(0,7,step=0.5))
9   plt.plot(x, y1, color='c')           # 設定青色cyan
10  plt.plot(x, y2, color='r')           # 設定紅色red
11  plt.show()
```

執行結果

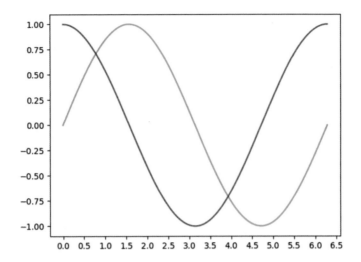

3-4 用 **yticks( )** 執行 **y** 軸刻度標籤設計

函數 yticks( ) 和 xticks( ) 用法相同，不過 yticks( ) 函數是用在 y 軸的刻度標籤。

程式實例 ch3_13.py：重新設計 ch3_12.py，將 y 軸刻度標籤改為間距是 0.5。

```
1  # ch3_13.py
2  import matplotlib.pyplot as plt
3  import numpy as np
4
5  x = np.linspace(0, 2*np.pi, 500)      # 建立含500個元素的陣列
6  y1 = np.sin(x)                        # sin函數
7  y2 = np.cos(x)                        # cos函數
8  plt.xticks(np.arange(0,7,step=0.5))
9  plt.yticks(np.arange(-1,1.5,step=0.5))
10 plt.plot(x, y1, color='c')            # 設定青色cyan
11 plt.plot(x, y2, color='r')            # 設定紅色red
12 plt.show()
```

執行結果

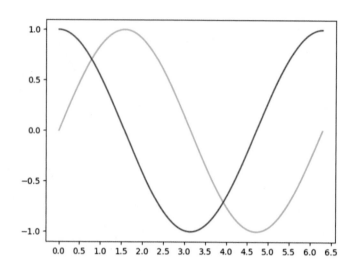

3-5 標籤刻度的字型大小

3-5-1 使用 xticks( ) 和 yticks( ) 函數更改字型大小

我們可以在 xticks( ) 或 yticks( ) 函數內增加 fontsize 參數設定標籤刻度的字型大小。

程式實例 ch3_14.py：設定 x 軸標籤的字型大小，讀者可以發現相較於 y 軸，x 軸字型大小變得比較大了。

```
1  # ch3_14.py
2  import matplotlib.pyplot as plt
3
4  x = [0.5,1.0,10,50,100]
5  y = [5,10,35,20,25]
6  value = range(len(x))
7  plt.plot(value,y,"-o")
8  plt.xticks(value,x,fontsize=14)
9  plt.show()
```

執行結果　可以看到 x 軸刻度標籤的字型大小比 y 軸刻度標籤的字型大小還大。

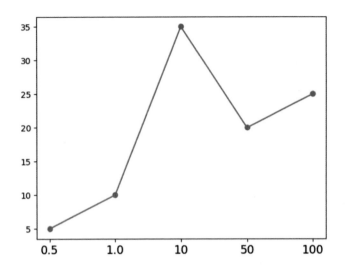

3-5-2 使用 rcParams 字典更改標籤刻度字型大小

在 rcParams 字典中可以使用下列兩個元素分別更改 x 軸和 y 軸標籤刻度的字型大小。

plt.rcParams['xtick.labelsize'] = xx   # xx 是 x 軸字型刻度標籤大小

plt.rcParams['ytick.labelsize'] = yy   # yy 是 y 軸字型刻度標籤大小

程式實例 ch3_15.py：更改 ch3_14.py 設計，將 x 軸字型刻度標籤大小設為 14，y 軸字型刻度標籤大小設為 16。

```
1  # ch3_15.py
2  import matplotlib.pyplot as plt
3
4  x = [0,1,2,3,4]
5  y = [5,10,35,20,25]
6  plt.rcParams['xtick.labelsize'] = 14
7  plt.rcParams['ytick.labelsize'] = 16
8  plt.plot(x,y,"-o")
9  plt.show()
```

執行結果

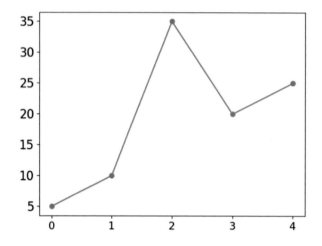

3-6 刻度標籤的顏色

在 xticks( ) 或是 yticks( ) 函數內使用 color 參數可以設定刻度標籤的顏色，使用方式和 2-4 節的 plot( ) 函數的 color 參數相同。

程式實例 ch3_16.py：擴充設計 ch3_13.py，將 x 軸的刻度標籤設為藍色，y 軸的刻度標籤設為綠色。

```
1   # ch3_16.py
2   import matplotlib.pyplot as plt
3   import numpy as np
4
5   x = np.linspace(0, 2*np.pi, 500)        # 建立含500個元素的陣列
6   y1 = np.sin(x)                          # sin函數
7   y2 = np.cos(x)                          # cos函數
8   plt.xticks(np.arange(0,7,step=0.5),color='b')
9   plt.yticks(np.arange(-1,1.5,step=0.5),color='g')
10  plt.plot(x, y1, color='c')              # 設定青色cyan
11  plt.plot(x, y2, color='r')              # 設定紅色red
12  plt.show()
```

執行結果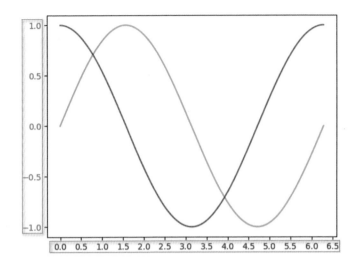

3-7 刻度設計 tick_params( ) 函數

在設計圖表時可以使用 tick_params( ) 設定座標軸的刻度大小、顏色、方向 … 等，語法如下：

plt.tick_params(axis='both', **kwargs)

上述 axis='both' 是選項參數，表示此刻度同時應用在 x 軸和 y 軸，如果單獨設定 axis='x' 表示應用在 x 軸，如果單獨設定 axis='y' 表示應用在 y 軸，預設是同時應用在 x 和 y 軸。

上述常見的選項參數 **kwargs 如下：

❑ direction：可以是 'in'、'out' 或 'inout'，預設是 'out' 表示刻度是在座標軸外側，'in' 表示刻度是在座標軸內側，'inout' 表示刻度是跨越座標軸。

❑ length：刻度的長度，單位是點數。

❑ width：刻度的寬度，單位是點數。

❑ color：刻度的顏色。

❑ pad：刻度 (tick) 和刻度標籤 (label) 的距離，單位是點數。

❑ labelsize：刻度標籤的字型大小，單位是點數。也可以使用 "large" 等字串。

❑ labelcolor：刻度標籤的顏色。

❏ bottom, top, left, right：布林值，是否繪製相對應的刻度。

❏ labelbottom, labeltop, labelleft, labelright：布林值，是否繪製相對應的刻度標籤。

程式實例 ch3_17.py：請設計 x 軸刻度是藍色，direction='in'。然後設計 y 軸刻度是綠色，direction='inout'，刻度長度是 10。

```
1  # ch3_17.py
2  import matplotlib.pyplot as plt
3  import numpy as np
4
5  x = np.linspace(0, 2*np.pi, 500)      # 建立含500個元素的陣列
6  y1 = np.sin(x)                        # sin函數
7  y2 = np.cos(x)                        # cos函數
8  plt.tick_params(axis='x',direction='in',color='b')
9  plt.tick_params(axis='y',length=10,direction='inout',color='g')
10 plt.plot(x, y1, color='c')            # 設定青色cyan
11 plt.plot(x, y2, color='r')            # 設定紅色red
12 plt.show()
```

執行結果

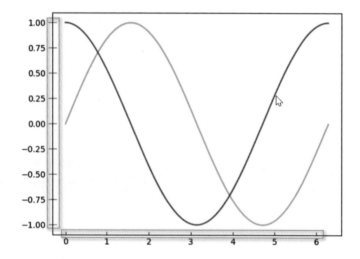

程式實例 ch3_18.py：重新設計 ch3_17.py，同時將刻度方向設為 'inout', 顏色設為紅色，長度設為 8。

```
1  # ch3_18.py
2  import matplotlib.pyplot as plt
3  import numpy as np
4
5  x = np.linspace(0, 2*np.pi, 500)      # 建立含500個元素的陣列
6  y1 = np.sin(x)                        # sin函數
7  y2 = np.cos(x)                        # cos函數
8  plt.tick_params(axis='both',length=10,direction='inout',color='r')
9  plt.plot(x, y1, color='c')            # 設定青色cyan
10 plt.plot(x, y2, color='r')            # 設定紅色red
11 plt.show()
```

執行結果

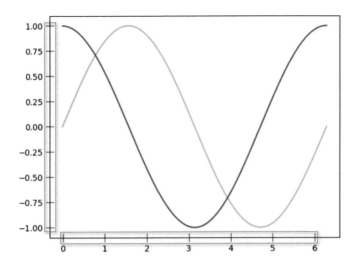

3-8 字型設定

其實 title( )、xlabel( )、ylabel( )、xticks( ) 或 yticks( ) 等可以顯示字型的函數，使用 fontdict 參數設定字型，相關 fontdict 參數設定是使用字典，讀者可以參考下列實例 ch3_19.py，第 5 – 12 列。

程式實例 ch3_19.py：使用 Old English Text MT 字型處理圖表標題，字型大小是 20，字型顏色是藍色。x 軸和 y 軸也是使用相同字型，字型大小是 12，字型顏色是綠色。

```python
1  # ch3_19.py
2  import matplotlib.pyplot as plt
3  import numpy as np
4
5  font1 = {'family':'Old English Text MT',
6          'color':'blue',
7          'weight':'bold',
8          'size':20}
9  font2 = {'family':'Old English Text MT',
10         'color':'green',
11         'weight':'normal',
12         'size':12}
13  x = np.linspace(0, 2*np.pi, 500)      # 建立含500個元素的陣列
14  y1 = np.sin(x)                        # sin函數
15  y2 = np.cos(x)                        # cos函數
16  plt.plot(x, y1, color='c')            # 設定青色cyan
17  plt.plot(x, y2, color='r')            # 設定紅色red
18  plt.title('Sin and Cos function',fontdict=font1)
19  plt.xlabel('x-value',fontdict=font2)
20  plt.ylabel('y-value',fontdict=font2)
21  plt.show()
```

執行結果

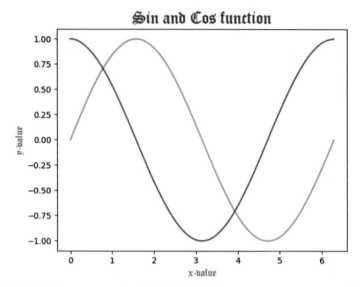

讀者可以從安裝 Windows 字型的預設資料夾 C:\Windows\Fonts，找尋喜歡的字型。

3-9 圖例 legend( )

當圖表上有多條資料線條時，最好方式是為線條加上圖例，這樣可以更加清楚了解資料線條的意義，matplotlib 模組的 legend( ) 函數可以在圖表的適當位置建立圖例，讓整個圖表更加清晰。此函數的語法如下：

plt.legend(*args, **kwargs)

如果省略參數，matplotlib 模組會使用預設方式建立圖例，上述各參數意義如下：

❑ loc：這是選項，也可以使用 rcParams["Legend.loc"] 設定。可以設定圖例的位置，可以有下列設定方式：

'best'：0,

'upper right'：1,

'upper left'：2,

'lower left'：3,

'lower right'：4,

'right'：5,（與 'center right' 相同）

'center left'：6,

'center right'：7,

'lower center'：8,

'upper center'：9,

'center'：10,

如果省略 loc 設定，則使用預設 'best'，在應用時可以使用設定整數值，例如：設定 loc=0 與上述效果相同。

❏ prop：這是選項，圖例字體的屬性，預設是 None。

❏ title_fontsize：這是選項，也可以用 rcParams["legend.title_fontsize"] 設定，預設是 None。圖例字型大小，預設是目前字型大小。

❏ markerscale：這是選項，也可以用 rcParams["legend.markerscale"] 設定，預設是 1.0，功能是圖例標記與原始標記相對大小。

❏ markerfirst：這是選項，預設是 True。如果是 True，圖例標記位於圖例標籤左邊。

❏ numpoints：這是選項，也可以用 rcParams["legend.numpoints"] 設定，預設是 1，功能是為線條圖例建立標記點數。

❏ scatterpoints：這是選項，也可以用 rcParams["legend.scatterpoints"] 設定，預設是 1，功能是為散點圖的圖例項目建立標記點數。

❏ frameon：這是選項，也可以用 rcParams["legend.frameon"] 設定，可設定圖例是否含有邊框，預設是 True。

❏ framealpha：這是選項，也可以用 rcParams["legend.framealpha"] 設定，可設定圖例框架的 alpha 透明度，預設是 0.8。

❏ edgecolor：這是選項，也可以用 rcParams["legend.edgecolor"] 設定，可設定圖例邊框的顏色，預設是黑色 (black)。

❏ facecolor：這是選項，也可以用 rcParams["legend.facecolor"] 設定，可設定圖例的背景顏色，若無邊框此參數無效，預設是白色 (white)。

❏ shadow：這是選項，也可以用 rcParams["legend.shadow"] 設定，可設定圖例陰影，預設是 False。

❏ borderpad：這是選項，也可以用 rcParams["legend.borderpad"] 設定，可設定圖例邊框的內間距，字體大小為單位，預設是 0.4。

❏ labelspacing：這是選項，也可以用 rcParams["legend.labelspacing"] 設定，可設定圖例項目之間的間距，字體大小為單位，預設是 0.5。

❏ handleheight：這是選項，也可以用 rcParams["legend.handleheight"] 設定，可設定圖例句柄高度，字體大小為單位，預設是 0.7。

❏ handlelength：這是選項，也可以用 rcParams["legend.handlelength"] 設定，可設定圖例句柄長度，字體大小為單位，預設是 2.0。

❏ handletextpad：這是選項，也可以用 rcParams["legend.handletextpad"] 設定，功能是圖例句柄和本文之間的填充，字體大小為單位，預設是 0.8。

❏ handleaxespad：這是選項，也可以用 rcParams["legend.handleaxespad"] 設定，主要是軸和圖例邊框的填充，字體大小為單位，預設是 0.5。

❏ ncol：這是選項，整數代表圖例的欄位數，預設是 1。

❏ columnspacing：這是選項，也可以用 rcParams["legend.columnspacing"] 設定，主要是指欄位之間的間距，字體大小為單位，預設是 2.0。

❏ bbox_to_anchor：可以是 2 個或是 4 個數字，這可以設定放置圖例的位置。

❏ title：這是選項，可以設定圖例的標題，預設是 None。

3-9-1　預設值的實例

如果想要建立圖例，必須在 plot( ) 函數內增加 label 標籤設定，細節可以參考下列實例，這一節將從使用預設值說起。

程式實例 ch3_20.py：使用預設值建立圖例。

```
1  # ch3_20.py
2  import matplotlib.pyplot as plt
3
4  plt.rcParams["font.family"] = ["Microsoft JhengHei"]
5  Benz = [3367, 4120, 5539]              # Benz線條
6  BMW = [4000, 3590, 4423]               # BMW線條
7  Lexus = [5200, 4930, 5350]             # Lexus線條
8
9  seq = [2023, 2024, 2025]               # 年度
10 labels = ["2023年","2024年","2025年"]
```

```
11  plt.xticks(seq,labels)
12  plt.plot(seq, Benz, '-*', label='Benz')
13  plt.plot(seq, BMW, '-o', label='BMW')
14  plt.plot(seq, Lexus, '-^', label='Lexus')
15  plt.legend()
16  plt.title("銷售報表", fontsize=24)
17  plt.xlabel("年度", fontsize=14)
18  plt.ylabel("數量", fontsize=14)
19  plt.show()
```

執行結果

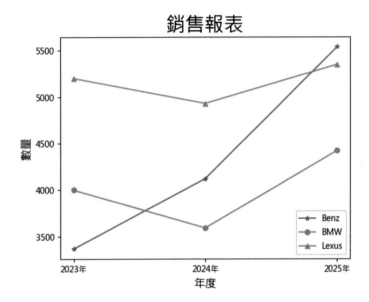

　　上 述 第 15 列 筆 者 使 用 plt.legend( )，這 是 使 用 預 設，效 果 與 使 用 plt. legend(loc='best') 相同。

程式實例 ch3_20_1.py：使用 loc='best' 重新設計 ch3_20.py。

```
15  plt.legend(loc='best')
```

執行結果　與 ch3_20.py 相同。

3-9-2　將圖例設在不同位置的實例

程式實例 ch3_21.py：將圖例設在圖表右上角。

```
15  plt.legend(loc='upper right')
```

執行結果　可以參考下方左圖。

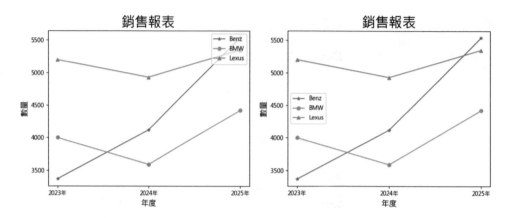

程式實例 ch3_22.py：將圖例設在左邊中間。

```
15  plt.legend(loc='center left')
```

執行結果　可以參考上方右圖。

可以參考 3-9 節的說明，使用 loc 參數時，也可以用數字代替位置字串。

程式實例 ch3_22_1.py：使用 6 代替 "center left" 重新設計 ch3_22.py。

```
15  plt.legend(loc=6)
```

執行結果　與 ch3_22.py 相同。

3-9-3　設定圖例框與圖例背景顏色

程式實例 ch3_23.py：重新設計 ch3_22_1.py，使用 edgecolor 和 facecolor 參數設定圖例框為藍色，圖例背景為黃色。

```
1   # ch3_23.py
2   import matplotlib.pyplot as plt
3
4   plt.rcParams["font.family"] = ["Microsoft JhengHei"]
5   Benz = [3367, 4120, 5539]                   # Benz線條
6   BMW = [4000, 3590, 4423]                     # BMW線條
7   Lexus = [5200, 4930, 5350]                   # Lexus線條
8
9   seq = [2023, 2024, 2025]                     # 年度
10  labels = ["2023年","2024年","2025年"]
11  plt.xticks(seq,labels)
12  plt.plot(seq, Benz, '-*', label='Benz')
13  plt.plot(seq, BMW, '-o', label='BMW')
```

```
14  plt.plot(seq, Lexus, '-^', label='Lexus')
15  plt.legend(loc=6,edgecolor='b',facecolor='y')
16  plt.title("銷售報表", fontsize=24)
17  plt.xlabel("年度", fontsize=14)
18  plt.ylabel("數量", fontsize=14)
19  plt.show()
```

執行結果 可以參考下方左圖。

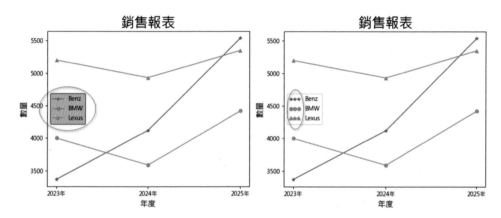

3-9-4 圖例標記點數

程式實例 ch3_24.py：重新設計 ch3_22_1.py，使用 numpoints 參數設定圖例標記點數為 3。

```
15  plt.legend(loc=6,numpoints=3)
```

執行結果 可以參考上方右圖。

3-9-5 取消圖例邊框

程式實例 ch3_25.py：重新設計 ch3_22.py，使用 frameon 參數取消圖例邊框。

```
15  plt.legend(loc='center left',frameon=False)
```

執行結果

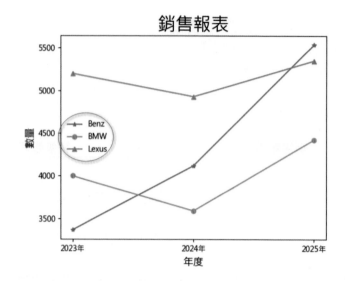

3-9-6　建立圖例陰影

可以使用 shadow 參數建立含陰影的圖例。

程式實例 ch3_26.py：重新設計 ch3_22.py，為圖例建立陰影。

```
15  plt.legend(loc='center left',shadow=True)
```

執行結果

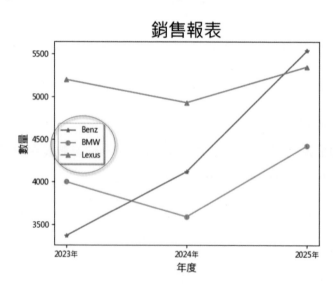

3-9-7 將圖例放在圖表外

經過上述解說，我們已經可以將圖例放在圖表內了，如果想將圖例放在圖表外，筆者先解釋座標，在圖表內左下角位置是 (0,0)，右上角是 (1,1)，觀念如下：

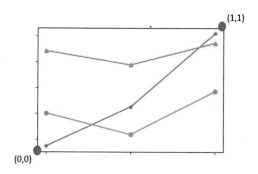

首先需使用 bbox_to_anchor( ) 當作 legend( ) 的一個參數，設定錨點 (anchor)，也就是圖例位置，例如：如果我們想將圖例放在圖表右上角外側，需設定 bbox_to_anchor(1,1)。

程式實例 ch3_27.py：將圖例放在圖表右上角外側。

```
15  plt.legend(bbox_to_anchor=(1,1))
```

執行結果

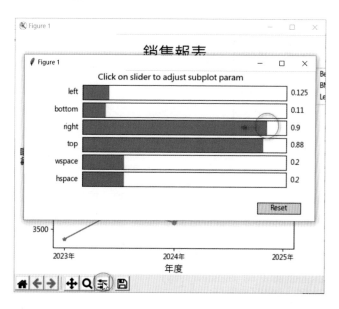

現在圖例出現在圖表右上角外側，但是沒有完全顯示，如果要完全顯示，首先讀者要按 Configure subplots 圖示 ，然後會出現調整圖表參數的對話框，可以參考上方圖，請將 right 橫條往右拖曳，如下所示。

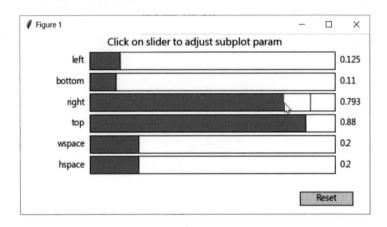

再按右上方的關閉鈕，可以得到下列完整顯示圖表和圖例的結果。

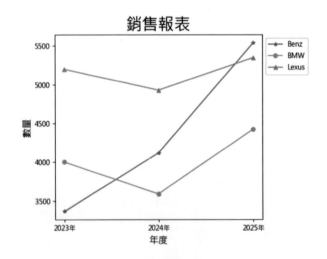

matplotlib 模組內有 tight_layout( ) 函數，可利用設定 pad 參數在圖表與 Figure 1 間設定留白，未來 6-8 節會介紹更多 tight_layout( ) 函數的應用。

程式實例 ch3_28.py：設定 pad=7，重新設計 ch3_27.py。

```
15  plt.legend(bbox_to_anchor=(1,1))
16  plt.tight_layout(pad=7)
```

執行結果

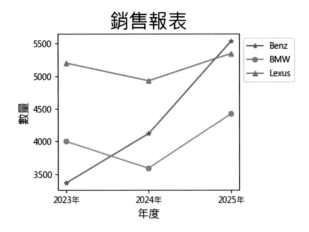

3-9-8　圖例標題

圖例也可以建立標題，只要在 legend( ) 函數內增加 title 參數設定即可。

程式實例 ch3_28_1.py：為圖例增加標題 " 汽車品牌 "。

```
15  plt.legend(bbox_to_anchor=(1,1),title='汽車品牌')
```

執行結果

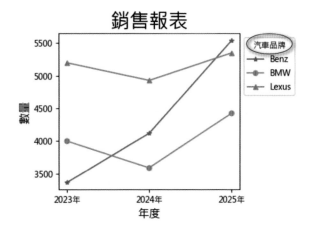

3-9-9　一個圖表有二個圖例

預設一個圖表有一個圖例，如果要一個圖表有 2 個圖例可以先將第 1 個圖例手動加入圖表，第 2 個圖例使用先前方式加入即可。

程式實例 ch3_29.py：使用 2 個圖例分別顯示 Sin 和 Cos 線條，Sin 圖例在右上方顯示，Cos 圖例在右下方顯示。

```
1   # ch3_29.py
2   import matplotlib.pyplot as plt
3   import numpy as np
4
5   x = np.linspace(0, 2*np.pi, 500)      # 建立含500個元素的陣列
6   y1 = np.sin(x)                        # sin函數
7   y2 = np.cos(x)                        # cos函數
8   sin_line, = plt.plot(x, y1,label="Sin",linestyle='--')
9   cos_line, = plt.plot(x, y2,label="Cos",lw=3)
10  sin_legend = plt.legend(handles=[sin_line], loc=1)  # 建立sin圖表物件
11  plt.gca().add_artist(sin_legend)      # 手動將sin圖例加入圖表
12  plt.legend(handles=[cos_line], loc=4)              # 建立cos圖表
13  plt.show()
```

執行結果

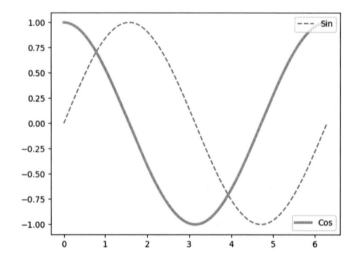

上述第 8 列和第 9 列的 plt.plot( ) 函數筆者第一次使用了回傳值，所回傳的是繪製線條的物件，因為回傳 2 個元素，其中第 1 個元素是線條物件，所以使用下列方式取得回傳的第一個線條物件，至於第 2 個元素是繪圖的子區間，未來章節會做說明。

　　　sin_line, = plt.plot(…)

讀者須留意第 10 列和第 12 列使用 plt.legend( ) 函數的參數 handles 使用，這是設定線條的物件，回傳的是圖例物件。程式第 11 列使用了 plt.gca( ).add_artist( )，這是手動將 sin_line 圖例物件加入圖表，gca( ) 是得到當前的子圖表 (axes)。

3-9-10　綜合應用

程式實例 ch3_30.py：正常顯示或是遮罩部分點的實例。

```python
1  # ch3_30.py
2  import matplotlib.pyplot as plt
3  import numpy as np
4
5  plt.rcParams["font.family"] = ["Microsoft JhengHei"]
6  plt.rcParams["axes.unicode_minus"] = False
7  # 正常顯示
8  x1 = np.linspace(-1.5,1.5,31)
9  y1 = np.cos(x1)**2
10
11 # 移除 y1 > 0.6 的點
12 x2 = x1[y1 <= 0.6]
13 y2 = y1[y1 <= 0.6]
14
15 # 遮罩 y1 > 0.7 的點
16 y3 = np.ma.masked_where(y1 > 0.7, y1)
17
18 # 將 y1 > 0.8 的點設為 NaN
19 y4 = y1.copy()
20 y4[y4 > 0.8] = np.nan
21
22 plt.plot(x1*0.1, y1, 'o-', label='正常顯示')
23 plt.plot(x2*0.4, y2, 'o-', label='移除點')
24 plt.plot(x1*0.7, y3, 'o-', label='遮罩點')
25 plt.plot(x1*1.0, y4, 'o-', label='將點設為NaN')
26 plt.legend()
27 plt.title('Cos函數顯示與遮蔽點的應用')
28 plt.show()
```

執行結果

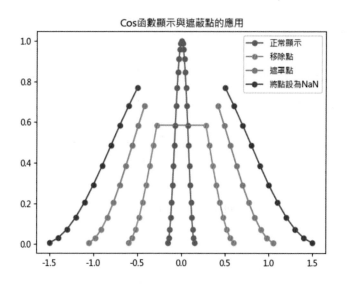

3-10 網格的設定 grid( )

　　預設圖表是不顯示網格隔線，不過可以使用 grid( ) 函數讓圖表顯示網格，此函數的語法如下：

```
plot.grid(visible=None, which='major', axis='both', **kwargs)
```

　　當使用 grid( ) 函數後，預設就會顯示網格隔線，上述參數皆是選項，意義如下：

❑ alpha：透明度。

❑ visible：這是選項，可以設定是否顯示隔線，如果有 **kwargs 參數，visible 就會被開啟為 True。

❑ which：這是選項，可以是 'major'、'minor'、'both'。

❑ axis：這是選項，預設是顯示 x 軸和 y 軸線條，可以是 'both'、'x'、'y'。

　　至於參數 **kwargs 主要是可以設定 2D 線條的參數，可以參考下列常用的參數說明。

❑ color 或 c：顏色。

❑ linestyle 或 ls：線條樣式。

❑ linewidth 或 lw：線條寬度。

3-10-1 基礎網格隔線的實例

程式實例 ch3_31.py：使用預設 grid( ) 函數顯示隔線。

```
1   # ch3_31.py
2   import matplotlib.pyplot as plt
3   import numpy as np
4
5   x = np.linspace(0, 2*np.pi, 500)      # 建立含500個元素的陣列
6   y1 = np.sin(x)                        # sin函數
7   y2 = np.cos(x)                        # cos函數
8   plt.plot(x, y1, label='Sin')
9   plt.plot(x, y2, label='Cos')
10  plt.legend()
11  plt.grid()                            # 顯示格線
12  plt.show()
```

執行結果 可以參考下方左圖。

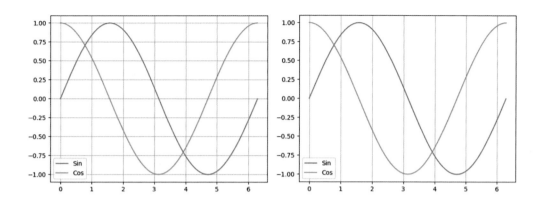

3-10-2 顯示單軸隔線

程式實例 ch3_32.py：重新設計 ch3_31.py，顯示垂直線。

```
11  plt.grid(axis='x')                    # 顯示格線
```

執行結果 可以參考上方右圖。

　　如果要顯示水平線條，可以將上述第 11 列改為下列。

```
    plt.grid(axis='y')
```

　　讀者也可以參考書籍所附的 ch3_32_1.py。

3-10-3 顯示虛線的隔線

程式實例 ch3_33.py：重新設計 ch3_31.py，設計黃色、線條寬度是 1、虛線的隔線。

```
11  plt.grid(c='y',linestyle='--',lw=1) # 顯示虛線格線
```

執行結果

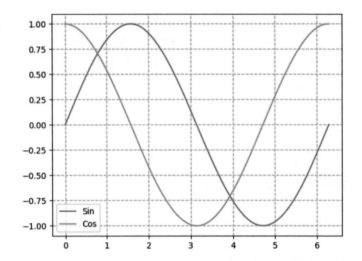

註　其實 matplotlib 預設是顯示線條寬度是 1 的隔線，所以也可以省略 lw=1。

第四章
圖表內容設計

4-1 在圖表內建立線條

4-1-1　在圖表內建立水平線 axhline( )

函數 axhline( ) 可以在圖表內增加水平線，此函數語法如下：

plt.axhline(y=0, xmin=0, xmax=1, **kwargs)

上述參數意義如下：

❏ alpha：透明度。

❏ y：可選參數，預設是 0，因為是繪製水平線，所以這是 y 軸值。

❏ xmin：可選參數，預設是 0，因為是繪製水平線，此數值是相對位置，所以此值必須是在 0 至 1 之間，0 代表最左位置，1 代表最右位置。

❏ xmax：可選參數，預設是 1，因為是繪製水平線，此數值是相對位置，所以此值必須是在 0 至 1 之間，0 代表最左位置，1 代表最右位置。

至於常用的可選參數 **kwargs 如下：

❏ color 或 c：顏色。

❏ linestyle 或 ls：線條樣式。

❏ linewidth 或 lw：線條寬度。

❏ zorder：當繪製多條線時，zorder 值較小的先繪製。

程式實例 ch4_1.py：請使用 axhline( ) 函數繪製 3 條不同顏色的水平線，同時在圖表內繪製下列函數圖形。

$$y = \frac{1}{1 + e^{-x}}$$

```
1   # ch4_1.py
2   import numpy as np
3   import matplotlib.pyplot as plt
4
5   x = np.linspace(-2*np.pi, 2*np.pi, 100)
6   y = 1 / (1 + np.exp(-x))
7
8   plt.axhline(y=0, color="blue", linestyle="--")
9   plt.axhline(y=0.5, color="red", linestyle=":")
10  plt.axhline(y=1.0, color="green", linestyle="--")
11  plt.plot(x, y, linewidth=2, c='gray')
12  plt.xlim(-2*np.pi,2*np.pi)
13  plt.show()
```

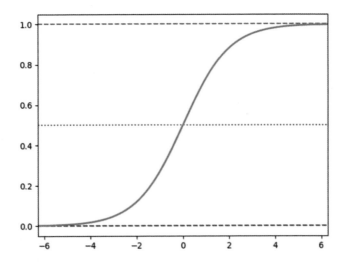

4-1-2　在圖表內建立垂直線 axvline( )

函數 axvline( ) 可以在圖表內增加垂直線，此函數語法如下：

> plt.axvline(x=0, ymin=0, ymax=1, **kwargs)

上述參數意義如下：

❏ x：可選參數，預設是 0，因為是繪製垂直線，所以這是 x 軸值。

❏ ymin：可選參數，預設是 0，因為是繪製垂直線，此數值是相對位置，所以此值必須是在 0 至 1 之間，0 代表最下方位置，1 代表最上方位置。

❏ ymax：可選參數，預設是 1，因為是繪製垂直線，此數值是相對位置，所以此值必須是在 0 至 1 之間，0 代表最下方位置，1 代表最上方位置。

至於常用的 **kwargs 參數如下：

❏ alpha：透明度。

❏ color 或 c：顏色。

❏ linestyle 或 ls：線條樣式。

❏ linewidth 或 lw：線條寬度。

❏ zorder：當繪製多條線時，zorder 值較小的先繪製。

程式實例 ch4_2.py：擴充設計 ch4_1.py，增加設計垂直灰色的線與點的線條。

```
1  # ch4_2.py
2  import numpy as np
3  import matplotlib.pyplot as plt
4
5  x = np.linspace(-2*np.pi, 2*np.pi, 100)
6  y = 1 / (1 + np.exp(-x))
7
8  plt.axhline(y=0, color="blue", linestyle="--")
9  plt.axhline(y=0.5, color="red", linestyle=":")
10 plt.axhline(y=1.0, color="green", linestyle="--")
11 plt.axvline(color="gray", linestyle="-.")    # 垂直的灰色線條
12 plt.plot(x, y, linewidth=2, c='gray')
13 plt.xlim(-2*np.pi,2*np.pi)
14 plt.show()
```

執行結果

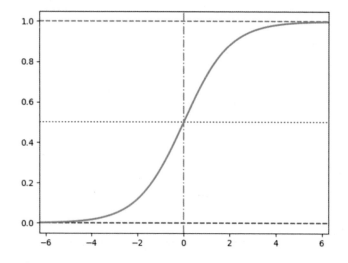

4-1-3　在圖表內繪製無限長的線條 axline( )

函數 axline( ) 可以在圖表內繪製無限長的線條，其語法如下：

　　plt.axline(xy1, xy2=None, slope=None, **kwargs)

上述參數意義如下：

❑ xy1, xy2：xy1 是線條的一個點，xy2 是線條的另一個點。如果省略 xy2，則須使用 slope 參數。

❑ slope：斜率。

其他常用的 **kwargs 參數如下：

❑ alpha：透明度。

❑ color 或 c：顏色。

❑ linestyle：線條樣式。

❑ linewidth 或 lw：線條寬度。

❑ zorder：當繪製多條線時，zorder 值較小的先繪製。

程式實例 ch4_3.py：擴充設計 ch4_2.py，使用 axline( ) 函數繪製 2 條無限長的線條，同時用 c 取代 color，用 ls 取代 linestyle。

```
1  # ch4_3.py
2  import numpy as np
3  import matplotlib.pyplot as plt
4
5  x = np.linspace(-2*np.pi, 2*np.pi, 100)
6  y = 1 / (1 + np.exp(-x))
7
8  plt.axhline(y=0, c="blue", ls="--")
9  plt.axhline(y=0.5, c="red", ls=":")
10 plt.axhline(y=1.0, c="green", ls="--")
11 plt.axvline(c="gray", ls="-.")          # 垂直的灰色線條
12 plt.axline((-2,0),(2,1), c='cyan', lw=3)   # 兩個點的連線
13 plt.axline((-1,0), slope=0.5,c='y', lw=2)  # 點和斜率的線條
14 plt.plot(x, y, linewidth=2, c='gray')
15 plt.xlim(-2*np.pi,2*np.pi)
16 plt.show()
```

執行結果

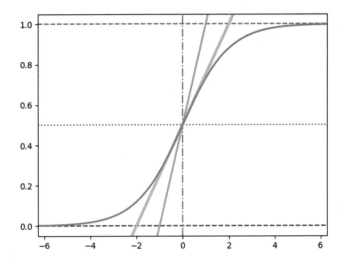

4-2　建立水平和垂直參考區域

4-2-1　axhspan( )

函數 axhspan( ) 可以在座標軸內增加水平參考區間，此函數語法如下：

　　plt.axhspan(ymin, ymax, xmin=0, xmax=1, **kwargs)

上述參數意義如下：

❑ ymin：水平區間較低的 y 座標。

❑ ymax：水平區間較高的 y 座標。

❑ xmin：x 軸值是在 0 – 1 之間，此數值是相對位置，水平區間 x 軸的較小位置。

❑ xmax：x 軸值是在 0 – 1 之間，此數值是相對位置，水平區間 x 軸的較大位置。

其他常用的 **kwargs 參數如下：

❑ alpha：透明度。

❑ color 或 c：顏色。

❑ edgecolor 或 ec：邊界顏色。

❑ facecolor 或 fc：區間內部顏色。

❑ linestyle：線條樣式。

❑ linewidth 或 lw：線條寬度。

❑ zorder：當繪製多條線時，zorder 值較小的先繪製。

程式實例 ch4_4.py：繪製 sin 函數與在座標軸內增加水平參考區間。

```
1  # ch4_4.py
2  import numpy as np
3  import matplotlib.pyplot as plt
4
5  x = np.linspace(0.05,2*np.pi,500)
6  y = np.sin(x)
7  plt.plot(x,y,ls="-.",lw=2,c="c",label="Sin")    # 繪製sin線
8  plt.axhspan(ymin=0.0,ymax=0.5,fc='y',alpha=0.3) # 水平參考區間
9  plt.legend()
10 plt.show()
```

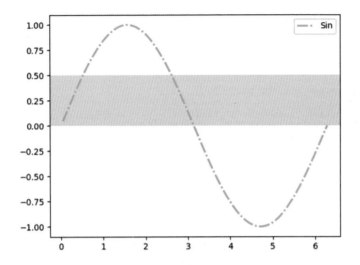

4-2-2 axvspan( )

函數 axvspan( ) 可以在座標軸內增加垂直參考區間，此函數語法如下：

plt.axvspan(xmin, xmax, ymin=0, ymax=1, **kwargs)

上述參數意義如下：

❑ xmin：垂直區間較左的 x 座標。
❑ xmax：垂直區間較右的 x 座標。
❑ ymin：y 軸值是在 0 – 1 之間，此數值是相對位置，垂直區間 y 軸的較小位置。
❑ xmax：y 軸值是在 0 – 1 之間，此數值是相對位置，垂直區間 y 軸的較大位置。

其他常用的 **kwargs 參數如下：

❑ alpha：透明度。
❑ color 或 c：顏色。
❑ edgecolor 或 ec：邊界顏色。
❑ facecolor 或 fc：區間內部顏色。
❑ linestyle：線條樣式。
❑ linewidth 或 lw：線條寬度。
❑ zorder：當繪製多條線時，zorder 值較小的先繪製。

程式實例 ch4_5.py：擴充設計 ch4_4.py，在座標軸內增加垂直參考區間。

```python
1   # ch4_5.py
2   import numpy as np
3   import matplotlib.pyplot as plt
4
5   x = np.linspace(0.05,2*np.pi,500)
6   y = np.sin(x)
7   plt.plot(x,y,ls="-.",lw=2,c="c",label="Sin")    # 繪製sin線
8   plt.axhspan(ymin=0.0,ymax=0.5,fc='y',alpha=0.3) # 水平參考區間
9   plt.axvspan(xmin=0.5*np.pi,xmax=1.5*np.pi,
10               fc='r',alpha=0.3)                   # 垂直參考區間
11  plt.legend()
12  plt.show()
```

執行結果

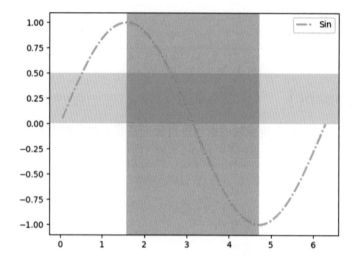

4-3 填充區間

4-3-1 填充區間 fill( )

函數 fill( ) 可以用於填充區間，這個函數的語法如下：

plt.fill(*args, data=None, **kwargs)

上述參數 *args 主要是一個 x, y, [color] 序列，x, y 代表一個多邊形端點的 x 軸座標和 y 軸座標，color 則是填充的色彩。下列是實例：

plt.fill(x, y)   # 用預設顏色填滿多邊形
plt.fill(x, y, 'g')   # 用綠色填滿多邊形

```
plt.fill(x1, y1, x2, y2)                          # 填滿 2 個多邊形
plt.fill(x1, y1, 'g', x2, y2, 'r')                # 一個用綠色，一個用紅色填滿
```

如果使用標籤 data，可以用下列方式：

```
plt.fill('time, 'signal', data = {'time':[0,1,2], 'signal':[0,2,0]})
```

其他常用的 **kwargs 參數如下：

❑ color 或 c：顏色。

❑ edgecolor 或 ec：邊界顏色。

❑ facecolor 或 fc：區間內部顏色。

❑ fill：布林值。

❑ linestyle：線條樣式。

❑ linewidth 或 lw：線條寬度。

❑ zorder：當繪製多條線時，zorder 值較小的先繪製。

程式實例 ch4_ 6.py：使用紫色填充一個多邊形。

```
1  # ch4_6.py
2  import matplotlib.pyplot as plt
3
4  x = [0, 2, 4, 6]
5  y = [0, 5, 6, 2]
6  plt.fill(x, y, 'm')
7  plt.show()
```

執行結果　可以參考下方左圖。

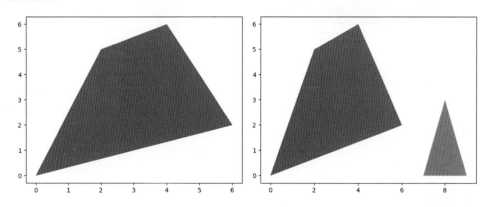

程式實例 ch4_7.py：用不同顏色填充 2 個多邊形。

```
1  # ch4_7.py
2  import matplotlib.pyplot as plt
3
4  x = [0, 2, 4, 6]
5  y = [0, 5, 6, 2]
6  x2 = [7, 8, 9]
7  y2 = [0, 3, 0]
8  plt.fill(x, y, 'm', x2, y2, 'g')
9  plt.show()
```

執行結果 可以參考上方右圖。

程式實例 ch4_8.py：增加使用 data 參數的應用。

```
1  # ch4_8.py
2  import matplotlib.pyplot as plt
3
4  plt.fill('time','signal','g',
5          data={'time':[0,1,2,3],'signal':[0,1,1,0]})
6  plt.xlabel('Time')
7  plt.ylabel('Signal')
8  plt.show()
```

執行結果 可以參考下方左圖。

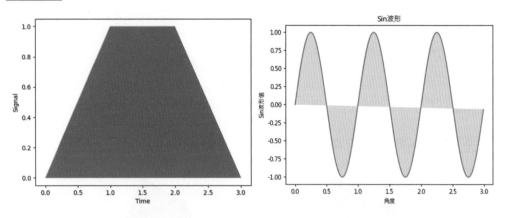

程式實例 ch4_9.py：填充 Sin 波形區間的應用。

```
1   # ch4_9.py
2   import matplotlib.pyplot as plt
3   import numpy as np
4
5   plt.rcParams["font.family"] = ["Microsoft JhengHei"]
6   plt.rcParams["axes.unicode_minus"] = False
7   x = np.arange(0.0, 3, 0.01)
8   y = np.sin(2 * np.pi * x)
9   plt.plot(x, y)                      # 繪製 sin(2 * pi * x)
10
```

```
11  plt.fill(x, y, 'y', alpha=0.3)   # 黃色填充
12  plt.xlabel('角度')
13  plt.ylabel('Sin波形值')
14  plt.title('Sin波形')
15  plt.show()
```

執行結果 可以參考上方右圖。

在應用 fill( ) 函數時，x 軸的串列值也可以不必從小到大，可以參考下列實例。

程式實例 ch4_9_1.py：fill( ) 函數的應用實例。

```
1  # ch4_9_1.py
2  import matplotlib.pyplot as plt
3
4  x = [3, 6, 3, 0]
5  y = [6, 3, 0, 3]
6  plt.fill(x, y)
7  plt.show()
```

執行結果

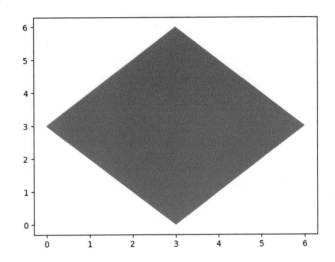

4-3-2 填充區間 fill_between( )

在繪製波形時，有時候想要填滿區間，此時可以使用 matplotlib 模組的 fill_between( ) 方法，基本語法如下：

　　plt.fill_between(x, y1, y2, where=None, **kwargs)

上述參數意義如下：

❑ x：x 軸區間。

❑ y1, y2：上述會填滿所有相對 x 軸數列 y1 和 y2 的區間。

❑ where：可以使用此設定排除一些水平區域。

如果不指定填滿顏色會使用預設的線條顏色填滿，通常填滿顏色會用較淡的顏色，所以可以設定 alpha 參數將顏色調淡。至於其他常用的可選參數 **kwargs 設定如下：

- ❏ color 或 c：顏色。
- ❏ cmap：色彩映射的顏色地圖，將在第 9 章解說。
- ❏ edgecolor 或 ec：邊界顏色。
- ❏ facecolor 或 fc：區間內部顏色。
- ❏ fill：布林值。
- ❏ linestyle：線條樣式。
- ❏ linewidth 或 lw：線條寬度。
- ❏ zorder：當繪製多條線時，zorder 值較小的先繪製。

程式實例 ch4_10.py：填滿區間的應用，其中 y1 是 0，y2 是函數式 sin(3x)，x 軸則是 $-\pi$ 與 π 之間。

```python
1   # ch4_10.py
2   import matplotlib.pyplot as plt
3   import numpy as np
4
5   left = -np.pi
6   right = np.pi
7   x = np.linspace(left, right, 100)
8   y = np.sin(3*x)                    # sin(3*x)函數
9
10  plt.plot(x, y)
11  plt.fill_between(x, 0, y, color='green', alpha=0.1)
12  plt.show()
```

執行結果　可以參考下方左圖。

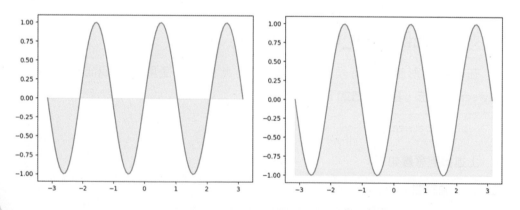

程式實例 ch4_11.py：填滿區間的應用，其中 y1 是 -1，y2 是函數式 sin(3x)，x 軸則是一 π 與 π 之間。

```
1   # ch4_11.py
2   import matplotlib.pyplot as plt
3   import numpy as np
4
5   left = -np.pi
6   right = np.pi
7   x = np.linspace(left, right, 100)
8   y = np.sin(3*x)                    # sin(3*x)函數
9
10  plt.plot(x, y)
11  plt.fill_between(x, -1, y, color='yellow', alpha=0.3)
12  plt.show()
```

執行結果 可以參考上方右圖。

程式實例 ch4_12.py：繪製下列二次函數區間，x 軸是從 -2 到 4 積分區間的圖形。

$$y = -x^2 + 2x$$

```
1   # ch4_12.py
2   import matplotlib.pyplot as plt
3   import numpy as np
4
5   # 函數的係數
6   a = -1
7   b = 2
8   # 繪製區間圖形
9   x = np.linspace(-2, 4, 1000)
10  y = a*x**2 + b*x
11  plt.plot(x, y, color='b')
12  plt.fill_between(x, y1=y, y2=0, where=(x>=-2)&(x<=5),
13                   facecolor='lightgreen')
14
15  plt.grid()
16  plt.show()
```

執行結果 可以參考下方左圖。

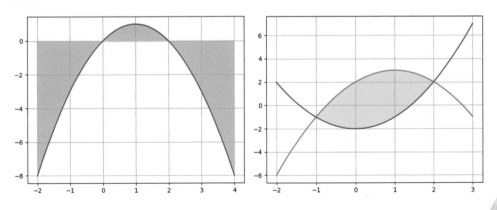

程式實例 ch4_13.py：假設有 2 個函數分別如下，請繪製 $f(x)$ 和 $g(x)$ 函數圍住的區間。

$$f(x) = x^2 - 2$$

$$g(x) = -x^2 + 2x + 2$$

```
1   # ch4_13.py
2   import matplotlib.pyplot as plt
3   import numpy as np
4
5   # 函數f(x)的係數
6   a1 = 1
7   c1 = -2
8   x = np.linspace(-2, 3, 1000)
9   y1 = a1*x**2 + c1
10  plt.plot(x, y1, color='b')          # 藍色是 f(x)
11
12  # 函數g(x)的係數
13  a2 = -1
14  b2 = 2
15  c2 = 2
16  x = np.linspace(-2, 3, 1000)
17  y2 = a2*x**2 + b2*x + c2
18  plt.plot(x, y2, color='g')          # 綠色是 g(x)
19
20  # 繪製區間
21  plt.fill_between(x, y1=y1, y2=y2, where=(x>=-1)&(x<=2),
22                  facecolor='yellow')
23
24  plt.grid()
25  plt.show()
```

執行結果　可以參考上方右圖。

　　繪製區間圖形有時候也可以應用在聯立不等式，有關這方面更多細節讀者可以參考筆者所著的機器學習彩色圖解 + 基礎數學 + Python 實作，下列筆者將直接使用此觀念繪製圖形。

程式實例 ch4_14.py：繪製 x = 0 至 x = 13.3，符合下列函數的區間。

$$x >= 0$$

$$y >= 0$$

$$y <= 8 - 0.6x$$

$$y <= 17.5 - 2.5x$$

```
1   # ch4_14.py
2   import numpy as np
3   import matplotlib.pyplot as plt
4
5   x = np.arange(0,13.3,0.01)
6
```

```
7   y1 = 17.5 - 2.5 * x
8   y2 = 8 - 0.6 * x
9   y3 = np.minimum(y1,y2)   # 取較低值
10
11  plt.plot(x,y1,color="blue",label="17.5 - 2.5x")
12  plt.plot(x,y2,color="green",label="8 - 0.6x")
13  plt.ylim(0, 10)
14  plt.fill_between(x, 0, y3, color='yellow')
15  plt.legend()
16  plt.show()
```

執行結果 可以參考下方左圖。

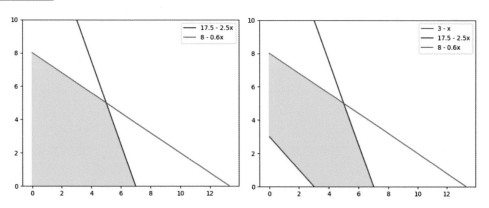

程式實例 ch4_15.py：擴充 ch4_14.py，增加 $y = 3 - x$ 線條當作區間下限。

```
1   # ch4_15.py
2   import numpy as np
3   import matplotlib.pyplot as plt
4
5   x = np.arange(0,13.3,0.01)
6   y = 3 - x
7   y1 = 17.5 - 2.5 * x
8   y2 = 8 - 0.6 * x
9   y3 = np.minimum(y1,y2)   # 取較低值
10
11  plt.plot(x,y,color="r",label="3 - x")
12  plt.plot(x,y1,color="blue",label="17.5 - 2.5x")
13  plt.plot(x,y2,color="green",label="8 - 0.6x")
14  plt.ylim(0, 10)
15  plt.fill_between(x, y, y3, color='yellow')
16  plt.legend()
17  plt.show()
```

執行結果 可以參考上方右圖。

第五章
圖表增加文字

5-1 在圖表標記文字語法

在繪製圖表過程有時需要在圖上標記文字，這時可以使用 text( ) 函數，此函數基本使用格式如下：

    plt.text(x, y, s, fontdict=None, **kwargs)

❏ x, y：是文字輸出的左下角座標，x, y 不是絕對刻度，這是相對座標刻度，大小會隨著座標刻度增減。

❏ s：是輸出的字串

❏ fontdict：是使用字典設定文字屬性。

　　至於其他常用的 **kwargs 參數設定如下：

❏ alpha：透明度。

❏ backgroundcolor：背景顏色。

❏ bbox：用盒子顯示文字。

❏ color 或 c：文字顏色。

❏ fontfamily：字型，例如：{'serif'、'sans-serif'、'cursive'、'fantasy'、'monospace'。

❏ fontsize：浮點數，或是 'xx-small'、'x-small'、'small'、'medium'、'large'、'x-large'、'xx-large'。

❏ fontstretch 或 是 stretch：0 至 1000 的 數 字， 或 是 'ultra-condensed'、'extra-condensed'、'condensed'、'semi-condensed'、'normal'、'semi-expanded'、'expanded'、'extra-expanded'、'ultra-expanded'。

❏ fontweight 或是 weight：0 至 1000 的數字，或是 'ultralight'、'light'、'normal'、'regular'、'book'、'medium'、'roman'、'semibold'、'demibold'、'demi'、'bold'、'heavy'、'extrabold'、'black'。

❏ horizontalalignment 或是 ha：水平置中，可以是 'center'、'left'、'right'。

❏ rotation：旋轉角度。

❏ transform：圖表軸的轉換。

❏ verticalalignment 或 是 va：垂 直 置 中， 可 以 是 'center'、'top'、'bottom'、'baseline'、'center_baseline'。

❏ wrap：可設定是否自動換行。

❏ zorder：輸出順序。

5-2 簡單的實例說明

程式實例 ch5_1.py:在圖表內增加文字,同時用藍色的點標記繪製輸出位置。

```
1   # ch5_1.py
2   import matplotlib.pyplot as plt
3
4   plt.rcParams["font.family"] = ["Microsoft JhengHei"]
5   squares = [0, 1, 4, 9, 16, 25, 36, 49, 64]
6   plt.plot(squares)
7   plt.axis([0, 8, 0, 70])        # 繪製線條
8   x = 2
9   y = 30
10  plt.plot(x, y, 'bo')           # 輸出位智繪製藍色的點
11  plt.text(x, y, '深智數位')      # 輸出字串
12  plt.grid()
13  plt.show()
```

執行結果

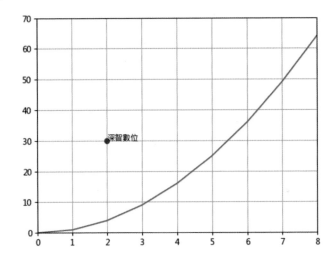

程式實例 ch5_2.py:標記二次函數的兩個根,同時增加列出最大值的 (x, y) 座標,下列是此二次函數。

$$f(x) = -3x^2 + 12x - 9$$

筆者先手動計算,由於 a 是 -3 小於 0,所以可以得到最大值,下列是使用公式計算最大值座標:

$$x = \frac{-b}{2a} = \frac{-12}{-6} = 2$$

$$y = \frac{4ac - b^2}{4a} = \frac{4 * (-3) * (-9) - (12)^2}{4 * (-3)} = \frac{108 - 144}{-12} = 3$$

下列式程式碼：

```
1   # ch5_2.py
2   import matplotlib.pyplot as plt
3   from scipy.optimize import minimize_scalar
4   import numpy as np
5
6   def fmax(x):
7       ''' 計算最大值 '''
8       return (-(-3*x**2 + 12*x - 9))
9
10  def f(x):
11      ''' 求解方程式 '''
12      return (-3*x**2 + 12*x - 9)
13
14  a = -3
15  b = 12
16  c = -9
17  r1 = (-b + (b**2-4*a*c)**0.5)/(2*a)          # r1
18  r1_y = f(r1)                                  # f(r1)
19  plt.text(r1+0.1,r1_y+-0.2,'('+str(round(r1,2))+','+str(0)+')')
20  plt.plot(r1, r1_y, '-o')                     # 標記
21  print('root1 = ', r1)                        # print(r1)
22  r2 = (-b - (b**2-4*a*c)**0.5)/(2*a)          # r2
23  r2_y = f(r2)                                  # f(r2)
24  plt.text(r2-0.5,r2_y-0.2,'('+str(round(r2,2))+','+str(0)+')')
25  plt.plot(r2, r2_y, '-o')                     # 標記
26  print('root2 = ', r2)                        # print(r2)
27
28  # 計算最大值
29  r = minimize_scalar(fmax)
30  print("當x是 %4.2f 時, 有函數最大值 %4.2f" % (r.x, f(r.x)))
31  plt.text(r.x-0.25,f(r.x)-0.7,'('+str(round(r.x,2))+','+
32          str(round(f(r.x),2))+')')
33  plt.plot(r.x, f(r.x), '-o')                  # 標記
34
35  # 繪製此函數圖形
36  x = np.linspace(0, 4, 50)
37  y = -3*x**2 + 12*x - 9
38  plt.plot(x, y, color='b')
39  plt.grid()
40  plt.show()
```

執行結果

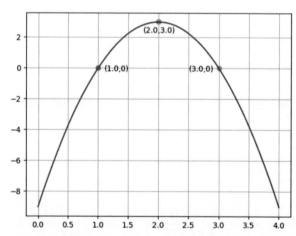

5-3 段落文字輸出的應用

程式實例 ch5_3.py：輸出段落文字的應用，其中第 9 列輸出是使用 Old English Textt TM 字型。

```
1  # ch5_3.py
2  import matplotlib.pyplot as plt
3
4  plt.axis([0, 10, 0, 10])
5  s = ("Ming-Chi Institute of Technology is a good school in Taiwan."
6      "I love this school."
7      "The school is located in New Taipei City.")
8
9  plt.text(5, 10, s, family='Old English Text MT', style='oblique',
10         ha='center',fontsize=15, va='top', wrap=True)
11 plt.text(5, 1, s, c='b', ha='left', rotation=15, wrap=True)
12 plt.text(6, 4, s, c='g', ha='left', rotation=15, wrap=True)
13 plt.text(5, 4, s, c='m', ha='right', rotation=-15, wrap=True)
14 plt.text(-1, 1, s, c='y', ha='left', rotation=-15, wrap=True)
15 plt.show()
```

執行結果

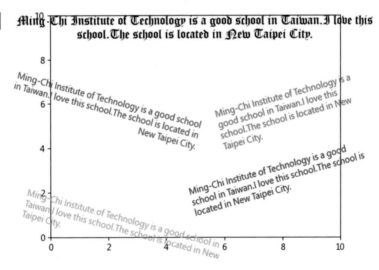

程式實例 ch5_4.py：修訂 ch5_3.py 的輸出，增加中文字的輸出。

```
1  # ch5_4.py
2  import matplotlib.pyplot as plt
3
4  plt.rcParams["font.family"] = ["Microsoft JhengHei"]
5  plt.axis([0, 10, 0, 10])
6  s1 = ("明志科技大學是台灣頂尖大學")
7  plt.text(5, 8, s1, ha='center', fontsize=16, va='top', wrap=True)
8  s2 = ("Ming-Chi Institute of Technology is a good school in Taiwan."
9      "I love this school."
```

```
10        "The school is located in New Taipei City.")
11 plt.text(5, 1, s2, c='b', ha='left', rotation=15, wrap=True)
12 plt.text(6, 4, s2, c='g', ha='left', rotation=15, wrap=True)
13 plt.text(5, 4, s2, c='m', ha='right', rotation=-15, wrap=True)
14 plt.text(-1, 1, s2, c='y', ha='left', rotation=-15, wrap=True)
15 plt.show()
```

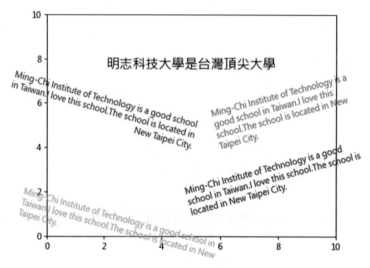

5-4 使用 bbox 參數建立盒子文字串

matplotlib 模組的 text( ) 函數的 bbox 字典，可以用 boxstyle 參數建立的外盒，字串相對於外盒格式如下：

❑ circle：圓形，預設 pad=0.3。

❑ DArrow：雙向箭頭，預設 pad=0.3。

❑ LArrow：左箭頭，預設 pad=0.3。

❑ RArrow：右箭頭，預設 pad=0.3。

❑ Round：圓角矩形，預設 pad=0.3，rounding_size=None。

❑ Round4：圓角矩形，預設 pad=0.3，rounding_size=None。

❑ Roundtooth：圓齒，預設 pad=0.3，tooth_size=None。

❑ Sawtooth：鋸齒，預設 pad=0.3，tooth_size=None。

❑ Square：矩形，預設 pad=0.3。

程式實例 ch5_5.py：使用 round 和 circle 建立盒子文字串的應用。

```
1  # ch5_5.py
2  import matplotlib.pyplot as plt
3
4  plt.rcParams["font.family"] = ["Microsoft JhengHei"]
5  s1 = "明志工專"
6  plt.text(0.7, 0.7, s1, size=30, rotation=30.,
7           ha="center", va="center",
8           bbox=dict(boxstyle="round",
9                     ec='g',
10                    fc='lightgreen',
11                    )
12          )
13 s2 = "明志科技大學"
14 plt.text(0.5, 0.35, s2, size=20, ha="right", va="top",
15          bbox=dict(boxstyle="circle",
16                    ec='y',
17                    fc='lightyellow',
18                    )
19         )
20 plt.show()
```

執行結果

程式實例 ch5_6.py：輸出不同格式的文字外盒。

```
1  # ch5_6.py
2  import matplotlib.pyplot as plt
3
4  plt.rcParams["font.family"] = ["Microsoft JhengHei"]
5  s = "明志科技大學"
6  s1 = "Ming-Chi University of Technology"
7  plt.text(0.1, 0.2, s, size=20,
8           ha="left", va="center",
9           bbox=dict(boxstyle="square",
10                    ec='g',
11                    fc='lightgreen',
12                    )
```

```
13              )
14  plt.text(0.1, 0.4, s, size=20,
15           ha="left", va="center",
16           bbox=dict(boxstyle="sawtooth",
17                        ec='y',
18                        fc='lightgreen',
19                        )
20              )
21  plt.text(0.1, 0.6, s, size=20,
22           ha="left", va="center",
23           bbox=dict(boxstyle="Roundtooth",
24                        ec='y',
25                        fc='lightgreen',
26                        )
27              )
28  plt.text(0.6, 0.2, s, size=20,
29           ha="left", va="center",
30           bbox=dict(boxstyle="DArrow",
31                        ec='y',
32                        fc='lightgreen',
33                        )
34              )
35  plt.text(0.6, 0.4, s, size=20,
36           ha="left", va="center",
37           bbox=dict(boxstyle="LArrow",
38                        ec='y',
39                        fc='lightgreen',
40                        )
41              )
42  plt.text(0.6, 0.6, s, size=20,
43           ha="left", va="center",
44           bbox=dict(boxstyle="RArrow",
45                        ec='y',
46                        fc='lightgreen',
47                        )
48              )
49  plt.text(0.1, 0.8, s1, size=18,
50           ha="left", va="center",
51           bbox=dict(boxstyle="Square",
52                        ec='y',
53                        fc='lightgreen',
54                        )
55              )
56  plt.show()
```

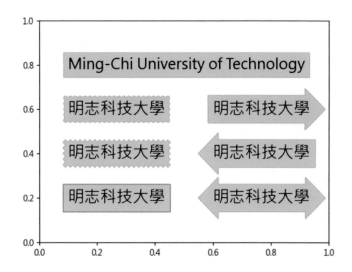

5-5 應用 **kwargs 參數輸出字串

我們也可以用字典設定 **kwargs 參數,可以參考下列實例。

程式實例 ch5_7.py:輸出字串明志科技大學。

```python
1  # ch5_7.py
2  import matplotlib.pyplot as plt
3
4  plt.rcParams["font.family"] = ["Microsoft JhengHei"]
5  my_kwargs = dict(ha='center', va='center', fontsize=50, c='b')
6  plt.text(0.5, 0.5, '明志科技大學', **my_kwargs)
7  plt.show()
```

執行結果

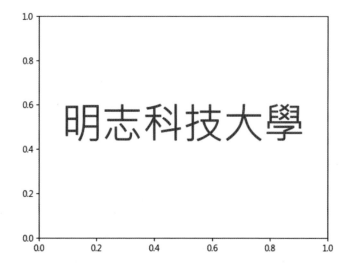

第六章
繪製多個圖表

前面章節我們敘述一個程式繪製一個圖表，這時 matplotlib 模組會自動建立一個圖表物件供我們的程式使用，這時即使沒有使用本章所介紹的 figure( ) 函數，程式也可以正常執行。在執行大數據視覺化時，我們常常需要建立多個圖表，這一章將講解這方面的知識。

6-1 函數 figure( )

函數 figure( ) 功能有許多，如果一個程式只是建立預設大小的圖表，可以省略參數，這一節將分別介紹函數內各參數的功能，此函數語法如下：

plt.figure(num=None, figsize=None, dpi=None, facecolor=None, edgecolor=None,
frameon=True, FigureClass=<class 'matplot.figure.Figure'>, clear=False, **kwargs)

上述函數可以回傳 Figure 物件，這個物件就是一個新的視窗圖表，有了這個物件未來可以調用 OO API 執行圖表操作 (6-6 節起會解說物件的觀念)，函數內各參數意義如下：

❑ num：如果是數字，則是圖表編號。如果是字串，則是圖表名稱。
❑ figsize：這是選項，也可用 rcParams["figure.figsize"]，這是圖表的寬和高，單位是英寸，預設是 [6.4, 4.8]。
❑ dpi：這是選項，也可用 rcParams["figure.dpi"]，這是圖表解析度，單位是每英寸多少點，預設是 100。
❑ facecolor：這是選項，也可用 rcParams["figure.facecolor"]，這是圖表背景顏色，預設是白色 (white)。
❑ edgecolor：這是選項，也可用 rcParams["figure.edgecolor"]，這是圖表邊框顏色，預設是白色 (white)。
❑ frameon：這是布林值選項，預設是 True。如果是 False，不顯示邊框。
❑ FigureClass：自定義圖表。
❑ clear：這是選項，預設是 False。如果是 True，將此圖表清除。
❑ **kwargs：這是選項，可以設定更多 Figure 相關參數。

如果沒有使用 figure( ) 函數，預設就是建立一個圖表 (Figure 物件) 或是稱視窗，matplotlib 模組官方網站用下列英文解說 Figure。

The top level container for all the plot elements.

所以 2-8-2 節 savefig( ) 函數儲存圖表就是以 Figure 為單位。

6-1-1 使用 figsize 參數設定圖表的大小

程式實例 ch6_1.py：使用 figure( ) 函數的參數 figsize=(7,2)，重新設計 ch5_6.py。

```
1  # ch6_1.py
2  import matplotlib.pyplot as plt
3
4  plt.rcParams["font.family"] = ["Microsoft JhengHei"]
5  plt.figure(figsize=(7,2))
6  my_kwargs = dict(ha='center', va='center', fontsize=50, c='b')
7  plt.text(0.5, 0.5, '明志科技大學', **my_kwargs)
8  plt.show()
```

執行結果

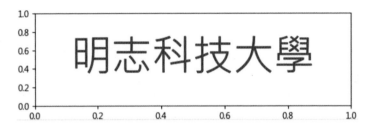

6-1-2 使用 facecolor 參數設定圖表背景

程式實例 ch6_2.py：重新設計 ch6_1.py，使用 facecolor 參數設定圖表背景是黃色。

```
1  # ch6_2.py
2  import matplotlib.pyplot as plt
3
4  plt.rcParams["font.family"] = ["Microsoft JhengHei"]
5  plt.figure(figsize=(7,2),facecolor='yellow')
6  my_kwargs = dict(ha='center',va='center',fontsize=50,c='b')
7  plt.text(0.5, 0.5, '明志科技大學', **my_kwargs)
8  plt.show()
```

執行結果

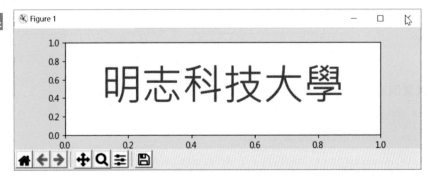

6-1-3　一個程式建立多個視窗圖表

一個程式可以建立多個視窗圖表，我們可以在 figure( ) 內增加數值參數，下列是分別建立視窗圖表 1 和視窗圖表 2 的觀念：

```
plt.figure(1)                    # 建立第 1 個圖表
...                              # 圖表 1 的內容
plt.figure(2)                    # 建立第 2 個圖表
...                              # 圖表 2 的內容
```

程式實例 ch6_3.py：建立 2 個圖表的應用。

```
1   # ch6_3.py
2   import matplotlib.pyplot as plt
3
4   data1 = [1, 2, 3, 4, 5, 6, 7, 8]            # data1線條
5   data2 = [1, 4, 9, 16, 25, 36, 49, 64]       # data2線條
6   seq = [1, 2, 3, 4, 5, 6, 7, 8]
7   plt.figure(1)                               # 建立圖表1
8   plt.plot(seq, data1, '-*')                  # 繪製圖表1
9   plt.title("Test Chart 1", fontsize=24)
10  plt.figure(2)                               # 建立圖表2
11  plt.plot(seq, data2, '-o')                  # 以下皆是繪製圖表2
12  plt.title("Test Chart 2", fontsize=24)
13  plt.xlabel("x-Value", fontsize=14)
14  plt.ylabel("y-Value", fontsize=14)
15  plt.show()
```

執行結果

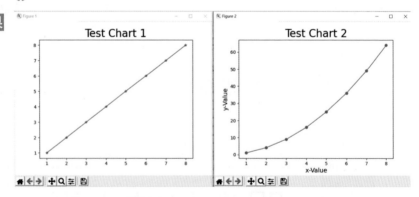

程式實例 ch6_4.py：分別使用不同視窗圖表，顯示 2 張圖像的應用。

```
1   # ch6_4.py
2   import matplotlib.pyplot as plt
3   import matplotlib.image as img
4
5   plt.rcParams["font.family"] = ["Microsoft JhengHei"]
6   plt.figure(1)                       # 建立圖表 1
7   pict = img.imread('jk.jpg')
8   plt.axis('off')
```

```
 9  plt.title("洪錦魁",fontsize=24)
10  plt.imshow(pict)
11  plt.figure(2)                          # 建立圖表 2
12  pict = img.imread('macau.jpg')
13  plt.axis('off')
14  plt.title("澳門",fontsize=24)
15  plt.imshow(pict)
16  plt.show()
```

執行結果

6-2 建立子圖表 subplot( )

　　Figure 物件其實是一個圖表視窗，所謂的子圖表就是圖表視窗內的子圖 (或稱 axes 軸物件)，可以參考下圖。

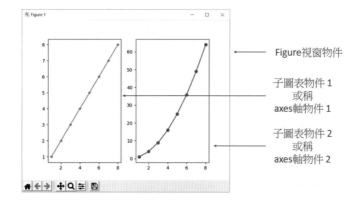

Figure視窗物件

子圖表物件1
或稱
axes軸物件1

子圖表物件2
或稱
axes軸物件2

　　前面章節我們沒有介紹 Figure 視窗物件和 axes 軸物件，因為導入 matplotlib 模組的 pyplot 時，我們設定 plt 物件，預設使用 plt 調用圖表函數，例如：plot( )，系統自動會開啟一個視窗物件，所有圖表函數執行結果會在此 Figure 視窗預設建立的軸物件內顯示。

6-2-1　subplot( ) 語法

函數 subplot( ) 可以在視窗圖表 (Figure) 內建立子圖表 (axes)，有時候也可稱此為子圖或軸物件，又或是對於當下繪製的圖表而言其實就是一個圖表，所以也簡稱為圖表，此函數語法如下：

    plt.subplot(*args, **kwargs)

上述函數會回傳一個子圖表物件，6-5 節會解說子圖表物件的觀念，函數內參數 *args 預設是 (1, 1, 1)，相關意義如下：

❑ (nrows, ncols, index)：這是 3 個整數，nrows 是代表上下 (垂直要繪幾張子圖)，ncols 是代表左右 (水平要繪幾張子圖)，index 代表是第幾張子圖。如果規劃是一個 Figure 繪製上下 2 張子圖，那麼 subplot( ) 的應用如下：

```
+-----------------------------+
|                             |
|      subplot(2, 1, 1)       |
|                             |
+-----------------------------+

+-----------------------------+
|                             |
|      subplot(2, 1, 2)       |
|                             |
+-----------------------------+
```

如果規劃是一個 Figure 繪製左右 2 張子圖，那麼 subplot( ) 的應用如下：

```
+-------------------+   +-------------------+
|                   |   |                   |
|  subplot(1, 2, 1) |   |  subplot(1, 2, 2) |
|                   |   |                   |
+-------------------+   +-------------------+
```

如果規劃是一個 Figure 繪製上下 2 張子圖，左右 3 張子圖，那麼 subplot( ) 的應用如下：

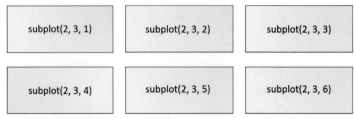

❑ 3 個連續數字：可以解釋為分開的數字，例如：subplot(231) 相當於 subplot(2, 3, 1)。subplot(111) 相當於 subplot(1, 1, 1)，這個更完整的寫法是 subplot(nrows=1, ncols=1, index=1)。

❑ projection：圖表投影方式，可以是 None、'atioff'、'hammer'、'mollweide'、'polar'、'rectilinear'，預設是 None。

❑ polar：預設是 False，如果是 True，相當於是 projection='polar'。

❑ sharex 或 sharey：共享 x 或 y 軸，當軸共享時有相同的大小、標記。

6-2-2　含子圖表的基礎實例

程式實例 ch6_5.py：在一個 Figure 內繪製上下子圖的應用。

```
1  # ch6_5.py
2  import matplotlib.pyplot as plt
3  import numpy as np
4
5  plt.rcParams["font.family"] = ["Microsoft JhengHei"]
6  plt.rcParams["axes.unicode_minus"] = False
7  # 建立衰減數列.
8  x1 = np.linspace(0.0, 5.0, 50)
9  y1 = np.cos(3 * np.pi * x1) * np.exp(-x1)
10 # 建立非衰減數列
11 x2 = np.linspace(0.0, 2.0, 50)
12 y2 = np.cos(3 * np.pi * x2)
13
14 plt.subplot(2,1,1)
15 plt.title('衰減數列')
16 plt.plot(x1, y1, 'go-')
17 plt.ylabel('衰減值')
18
19 plt.subplot(2,1,2)
20 plt.plot(x2, y2, 'm.-')
21 plt.xlabel('時間(秒)')
22 plt.ylabel('非衰減值')
23
24 plt.show()
```

執行結果

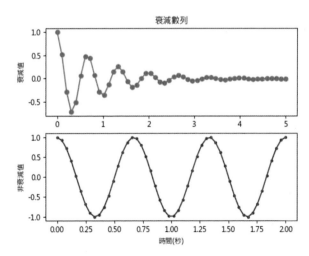

程式實例 ch6_6.py：在一個 Figure 內繪製左右子圖的應用。

```
1   # ch6_6.py
2   import matplotlib.pyplot as plt
3
4   data1 = [1, 2, 3, 4, 5, 6, 7, 8]        # data1線條
5   data2 = [1, 4, 9, 16, 25, 36, 49, 64]   # data2線條
6   seq = [1, 2, 3, 4, 5, 6, 7, 8]
7   plt.subplot(1, 2, 1)                    # 子圖1
8   plt.plot(seq, data1, '-*')
9   plt.subplot(1, 2, 2)                    # 子圖2
10  plt.plot(seq, data2, 'm-o')
11  plt.show()
```

執行結果

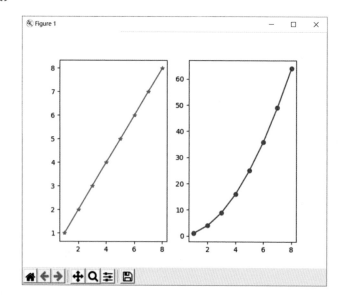

6-2-3　子圖配置的技巧

程式實例 ch6_7.py：使用 2 列繪製 3 個子圖的技巧。

```
1   # ch6_7.py
2   import numpy as np
3   import matplotlib.pyplot as plt
4
5   def f(t):
6       return np.exp(-t) * np.sin(2*np.pi*t)
7
8   plt.rcParams["font.family"] = ["Microsoft JhengHei"]
9   plt.rcParams["axes.unicode_minus"] = False
10  x = np.linspace(0.0, np.pi, 100)
11  plt.subplot(2,2,1)                # 子圖 1
12  plt.plot(x, f(x))
13  plt.title('子圖 1')
```

```
14  plt.subplot(2,2,2)          # 子圖 2
15  plt.plot(x, f(x))
16  plt.title('子圖 2')
17  plt.subplot(2,2,3)          # 子圖 3
18  plt.plot(x, f(x))
19  plt.title('子圖 3')
20  plt.show()
```

執行結果

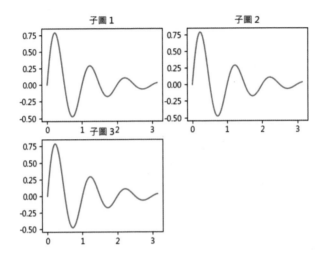

　　上述我們完成了使用 2 列顯示 3 個子圖的目的，請留意第 17 列 subplot( ) 函數的第 3 個參數。此外，也可以將上述第 11、14、17 列改為 3 位數字格式。

程式實例 ch6_7_1.py：將 subplot( ) 的參數改為 3 位數字格式。

```
11  plt.subplot(221)            # 子圖 1
12  plt.plot(x, f(x))
13  plt.title('子圖 1')
14  plt.subplot(222)            # 子圖 2
15  plt.plot(x, f(x))
16  plt.title('子圖 2')
17  plt.subplot(223)            # 子圖 3
```

執行結果　與 ch6_7.py 相同。

程式實例 ch6_8.py：設定第 3 個子圖可以佔據整個列，讀者可以留意第 17 列 subplot( ) 函數的參數設定。

```
17  plt.subplot(2,1,2)          # 子圖 3
```

執行結果

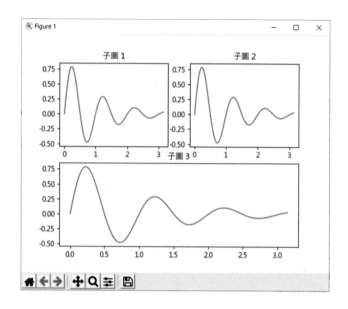

程式實例 ch6_9.py：第一個子圖表佔據第 1 行，第 2 行則有上下 2 個圖表。

```
1  # ch6_9.py
2  import matplotlib.pyplot as plt
3
4  plt.subplot(1,2,1)        # 建立子圖表 1,2,1
5  plt.text(0.15,0.5,'subplot(1,2,1)',fontsize='16',c='b')
6  plt.subplot(2,2,2)        # 建立子圖表 2,2,2
7  plt.text(0.15,0.5,'subplot(2,2,2)',fontsize='16',c='m')
8  plt.subplot(2,2,4)        # 建立子圖表 2,2,4
9  plt.text(0.15,0.5,'subplot(2,2,4)',fontsize='16',c='m')
10 plt.show()
```

執行結果

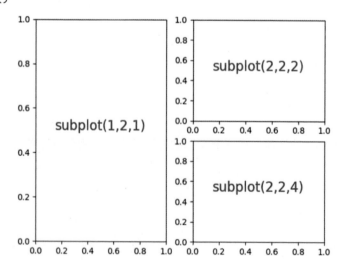

6-3　子圖表與主標題

　　當一個圖表內有多個子圖表時，title( ) 函數所建立的標題是子圖表的標題，如果想要建立整個圖表的標題，可以使用 suptitle( ) 函數，suptitle 英文的原意是 Super Title，此函數的語法與 title( ) 函數相同，只不過是應用在有多個子圖表的主標題或稱超級標題。

程式實例 ch6_10.py：擴充程式實例 ch6_8.py，建立整張圖表的主標題。

```
1  # ch6_10.py
2  import numpy as np
3  import matplotlib.pyplot as plt
4
5  def f(t):
6      return np.exp(-t) * np.sin(2*np.pi*t)
7
8  plt.rcParams["font.family"] = ["Microsoft JhengHei"]
9  plt.rcParams["axes.unicode_minus"] = False
10 x = np.linspace(0.0, np.pi, 100)
11 plt.subplot(2,2,1)          # 子圖 1
12 plt.plot(x, f(x))
13 plt.title('子圖 1')
14 plt.subplot(2,2,2)          # 子圖 2
15 plt.plot(x, f(x))
16 plt.title('子圖 2')
17 plt.subplot(2,1,2)          # 子圖 3
18 plt.plot(x, f(x))
19 plt.title('子圖 3')
20 plt.suptitle('主標題 : 衰減函數',fontsize=16,c='b')
21 plt.show()
```

執行結果

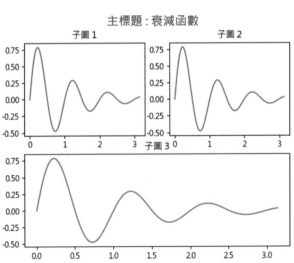

6-4 建立地理投影

6-1-3 節筆者有建立多個圖表，使用 plt.figure( ) 建立多個圖表時，如果省略參數，matplotlib 模組會自動為這些圖表執行編號。此外，6-2-1 節介紹 subplot( ) 函數時，筆者有介紹 projection 參數，這是將圖表使用地理投影，有 4 個選項，分別是 'atioff'、'hammer'、'lambert'、'mollweide'，下列實例是列出這些投影結果。

程式實例 ch6_11.py：列出 subplot( ) 函數的地理投影。

```python
1  # ch6_11.py
2  import matplotlib.pyplot as plt
3
4  plt.rcParams["font.family"] = ["Microsoft JhengHei"]
5  plt.rcParams["axes.unicode_minus"] = False
6  plt.figure()      # 地理投影圖表 Aitoff
7  plt.subplot(projection="aitoff")
8  plt.title("地理投影 = Aitoff",c='b')
9  plt.grid(True)
10
11 plt.figure()      # 地理投影圖表 Hammer
12 plt.subplot(projection="hammer")
13 plt.title("地理投影 = Hammer",c='b')
14 plt.grid(True)
15
16 plt.figure()      # 地理投影圖表 Lambert
17 plt.subplot(projection="lambert")
18 plt.title("地理投影 = Lambert",c='b')
19 plt.grid(True)
20
21 plt.figure()      # 地理投影圖表 Mollweide
22 plt.subplot(projection="mollweide")
23 plt.title("地理投影 = Mollweide",c='b')
24 plt.grid(True)
25 plt.show()
```

執行結果

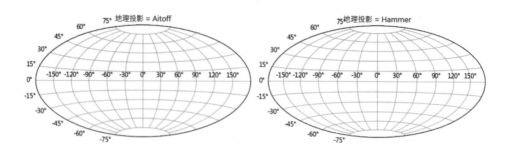

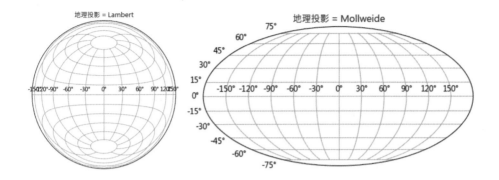

6-5　子圖表物件

6-5-1　基礎觀念

當我們使用 plt.subplot( ) 函數時，其實有回傳一個子圖表物件，如下所示：

> ax = plt.subplot( )

未來我們可以使用此物件直接呼叫 matplotlib.pyplot 模組的函數。

程式實例 ch6_12.py：建立子圖表物件，然後使用此物件調用 plot( ) 函數。

```
1  # ch6_12.py
2  import matplotlib.pyplot as plt
3  import numpy as np
4
5  x = np.linspace(0, 2*np.pi, 500)
6  y = np.sin(x**2)
7  ax = plt.subplot()      # 回傳子圖物件
8  ax.plot(x, y)           # 使用子圖物件調用plot()函數
9  plt.show()
```

執行結果

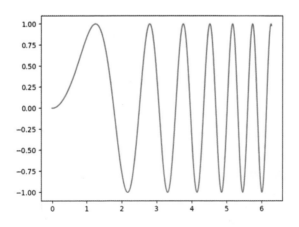

上述第 8 列使用子圖表物件 (axes 物件) 調用 plot( ) 函數觀念，可以應用在所有 matplotlib 模組的繪圖函數，例如：scatter( ) 等。

6-5-2　一張圖表有兩個函數圖形

如果圖表物件是 ax，一張圖表要有 2 個函數圖形，可以使用 ax 調用兩次 plot( ) 函數即可。

程式實例 ch6_12_1.py：使用一張圖表繪製 2 個函數圖形，重新設計 ch2_6_1.py。

```python
1  # ch6_12_1.py
2  import matplotlib.pyplot as plt
3  import numpy as np
4
5  x = np.linspace(0, 2*np.pi, 500)      # 建立含500個元素的陣列
6  y1 = np.sin(x)                        # sin函數
7  y2 = np.cos(x)                        # cos函數
8  ax = plt.subplot()
9  ax.plot(x, y1, lw = 2)                # 線條寬度是 2
10 ax.plot(x, y2, linewidth = 5)         # 線條寬度是 5
11 plt.show()
```

執行結果

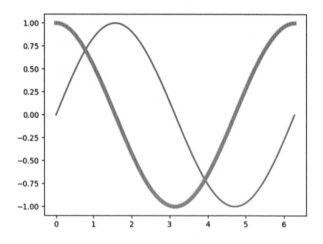

6-6 pyplot 的 API 與 OO API

目前我們使用的函數皆算是 pyplot 模組的 API 函數，matplotlib 模組另外提供了物件導向 (Object Oritented) 的 API 函數可以供我們使用。下表是建立圖表常用的 API 函數，不過 OO API 是使用圖表物件調用。

Pyplot API	OO API	說明
text	text	在座標任意位置增加文字
annotate	annotate	在座標任意位置增加文字和箭頭
xlabel	set_xlabel	設定 x 軸標籤
ylabel	set_ylabel	設定 y 軸標籤
xlim	set_xlim	設定 x 軸範圍
ylim	set_ylim	設定 y 軸範圍
title	set_title	設定圖表標題
figtext	text	在圖表任意位置增加文字
suptitle	suptitle	在圖表增加標題
axis	set_axis_off	關閉圖表標記
axis('equal')	set_aspect('equal')	定義 x 和 y 軸的單位長度相同
xticks( )	xaxis.set_ticks	設定 x 軸刻度
yticks( )	xaxis.set_ticks	設定 y 軸刻度

程式實例 ch6_13.py：使用圖表物件調用 set_title( )、set_xlabel( ) 和 set_ylabel( ) 函數建立圖表標題、x 軸標籤和 y 軸標籤。

```
1   # ch6_13.py
2   import matplotlib.pyplot as plt
3   import numpy as np
4
5   x = np.linspace(0, 2*np.pi, 500)
6   y = np.sin(x**2)
7   ax = plt.subplot()        # 回傳子圖物件
8   ax.plot(x, y)             # 使用子圖物件調用plot()函數
9   ax.set_title("Sin function")
10  ax.set_xlabel("x")
11  ax.set_ylabel("y")
12  plt.show()
```

執行結果

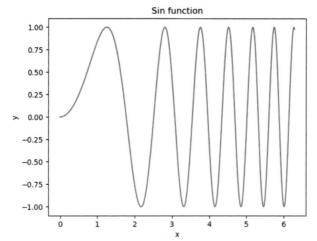

6-15

程式實例 ch6_13_1.py：使用 OO API 的 set_aspect( ) 函數重新設計 ch3_2_1.py。

```
1  # ch6_13_1.py
2  import matplotlib.pyplot as plt
3
4  x = [x for x in range(9)]
5  squares = [y * y for y in range(9)]
6  ax = plt.subplot()
7  ax.plot(squares)
8  ax.set_aspect('equal')
9  plt.show()
```

執行結果

讀者可以比較以了解與 ch3_2_1.py 兩個程式執行結果的差異。

6-7　共享 x 軸或 y 軸

當有多個圖表時,可以使用共享座標軸功能,讓數據可以一致。

6-7-1　共享 x 軸

如果兩個子圖的 x 軸單位相同,當平移或是縮放一個子圖時,期待另一個子圖也可以一起移動,此時可以在 subplot( ) 函數內增加設定 sharex 參數,設定共享 x 軸,下列是一個沒有共享 x 軸的實例。

程式實例 ch6_14.py：沒有共享 x 軸,座標軸 x 呈現各自的資料比例。

```
1  # ch6_14.py
2  import matplotlib.pyplot as plt
3  import numpy as np
4
```

```
 5  # 建立子圖 1
 6  x1 = np.linspace(0, 2*np.pi, 300)
 7  ax1 = plt.subplot(211)
 8  ax1.plot(x1, np.sin(2*np.pi*x1))
 9  # 建立子圖 2
10  x2 = np.linspace(0, 3*np.pi, 300)
11  ax2 = plt.subplot(212)
12  ax2.plot(x2, np.sin(4*np.pi*x2))
13  plt.show()
```

執行結果

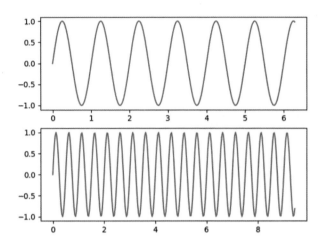

假設圖表 1 物件是 ax1，如果要將圖表 2 的物件設為共享圖表 1 的 x 軸，可以在使用 subplot( ) 函數時，在參數內增加設定下列參數。

sharex = ax1

程式實例 ch6_15.py：重新設計 ch6_14.py，共享 x 軸的應用。

```
11  ax2 = plt.subplot(212, sharex=ax1)  # 共享 x 軸
```

執行結果

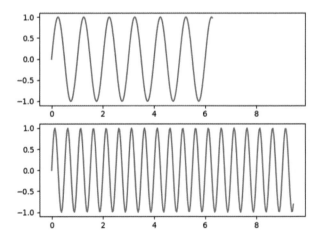

　　從上圖可以看到 x 軸座標比例已經相同了，上述如果共享 x 軸，也可以取消顯示上方子圖 1 的 x 軸標籤，可以參考下列實例。

程式實例 ch6_16.py：重新設計 ch6_15.py，取消顯示上方子圖的刻度標籤。

```
1  # ch6_16.py
2  import matplotlib.pyplot as plt
3  import numpy as np
4
5  # 建立子圖 1
6  x1 = np.linspace(0, 2*np.pi, 300)
7  ax1 = plt.subplot(211)
8  ax1.plot(x1, np.sin(2*np.pi*x1))
9  ax1.tick_params('x',labelbottom=False)   # 取消顯示刻度標籤
10 # 建立子圖 2
11 x2 = np.linspace(0, 3*np.pi, 300)
12 ax2 = plt.subplot(212, sharex=ax1)        # 共享 x 軸
13 ax2.plot(x2, np.sin(4*np.pi*x2))
14 plt.show()
```

執行結果

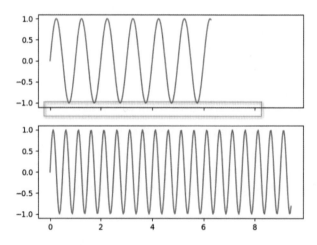

　　從上圖可以看到上方子圖 1 的刻度標籤已經取消顯示了。

6-7-2　共享 y 軸

　　這一節的觀念與 6-7-1 節觀念相同，下列是未共享 y 軸的實例。

程式實例 ch6_17.py：同一列顯示 2 個子圖，座標軸 y 使用各自的比例。

```
1  # ch6_17.py
2  import matplotlib.pyplot as plt
3  import numpy as np
4
5  # 建立子圖 1
```

```
 6  x = np.linspace(0, 2*np.pi, 300)
 7  ax1 = plt.subplot(121)
 8  ax1.plot(x, np.sin(x**2),'b')
 9  # 建立子圖 2
10  ax2 = plt.subplot(122)
11  ax2.plot(x, 1+np.sin(x**2),'g--')
12  plt.show()
```

執行結果

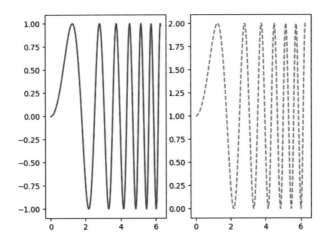

　　假設圖表 1 物件是 ax1，如果要將圖表 2 的物件設為共享圖表 1 的 y 軸，可以在使用 subplot( ) 函數時，在參數內增加設定下列參數。

　　　sharey = ax1

程式實例 ch6_18.py：重新設計 ch6_17.py，共享 y 軸的應用。

```
10  ax2 = plt.subplot(122,sharey=ax1)   # 共享 y 軸
```

執行結果

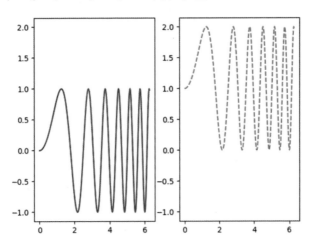

　　從上圖可以看到 y 軸座標比例已經相同了，上述如果共享 y 軸，也可以取消顯示右方子圖 2 的 y 軸標籤，可以參考下列實例。

程式實例 ch6_19.py：同一列顯示 2 個子圖的實例，同時取消右方子圖的 y 軸顯示刻度標籤。

```
1   # ch6_19.py
2   import matplotlib.pyplot as plt
3   import numpy as np
4
5   plt.rcParams["font.family"] = ["Microsoft JhengHei"]
6   plt.rcParams["axes.unicode_minus"] = False
7   # 建立子圖 1
8   x = np.linspace(0, 2*np.pi, 300)
9   ax1 = plt.subplot(121)
10  ax1.plot(x, np.sin(x**2),'b')
11  # 建立子圖 2
12  ax2 = plt.subplot(122,sharey=ax1)           # 共享 y 軸
13  ax2.plot(x, 1+np.sin(x**2),'g--')
14  ax2.tick_params('y',labelleft=False)        # 取消顯示刻度標籤
15  plt.suptitle("共享 y 軸")
16  plt.show()
```

執行結果

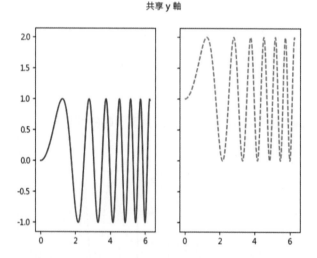

6-7-3　同時共享 x 軸和 y 軸

程式實例 ch6_20.py：共享 x 軸和 y 軸的實例。

```
1   # ch6_20.py
2   import matplotlib.pyplot as plt
3   import numpy as np
4
5   plt.rcParams["font.family"] = ["Microsoft JhengHei"]
```

```
 6  plt.rcParams["axes.unicode_minus"] = False
 7  # 建立子圖 1
 8  x1 = np.linspace(0, 2*np.pi, 300)
 9  ax1 = plt.subplot(221)
10  ax1.plot(x1, np.sin(2*np.pi*x1))
11  # 建立子圖 2
12  x2 = np.linspace(0, 3*np.pi, 300)
13  ax2 = plt.subplot(222, sharex=ax1, sharey=ax1)   # 共享x和y軸
14  ax2.plot(x2, np.sin(4*np.pi*x2))
15  # 建立子圖 3
16  x3 = np.linspace(0, 2*np.pi, 300)
17  ax3 = plt.subplot(223, sharex=ax1, sharey=ax1)   # 共享x和y軸
18  ax3.plot(x3, np.sin(x3**2),'b')
19  # 建立子圖 4
20  ax4 = plt.subplot(224, sharex=ax1, sharey=ax1)   # 共享x和y軸
21  ax4.plot(x3, 1+np.sin(x3**2),'g--')
22  plt.suptitle("共享 x 和 y 軸")
23  plt.show()
```

執行結果

共享 x 和 y 軸

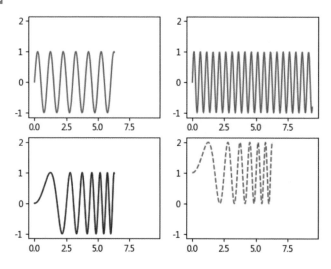

在共享 x 軸和 y 軸時，也可以將重複部分的刻度標籤隱藏。

程式實例 ch6_21.py：重新設計 ch6_20.py，將重複部分的刻度標籤隱藏。

```
1  # ch6_21.py
2  import matplotlib.pyplot as plt
3  import numpy as np
4
5  plt.rcParams["font.family"] = ["Microsoft JhengHei"]
6  plt.rcParams["axes.unicode_minus"] = False
7  # 建立子圖 1
8  x1 = np.linspace(0, 2*np.pi, 300)
9  ax1 = plt.subplot(221)
```

```
10    ax1.plot(x1, np.sin(2*np.pi*x1))
11    ax1.tick_params('x',labelbottom=False)                  # 取消顯示x軸刻度標籤
12    # 建立子圖 2
13    x2 = np.linspace(0, 3*np.pi, 300)
14    ax2 = plt.subplot(222, sharex=ax1, sharey=ax1)   # 共享x和y軸
15    ax2.plot(x2, np.sin(4*np.pi*x2))
16    ax2.tick_params('x', labelbottom=False)           # 取消顯示x軸刻度標籤
17    ax2.tick_params('y', labelleft=False)             # 取消顯示y軸刻度標籤
18    # 建立子圖 3
19    x3 = np.linspace(0, 2*np.pi, 300)
20    ax3 = plt.subplot(223, sharex=ax1, sharey=ax1)   # 共享x和y軸
21    ax3.plot(x3, np.sin(x3**2),'b')
22    # 建立子圖 4
23    ax4 = plt.subplot(224, sharex=ax1, sharey=ax1)   # 共享x和y軸
24    ax4.plot(x3, 1+np.sin(x3**2),'g--')
25    ax4.tick_params('y',labelleft=False)              # 取消顯示y軸刻度標籤
26    plt.suptitle("共享 x 和 y 軸")
27    plt.show()
```

執行結果

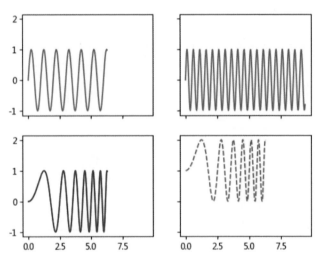

6-8 多子圖的佈局 tight_layout( )

在 3-9-7 節筆者有說明 tight_layout( ) 函數的用法，在多子圖環境，常常會發生資料重疊的情況，這時更需要應用此函數。此函數語法如下：

plt.tight_layout(pad=1.08, h_pad=None, w_pad)

上述常用各參數意義如下：

❑ pad：這是指子圖表和圖邊界的距離，是用字型大小為單位，預設是 1.08。

❑ h_pad, w_pad：分別是各子圖表的高 (height) 與寬 (width) 之距離，是用字型大小的百分比做單位。

其實建議初學者使用預設即可，也就是不加上任何參數。

6-8-1 簡單圖表的設計但是資料無法完整顯示

程式實例 ch6_22.py：簡單圖表但是資料無法完整顯示。

```
1  # ch6_22.py
2  import numpy as np
3  import matplotlib.pyplot as plt
4
5  plt.rcParams["font.family"] = ["Microsoft JhengHei"]
6  plt.rcParams["axes.unicode_minus"] = False
7  plt.rcParams["figure.facecolor"] = "lightyellow"
8  fsize = 24                  # 字型大小
9  ax = plt.subplot()          # 建立圖表
10 ax.plot([1, 3])             # 繪製圖表
11 ax.set_xlabel('x 座標', fontsize=fsize)
12 ax.set_ylabel('y 座標', fontsize=fsize)
13 ax.set_title('資料布局', fontsize=fsize)
14 plt.show()
```

執行結果

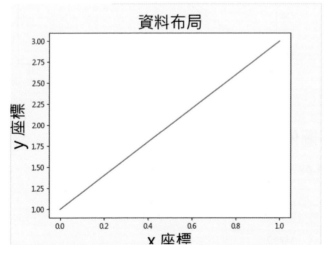

從上述圖表可以看到 x 座標沒有完整顯示，y 座標太靠近邊界。

6-8-2 緊湊佈局解決問題

程式實例 ch6_23.py：使用 tight_layout( ) 函數處理程式實例 ch6_22.py 的缺點。

```python
1  # ch6_23.py
2  import numpy as np
3  import matplotlib.pyplot as plt
4
5  plt.rcParams["font.family"] = ["Microsoft JhengHei"]
6  plt.rcParams["axes.unicode_minus"] = False
7  plt.rcParams["figure.facecolor"] = "lightyellow"
8  fsize = 24                    # 字型大小
9  ax = plt.subplot()            # 建立圖表
10 ax.plot([1, 3])               # 繪製圖表
11 ax.set_xlabel('x 座標', fontsize=fsize)
12 ax.set_ylabel('y 座標', fontsize=fsize)
13 ax.set_title('資料布局', fontsize=fsize)
14 plt.tight_layout()            # 緊湊佈局
15 plt.show()
```

執行結果

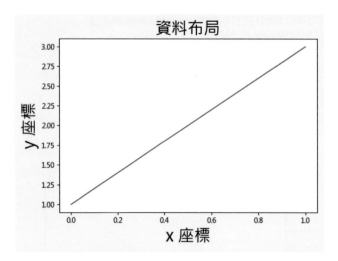

6-8-3 多子圖佈局資料重疊

程式實例 ch6_24.py：多子圖佈局結果資料重疊的問題。

```python
1  # ch6_24.py
2  import numpy as np
3  import matplotlib.pyplot as plt
4
5  def my_plot(ax, size):
6      ax.plot([1, 3])                     # 繪製圖表
7      ax.set_xlabel('x 座標', fontsize=size)
8      ax.set_ylabel('y 座標', fontsize=size)
9      ax.set_title('資料布局', fontsize=size)
10
```

```
11  plt.rcParams["font.family"] = ["Microsoft JhengHei"]
12  plt.rcParams["axes.unicode_minus"] = False
13  plt.rcParams["figure.facecolor"] = "lightyellow"
14  fsize = 24                    # 字型大小
15  ax1 = plt.subplot(2,2,1)    # 建立圖表
16  my_plot(ax1,fsize)
17  ax2 = plt.subplot(2,2,2)    # 建立圖表
18  my_plot(ax2,fsize)
19  ax3 = plt.subplot(2,2,3)    # 建立圖表
20  my_plot(ax3,fsize)
21  ax4 = plt.subplot(2,2,4)    # 建立圖表
22  my_plot(ax4,fsize)
23  plt.show()
```

執行結果

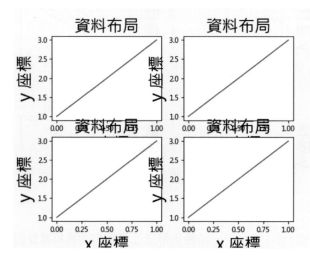

從上述執行結果可以看到整體資料重疊問題嚴重。

6-8-4 緊湊佈局解決多子圖資料重疊

程式實例 ch6_25.py：使用 tight_layout( ) 函數處理程式實例 ch6_24.py 的缺點。

```
1  # ch6_25.py
2  import numpy as np
3  import matplotlib.pyplot as plt
4
5  def my_plot(ax, size):
6      ax.plot([1, 3])                  # 繪製圖表
7      ax.set_xlabel('x 座標', fontsize=size)
8      ax.set_ylabel('y 座標', fontsize=size)
9      ax.set_title('資料布局', fontsize=size)
10
11 plt.rcParams["font.family"] = ["Microsoft JhengHei"]
12 plt.rcParams["axes.unicode_minus"] = False
13 plt.rcParams["figure.facecolor"] = "lightyellow"
14 fsize = 24                    # 字型大小
```

```
15  ax1 = plt.subplot(2,2,1)      # 建立圖表
16  my_plot(ax1,fsize)
17  ax2 = plt.subplot(2,2,2)      # 建立圖表
18  my_plot(ax2,fsize)
19  ax3 = plt.subplot(2,2,3)      # 建立圖表
20  my_plot(ax3,fsize)
21  ax4 = plt.subplot(2,2,4)      # 建立圖表
22  my_plot(ax4,fsize)
23  plt.tight_layout()            # 緊湊佈局
24  plt.show()
```

執行結果

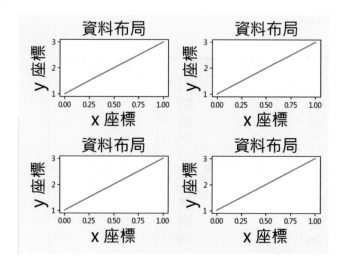

從上述可以看到 tight_layout( ) 函數也解決了子圖表間資料重疊的問題。

6-8-5 函數 tight_layout( ) 也適用在不同大小的子圖表

程式實例 ch6_26.py：將 tight_layout( ) 應用在不同大小的子圖表。

```
1  # ch6_26.py
2  import numpy as np
3  import matplotlib.pyplot as plt
4
5  def my_plot(ax, size):
6      ax.plot([1, 3])                  # 繪製圖表
7      ax.set_xlabel('x 座標', fontsize=size)
8      ax.set_ylabel('y 座標', fontsize=size)
9      ax.set_title('資料布局', fontsize=size)
10
11  plt.rcParams["font.family"] = ["Microsoft JhengHei"]
12  plt.rcParams["axes.unicode_minus"] = False
13  plt.rcParams["figure.facecolor"] = "lightyellow"
14  fsize = 24                       # 字型大小
15  ax1 = plt.subplot(2,2,1)         # 建立圖表
16  my_plot(ax1,fsize)
17  ax2 = plt.subplot(2,2,3)         # 建立圖表
```

```
18  my_plot(ax2,fsize)
19  ax3 = plt.subplot(1,2,2)        # 建立圖表
20  my_plot(ax3,fsize)
21  plt.tight_layout()              # 緊湊佈局
22  plt.show()
```

執行結果

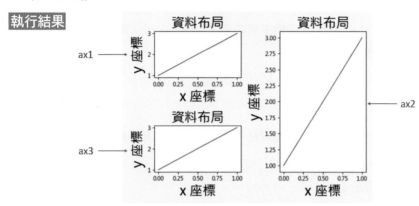

6-8-6 採用 rcParams 設定緊湊填充

程式設計時也可以使用下列繪圖環境設定指令，將緊湊填充改為 True。

rcParams["figure.autolayout"] = True

程式實例 ch6_26_1.py：使用 rcParams 設定重新設計 ch6_26.py。

```
1  # ch6_26_1.py
2  import numpy as np
3  import matplotlib.pyplot as plt
4
5  def my_plot(ax, size):
6      ax.plot([1, 3])                    # 繪製圖表
7      ax.set_xlabel('x 座標', fontsize=size)
8      ax.set_ylabel('y 座標', fontsize=size)
9      ax.set_title('資料布局', fontsize=size)
10
11 plt.rcParams["font.family"] = ["Microsoft JhengHei"]
12 plt.rcParams["axes.unicode_minus"] = False
13 plt.rcParams["figure.facecolor"] = "lightyellow"
14 plt.rcParams["figure.autolayout"] = True
15 fsize = 24                          # 字型大小
16 ax1 = plt.subplot(2,2,1)            # 建立圖表
17 my_plot(ax1,fsize)
18 ax2 = plt.subplot(2,2,3)            # 建立圖表
19 my_plot(ax2,fsize)
20 ax3 = plt.subplot(1,2,2)            # 建立圖表
21 my_plot(ax3,fsize)
22 plt.show()
```

執行結果 與 ch6_26.py 相同。

6-9 建立子圖表使用 subplots( )

6-9-1 subplots( ) 語法解說

這個函數與 6-2 節的 subplot( ) 函數差異在多了一個 s 字母，實際應用上 subplots( ) 的功能則增加許多，此函數語法如下：

> fig, ax = plt.subplots(nrows=1, ncols=1, sharex=False, sharey=False, squeeze=True, **fig_kw)

上述函數可以建立一個視窗圖表 Figure(相當於上述語法的 fig) 和系列子圖表 (相當於上述語法的 ax)，上述參數意義如下：

❑ nrows：列數，預設是 1。

❑ ncols：行數，預設是 1。

❑ sharex, sharey：這是布林值或是 'none'、'all'、'row'、'col'，預設是 False。

❑ squeeze：擠壓，預設是 True。如果是則可能情況如下：

- 如果構造一個子圖，則建立單個 Axes 物件回傳。
- 如果建立 N x 1 或 1 x N，則回傳一維陣列 Axes 物件。
- 如果 N > 1 和 M > 1，則回傳二維陣列 Axes 物件。

如果是 False，則不進行擠壓，回傳的是含 Axes 物件的 2D 陣列。

❑ subplot_kw：帶有傳遞給add_subplot用於建立每個子圖調用的關鍵字字典，例如：subplot_kw={'aspect':'equal'}，相當於是設定 x 軸和 y 軸單位長度是一樣。

❑ gridspec_kw：帶有傳遞給構造函數個關鍵字字典，GridSpec 構造函數可用於建立放置子圖的網格。

❑ **fig_kw：額外的關鍵字參數可用於 pyplot.figure( ) 函數呼叫使用。

上述函數的回傳值 fig 是圖表 (Figure) 物件，ax 是 Axes 物件的陣列。

6-9-2 簡單的實例應用

程式實例 ch6_27.py：使用 subplots( ) 函數建立 2 個水平佈局的子圖表。。

```
1  # ch6_27.py
2  import matplotlib.pyplot as plt
3  import numpy as np
4
5  fig, ax = plt.subplots(nrows=1,ncols=2)  # 建立2個子圖
6  x = np.linspace(0, 2*np.pi, 300)
7  y = np.sin(x**2)
8  ax[0].plot(x, y,'b')                      # 子圖索引 0
9  ax[1].plot(x, y,'g')                      # 子圖索引 1
10 plt.tight_layout()                        # 緊縮佈局
11 plt.show()
```

執行結果

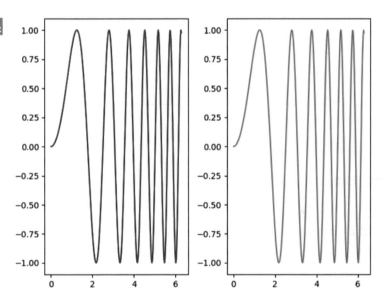

上述第 5 列 subplots( ) 函數，筆者直接指定 nrows=1，ncols=2，這是正規設定方式，對於初學者建議使用這種方式，這時可以得到 ax[0] 是左邊的子圖，ax[1] 是右邊的子圖。

程式實例 ch6_27_1.py：修改 ch6_27.py，使用 subplots(1,2)，簡化第 5 列。

```
5  fig, ax = plt.subplots(1, 2)             # 建立2個子圖
```

執行結果 與 ch6_27.py 相同。

程式實例 ch6_28.py：修改 ch6_27.py，將 subplots( ) 函數的參數直接設為 2，這時可以得到子圖垂直堆疊的結果。

```
5  fig, ax = plt.subplots(2)
```

執行結果

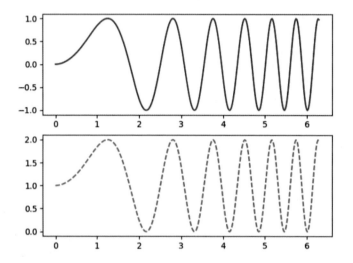

6-9-3　4 個子圖的實作

程式實例 ch6_29.py：使用緊縮佈局建立 4 個子圖。

```
1  # ch6_29.py
2  import matplotlib.pyplot as plt
3  import numpy as np
4
5  plt.rcParams["font.family"] = ["Microsoft JhengHei"]
6  plt.rcParams["axes.unicode_minus"] = False
7  fig, ax = plt.subplots(2, 2)                # 建立4個子圖
8  x = np.linspace(0, 2*np.pi, 300)
9  y = np.sin(x**2)
10 ax[0, 0].plot(x, y,'b')                     # 子圖索引 0,0
11 ax[0, 0].set_title('子圖[0, 0]')
12 ax[0, 1].plot(x, y,'g')                     # 子圖索引 0,1
13 ax[0, 1].set_title('子圖[0, 1]')
14 ax[1, 0].plot(x, y,'m')                     # 子圖索引 1,0
15 ax[1, 0].set_title('子圖[1, 0]')
16 ax[1, 1].plot(x, y,'r')                     # 子圖索引 1,1
17 ax[1, 1].set_title('子圖[1, 1]')
18 plt.tight_layout()                          # 緊縮佈局
19 plt.show()
```

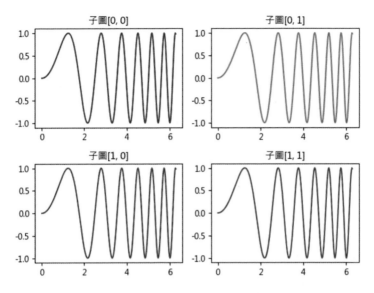

6-9-4 遍歷子圖

如果要為上述系列子圖建立軸標籤,可以使用子圖物件的屬性 flat,當作遍歷子圖的基礎,假設子圖物件是 ax,則可以用下列迴圈遍歷子圖。

    for a in ax.flat:

程式實例 ch6_30.py:擴充 ch6_29.py,增加軸標籤。

```
1   # ch6_30.py
2   import matplotlib.pyplot as plt
3   import numpy as np
4
5   plt.rcParams["font.family"] = ["Microsoft JhengHei"]
6   plt.rcParams["axes.unicode_minus"] = False
7   fig, ax = plt.subplots(2, 2)              # 建立4個子圖
8   x = np.linspace(0, 2*np.pi, 300)
9   y = np.sin(x**2)
10  ax[0, 0].plot(x, y,'b')                   # 子圖索引 0,0
11  ax[0, 0].set_title('子圖[0, 0]')
12  ax[0, 1].plot(x, y,'g')                   # 子圖索引 0,1
13  ax[0, 1].set_title('子圖[0, 1]')
14  ax[1, 0].plot(x, y,'m')                   # 子圖索引 1,0
15  ax[1, 0].set_title('子圖[1, 0]')
16  ax[1, 1].plot(x, y,'r')                   # 子圖索引 1,1
17  ax[1, 1].set_title('子圖[1, 1]')
18  for a in ax.flat:
19      a.set(xlabel='x 軸資料', ylabel='y 軸資料')
20  plt.tight_layout()                        # 緊縮佈局
21  plt.show()
```

執行結果
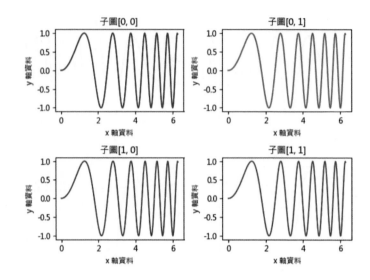

6-9-5 隱藏內側的刻度標記和刻度標籤

子圖物件可以調用 label_outer( ) 函數隱藏上方子圖的 x 軸刻度標記和刻度標籤，同時也可以隱藏右側子圖的 y 軸刻度標記和刻度標籤。

程式實例 ch6_31.py：擴充設計 ch6_30.py，隱藏上方子圖的 x 軸刻度標記和刻度標籤，同時也可以隱藏右側子圖的 y 軸刻度標記和刻度標籤。

```
1  # ch6_31.py
2  import matplotlib.pyplot as plt
3  import numpy as np
4
5  plt.rcParams["font.family"] = ["Microsoft JhengHei"]
6  plt.rcParams["axes.unicode_minus"] = False
7  fig, ax = plt.subplots(2, 2)              # 建立4個子圖
8  x = np.linspace(0, 2*np.pi, 300)
9  y = np.sin(x**2)
10 ax[0, 0].plot(x, y,'b')                   # 子圖索引 0,0
11 ax[0, 0].set_title('子圖[0, 0]')
12 ax[0, 1].plot(x, y,'g')                   # 子圖索引 0,1
13 ax[0, 1].set_title('子圖[0, 1]')
14 ax[1, 0].plot(x, y,'m')                   # 子圖索引 1,0
15 ax[1, 0].set_title('子圖[1, 0]')
16 ax[1, 1].plot(x, y,'r')                   # 子圖索引 1,1
17 ax[1, 1].set_title('子圖[1, 1]')
18 for a in ax.flat:
19     a.set(xlabel='x 軸資料', ylabel='y 軸資料')
20 # 隱藏內側的刻度標記與標籤
21 for a in ax.flat:
22     a.label_outer()
23 plt.tight_layout()                        # 緊縮佈局
24 plt.show()
```

執行結果

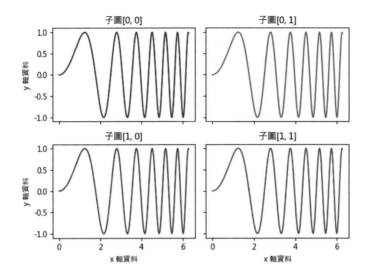

6-9-6 共享 x 軸和 y 軸資料

在 subplots( ) 函數內增加下列設定可以共享 x 軸與 y 軸。

sharex = True
sharey = True

程式實例 ch6_32.py：共享 x 軸和 y 軸的應用。

```
1  # ch6_32.py
2  import matplotlib.pyplot as plt
3  import numpy as np
4
5  plt.rcParams["font.family"] = ["Microsoft JhengHei"]
6  plt.rcParams["axes.unicode_minus"] = False
7  x = np.linspace(0, 2*np.pi, 300)
8  y = np.sin(x**2)
9  fig, ax = plt.subplots(3, sharex=True, sharey=True)
10 fig.suptitle('共享 x 和 y 軸', fontsize=18)
11 ax[0].plot(x, y ** 2, 'b--')
12 ax[1].plot(x, 0.5 * y, 'go')
13 ax[2].plot(x, y, 'm+')
14 plt.show()
```

執行結果

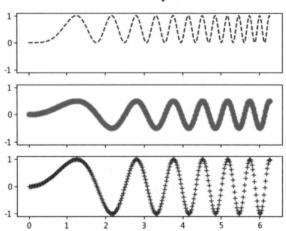

上述共享 x 軸和 y 軸，可以看到上方 2 個子圖的刻度標籤已經自動被移除，缺點是子圖間有空隙，未來將做改良。

6-10 極座標圖

要建立極座標圖，需要在 subplots( ) 函數內，設定下列參數：

subplot_kw=dict(projection='polar')

或是直接使用 projection='polar' 參數，其他細節可以參考下列實例。

程式實例 ch6_33.py：繪製下列基礎觀念的極座標圖形，第 12 列增加 tight_layout( ) 可以控制標題不要太靠近上邊界。

$$r = 0 - 1$$

$$angle = 2\pi r$$

```
1  # ch6_33.py
2  import matplotlib.pyplot as plt
3  import numpy as np
4
5  plt.rcParams["font.family"] = ["Microsoft JhengHei"]
6  plt.rcParams["axes.unicode_minus"] = False
7  ax = plt.subplot(projection='polar')
8  r = np.arange(0, 1, 0.001)
9  theta = 2 * 2*np.pi * r
```

```
10  ax.plot(theta, r, 'm', lw=3)
11  plt.title("極座標圖表",fontsize=16)
12  plt.tight_layout()        # 圖表標題可以緊縮佈局
13  plt.show()
```

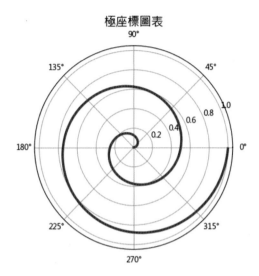

程式實例 ch6_34.py：繪製極座標 sin(x) 和 sin(x) 平方圖。

```
1   # ch6_34.py
2   import matplotlib.pyplot as plt
3   import numpy as np
4
5   plt.rcParams["font.family"] = ["Microsoft JhengHei"]
6   plt.rcParams["axes.unicode_minus"] = False
7   x = np.linspace(0, 2*np.pi, 300)
8   y = np.sin(x)
9   fig, (ax1,ax2) = plt.subplots(1,2,subplot_kw=dict(projection='polar'))
10  ax1.plot(x, y)
11  ax1.set_title("極座標 Sin 圖",fontsize=12)
12  ax2.plot(x, y ** 2)
13  ax2.set_title('極座標 Sin 平方圖',fontsize=12)
14  plt.tight_layout()                    # 緊縮佈局
15  plt.show()
```

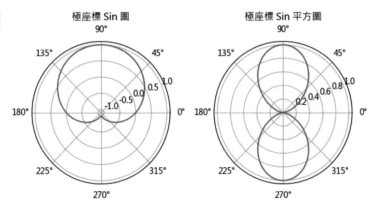

6-11 Figure 物件調用 OO API 函數 add_subplot( )

在物件導向的 OO API 函數中有 add_subplot( ) 函數可以新增加子圖，這時可以使用 Figure 物件調用，調用後可以回傳子圖物件，然後使用此子圖物件調用 plot( ) 函數或是設定子圖標題 set_title( ) 函數。至於 add_subplot( ) 函數的參數與 subplot( ) 類似，下列將直接以實例說明。

程式實例 ch6_35.py：使用 add_subplot( ) 函數新增加子圖的應用。

```
1   # ch6_35.py
2   import numpy as np
3   import matplotlib.pyplot as plt
4
5   plt.rcParams["font.family"] = ["Microsoft JhengHei"]
6   plt.rcParams["axes.unicode_minus"] = False
7   plt.rcParams["figure.facecolor"] = "lightyellow"
8   fig = plt.figure()
9   x = np.arange(1,11)
10  ax1 = fig.add_subplot(2,2,1)        # 建立子圖表 1
11  ax1.plot(x, x)
12  ax1.set_title("子圖 221")
13  ax1 = fig.add_subplot(2,2,3)        # 建立子圖表 3
14  ax1.plot(x, x, 'g')
15  ax1.set_title("子圖 223")
16  ax1 = fig.add_subplot(1,2,2)        # 建立子圖表 2
17  ax1.plot(x, x, 'm')
18  ax1.set_title("子圖 122")
19  plt.tight_layout()                  # 緊湊佈局
20  plt.show()
```

執行結果

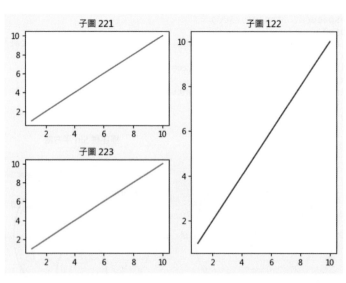

6-12　建立網格子圖使用 add_gridspec( )

6-12-1　add_gridspec( ) 基礎語法

函數 add_gridspec( ) 可以建立一個網格，用網格執行子圖佈局可以讓子圖變得簡單容易了解。這個函數的用法有許多，這一節將從簡單實例說起，逐步帶領讀者徹底了解 Figure 的網格功能，此函數語法如下：

add_gridspec(nrows, ncols, left, right, top, bottom, hspace, wspace)

上述各參數意義如下：

❑ nrows, ncols：列數和行數，如果只有一個數字此數字代表列數。

❑ left, right, top, bottom：這是 gridspec 網格佔據圖表的空間，單位是圖表百分比。

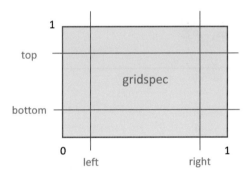

❑ wspace, hspace：gridspec 各子圖間的距離。

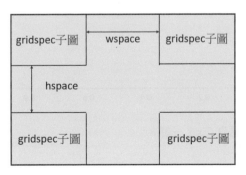

6-12-2　簡單子圖佈局實例

下列是使用 add_gridspec( ) 函數，簡單建立 2 個垂直子圖的實例，同時子圖間的間距是使用預設。

```
fig = plt.figure( )
gs = fig.add_gridspec(2)              # 參數 2 是假設要建立 2 x 1 子圖
```

有了上述回傳的網格物件 gs，未來可以將此 gs 物件的索引當作 add_subplot( ) 函數的參數。

程式實例 ch6_36.py：建立 2 x 1 子圖。

```
1   # ch6_36.py
2   import matplotlib.pyplot as plt
3
4   fig = plt.figure()
5   gs = fig.add_gridspec(2)
6   ax1 = fig.add_subplot(gs[0,0])
7   ax2 = fig.add_subplot(gs[1,0])
8   plt.show()
```

執行結果

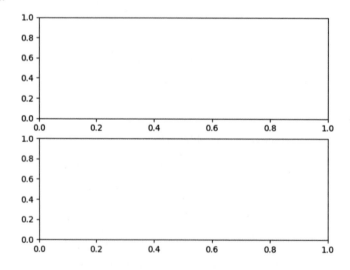

程式實例 ch6_37.py：建立 2 x 2 子圖。

```
1   # ch6_37.py
2   import matplotlib.pyplot as plt
3
4   fig = plt.figure()
5   gs = fig.add_gridspec(2, 2)
6   ax1 = fig.add_subplot(gs[0,0])
7   ax1.set_title('gs[0,0]')
```

```
 8  ax2 = fig.add_subplot(gs[0,1])
 9  ax2.set_title('gs[0,1]')
10  ax3 = fig.add_subplot(gs[1,0])
11  ax3.set_title('gs[1,0]')
12  ax4 = fig.add_subplot(gs[1,1])
13  ax4.set_title('gs[1,1]')
14  plt.tight_layout()
15  plt.show()
```

執行結果

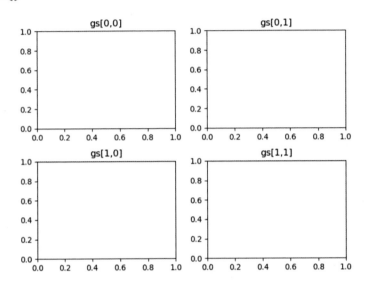

6-12-3 使用切片觀念執行子圖佈局

Python 的切片觀念可以讓子圖佈局變得容易了解，下列將以實例解說。

程式實例 ch6_38.py：建立 2 x 2 子圖佈局，但是第 1 列只有一個子圖。

```
 1  # ch6_38.py
 2  import matplotlib.pyplot as plt
 3
 4  fig = plt.figure()
 5  gs = fig.add_gridspec(2, 2)
 6  ax1 = fig.add_subplot(gs[0,0])
 7  ax1.set_title('gs[0,0]')
 8  ax2 = fig.add_subplot(gs[0,1])
 9  ax2.set_title('gs[0,1]')
10  ax3 = fig.add_subplot(gs[1,:])
11  ax3.set_title('gs[1,:]')
12  plt.tight_layout()
13  plt.show()
```

執行結果

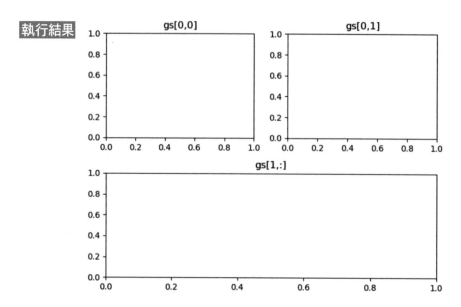

上述重點是第 10 列的指令：

　　ax3 = fig.add_subplot(gs[1,:])

相當於 ax3 子圖空間佔據第 1 列所有行。

6-12-4　建立網格時將子圖間的間距移除

　　使用 add_gridspec( ) 函數建立網格，若是設定參數 hspace = 0，可以移除垂直子圖間的間距。若是設定參數 wspace = 0，可以移除水平子圖間的間距，如果要建立 3 個垂直子圖同時將 3 個子圖的間距移除，可以參考下列指令。

```
fig = plt.figure( )
gs = fig.add_gridspec(3, hspace=0)          # 參數 3 是假設要建立 3 個子圖
```

　　前面幾節筆者使用 gs 物件當作 add_subplot( ) 函數的參數，其實也可以使用 gs 調用 subplots( ) 函數，所回傳的物件是一個子圖串列，未來可以用索引設計子圖。

程式實例 ch6_39.py：建立網格 (GridSpec) 重新設計 ch6_32.py。

```
1   # ch6_39.py
2   import matplotlib.pyplot as plt
3   import numpy as np
4
5   plt.rcParams["font.family"] = ["Microsoft JhengHei"]
6   plt.rcParams["axes.unicode_minus"] = False
7   x = np.linspace(0, 2*np.pi, 300)
8   y = np.sin(x**2)
9   fig = plt.figure()
10  gs = fig.add_gridspec(3, hspace=0)
11  ax = gs.subplots(sharex=True, sharey=True)
12  fig.suptitle('共享 x 和 y 軸', fontsize=18)
13  ax[0].plot(x, y ** 2, 'b--')
14  ax[1].plot(x, 0.5 * y, 'go')
15  ax[2].plot(x, y, 'm+')
16  # 隱藏內側的刻度標記與標籤
17  for a in ax.flat:
18      a.label_outer()
19  plt.show()
```

執行結果

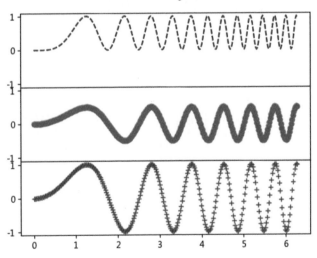

共享 x 和 y 軸

6-12-5 建立 2 x 2 的網格與共享 x 和 y 軸

使用 subplots( ) 要共享 x 和 y 軸時，也可以使用下列方法。

sharex = 'col'
sharey = 'row'

程式實例 ch6_40.py：建立 2 x 2 網格，同時使用 col 和 row 共享 x 和 y 軸。

```
1   # ch6_40.py
2   import matplotlib.pyplot as plt
3   import numpy as np
4
5   plt.rcParams["font.family"] = ["Microsoft JhengHei"]
6   plt.rcParams["axes.unicode_minus"] = False
7   x = np.linspace(0, 2*np.pi, 300)
8   y = np.sin(x**2)
9   fig = plt.figure()
10  gs = fig.add_gridspec(2, 2, hspace=0, wspace=0)
11  (ax1, ax2), (ax3, ax4) = gs.subplots(sharex='col', sharey='row')
12  fig.suptitle('共享 x(column) 和 y(row) 軸', fontsize=18)
13  ax1.plot(x, y, 'b')
14  ax2.plot(x, y ** 2, 'g')
15  ax3.plot(x+1, y, 'm')
16  ax4.plot(x+2, y ** 2, 'r')
17  plt.show()
```

執行結果

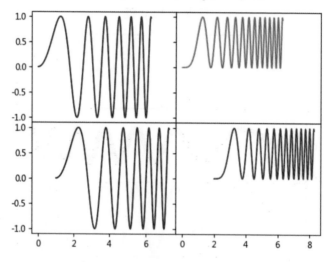

上述程式第 10 列 add_gridspec( ) 函數內有 wspace=0 參數，這是設定左右子圖間沒有空隙。

6-12-6　在一個座標軸建立 2 個數據資料

使用 subplots( ) 函數也可以建立一個座標軸，在此座標軸內有 2 個數據資料。

程式實例 ch6_41.py：使用 subplots( ) 函數建立 1 x 1 的子圖，然後使用 2 組數據。

```
1  # ch6_41.py
2  import matplotlib.pyplot as plt
3  import numpy as np
4
5  fig, ax = plt.subplots(1, 1)
6  x = np.linspace(0, 2*np.pi, 300)
7  y1 = np.sin(x)
8  y2 = np.cos(x)
9  # 繪圖
10 ax.plot(x, y1)
11 ax.plot(x, y2, 'g', lw='3')
12 plt.show()
```

執行結果

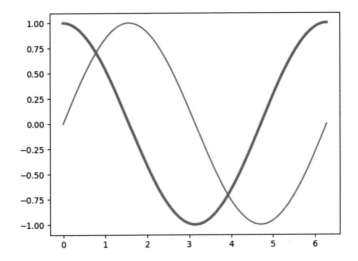

6-12-7　2 組數據共用 x 軸和使用不同的 y 軸

　　如果希望 ax1 和 ax2 可以共用 x 軸，但是使用不同的 y 軸，相當於讓 y 軸有主軸和副軸，這時可以使用 twinx( ) 函數。

程式實例 ch6_42.py：重新設計 ch6_41.py，讓 y1 線使用 y 的主軸，y2 線使用 y 的副軸。

```
1  # ch6_42.py
2  import matplotlib.pyplot as plt
3  import numpy as np
4
5  fig, ax1 = plt.subplots(1, 1)
6  ax2 = ax1.twinx()                  # 使用相同的 x 軸
7  # y1 = sin(x)
8  x = np.linspace(0, 2*np.pi, 300)
9  y1 = np.sin(x)
10 # y2 = cos(x)
```

```
11  y2 = np.cos(x)
12  # 繪圖
13  ax1.plot(x, y1)
14  ax2.plot(x, y2, 'g', lw='3')
15  plt.show()
```

執行結果

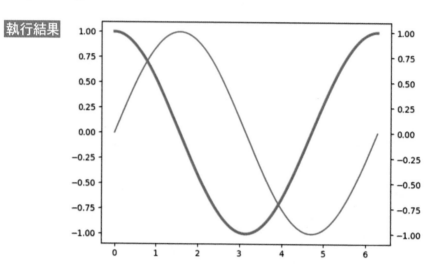

6-13 使用 OO API 新增子圖的應用實例

6-13-1 使用 GridSpec 調用 add_subplot( )

這一小節是使用網格物件調用 add_subplot( ) 函數，實際建立含數據的 2 x 2 網格實例。

程式實例 ch6_43.py：使用 add_gridspec( ) 函數建立網格觀念，重新設計 ch6_29.py。

```
1   # ch6_43.py
2   import matplotlib.pyplot as plt
3   import numpy as np
4
5   plt.rcParams["font.family"] = ["Microsoft JhengHei"]
6   plt.rcParams["axes.unicode_minus"] = False
7   fig = plt.figure()
8   gs = fig.add_gridspec(2,2)           # 建立 2 x 2 網格
9
10  x = np.linspace(0, 2*np.pi, 300)
11  y = np.sin(x**2)
12  gs_ax1 = fig.add_subplot(gs[0,0])    # 用網格物件索引0,0指定子圖
13  gs_ax1.plot(x, y,'b')
```

```
14  gs_ax1.set_title('子圖[0, 0]')
15  gs_ax2 = fig.add_subplot(gs[0,1])    # 用網格物件索引0,1指定子圖
16  gs_ax2.plot(x, y,'g')
17  gs_ax2.set_title('子圖[0, 1]')
18  gs_ax3 = fig.add_subplot(gs[1,0])    # 用網格物件索引1,0指定子圖
19  gs_ax3.plot(x, y,'m')
20  gs_ax3.set_title('子圖[1, 0]')
21  gs_ax4 = fig.add_subplot(gs[1,1])    # 用網格物件索引1,1指定子圖
22  gs_ax4.plot(x, y,'r')
23  gs_ax4.set_title('子圖[1, 1]')
24
25  plt.tight_layout()                   # 緊縮佈局
26  plt.show()
```

 執行結果

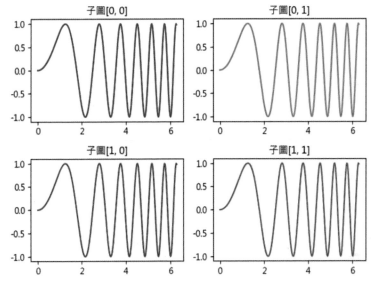

6-13-2　使用 add_gridspec( ) 網格和切片觀念的實例

這一節的實例是比較複雜的網格與切片觀念的實例。

程式實例 ch6_44.py：使用 add_gridspec( ) 網格和切片觀念，在 3 x 3 的網格內建立 5 個子圖。

```
1  # ch6_44.py
2  import numpy as np
3  import matplotlib.pyplot as plt
4
5  plt.rcParams["figure.facecolor"] = "lightyellow"
6
7  fig = plt.figure()
8  gs = fig.add_gridspec(3, 3)          # 建立 3 x 3 子圖
9  x = np.arange(1,11)
```

```
10  gs_ax1 = fig.add_subplot(gs[0,:])    # 使用切片觀念
11  gs_ax1.plot(x, x)
12  gs_ax1.set_title('gs[0,:]')
13  gs_ax2 = fig.add_subplot(gs[1,:-1])  # 使用切片觀念
14  gs_ax2.plot(x, x)
15  gs_ax2.set_title('gs[1,:-1]')
16  gs_ax3 = fig.add_subplot(gs[1:,-1])  # 使用切片觀念
17  gs_ax3.plot(x, x)
18  gs_ax3.set_title('gs[1:,-1]')
19  gs_ax4 = fig.add_subplot(gs[-1,0])   # 使用切片觀念
20  gs_ax4.plot(x, x)
21  gs_ax4.set_title('gs[-1,0]')
22  gs_ax5 = fig.add_subplot(gs[-1,-2])  # 使用切片觀念
23  gs_ax5.plot(x, x)
24  gs_ax5.set_title('gs[-1,-2]')
25
26  plt.tight_layout()                   # 緊湊佈局
27  plt.show()
```

執行結果

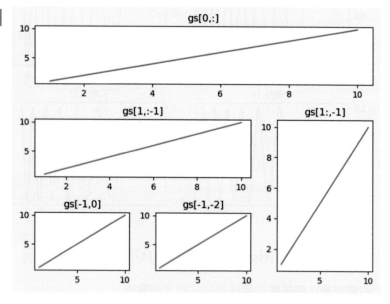

6-13-3　寬高比

在 add_gridspec( ) 函數內可以使用 height_ratios 參數設定子圖之間高度比，使用 width_ratios 參數設定子圖之間的寬度比，這樣可以建立不同大小的子圖。假設高度與寬度是 3，下列是設定實例說明：

```
height_ratios = [2,1]        # 0 列高度是 2 和 1 列高度是 1
width_ratios = [2,1]         # 0 列寬度是 2 和 1 列寬度是 1
```

程式實例 ch6_45.py：建立子圖有不同的高度與寬度。

```
1  # ch6_45.py
2  import numpy as np
3  import matplotlib.pyplot as plt
4
5  plt.rcParams["figure.facecolor"] = "lightyellow"
6
7  fig = plt.figure()
8  # 子圖 0 列和 1 列的高度比是 2:1
9  # 子圖 0 列和 1 列的寬度比是 2:1
10 gs = fig.add_gridspec(nrows=2, ncols=2, height_ratios=[2,1],
11                    width_ratios=[2,1])
12 # 建立子圖物件
13 ax1 = fig.add_subplot(gs[0,0])
14 ax2 = fig.add_subplot(gs[0,1])
15 ax3 = fig.add_subplot(gs[1,:])
16 # x 軸資料
17 x = np.linspace(0, 2*np.pi, 500)
18 # 繪製子圖
19 ax1.plot(x, np.sin(x))
20 ax2.plot(x, np.sin(x)**2,'g')
21 ax3.plot(x, np.sin(x) + np.cos(x),'m')
22 # 建立軸標籤
23 ax1.set_ylabel("y")
24 ax3.set_xlabel("x")
25 ax3.set_ylabel("y")
26
27 plt.tight_layout()                # 緊湊佈局
28 plt.show()
```

執行結果

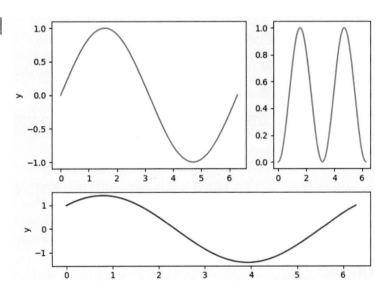

6-14 軸函數 axes( )

在 Figure 物件上最重要的物件就是 axes 物件，直覺上可稱 axes 是一個軸物件，在 matplotlib 模組中其實就是一個圖表，如果我們省略 axes 觀念，預設就是在 Figure 物件繪製圖表。

先前程式我們若是省略 Figure 物件和 axes 物件，系統會自動建立一個 Figure 物件，然後在此 Figure 物件內繪製的圖表。

函數 axes( ) 會在 Figure 物件內建立一個 axes 子圖表物件，未來可以使用此子圖表繪製子圖，這個語法常用參數如下：

    axes(rect, xlim, ylim)

上述參數 rect 是串列，相當於 [left, bottom, width, height]，單位是 Figure 物件大小的百分比。

❑ left：相對物件左邊的百分比位置。

❑ bottom：相對物件底邊的百分比位置。

❑ width：相對物件寬度的百分比。

❑ height：相對物件高度的百分比。

❑ xlim：可以用數值設定左邊 (left) 位置和右邊 (right) 位置。

❑ ylim：可以用數值設定下邊 (bottom) 位置和上邊 (top) 位置。

例如：下列是設定 x 軸位置在 -25 和 25 間，y 軸位置在 -10 和 10 之間的指令。

    plt.axes(xlim(-25,25, ylim(-10,10))

程式實例 ch6_46.py：使用 axes( ) 函數建立子圖表物件，所使用參數可以參考程式第 4 列。

```
1  # ch6_46.py
2  import matplotlib.pyplot as plt
3
4  fig = plt.figure()
5  ax = plt.axes([0.1,0.1,0.8,0.8])
6  plt.show()
```

執行結果 可以參考下方左圖。

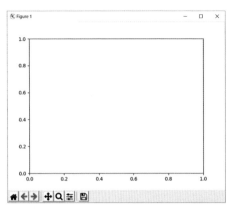 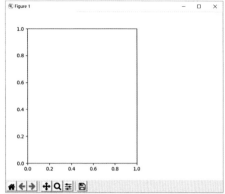

程式實例 ch6_47.py：使用寬度是 0.5 重新設計 ch6_46.py。

```
1  # ch6_47.py
2  import matplotlib.pyplot as plt
3
4  fig = plt.figure()
5  ax = plt.axes([0.1,0.1,0.5,0.8])
6  plt.show()
```

執行結果 可以參考上方右圖。

程式實例 ch6_48.py：在 axes 物件內繪製 Sin 函數平方的圖。

```
1  # ch6_48.py
2  import matplotlib.pyplot as plt
3  import numpy as np
4
5  fig = plt.figure()
6  ax = plt.axes([0.1,0.1,0.8,0.8])
7  x = np.linspace(0, 2*np.pi, 500)
8  ax.plot(x, np.sin(x)**2,'g')
9  plt.show()
```

執行結果

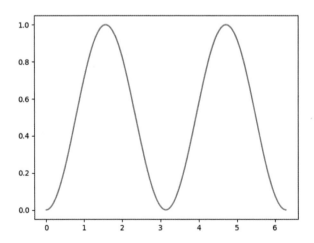

6-15 使用 OO API add_axes( ) 新增圖內的子圖物件

函數 add_axes( ) 可以在圖表內新增加子圖物件，如果原先 Figure 物件內已有圖表，這時相當於可以建立圖中圖，這個函數也是 OO API，需要使用 Figure 物件調用。這個函數語法常用參數如下：

　　　add_axes(rect, **kwargs)

常用的參數如下：

❏ rect：[left, bottom, width, height]，可以用實際尺寸。也可以用 0 – 1 之間的數字，這時代表相對外圖表的百分比。所採用座標點是將原圖的左下角座標視為 (0, 0)。

❏ projection：投影類型。

❏ sharex 和 sharey：共享軸。

程式實例 ch6_49.py：圖內子圖用百分比當作位置 (left, bottom)、寬 (width) 與高 (height)。

```
1   # ch6_49.py
2   import numpy as np
3   import matplotlib.pyplot as plt
4
5   plt.rcParams["font.family"] = ["Microsoft JhengHei"]
6   plt.rcParams["axes.unicode_minus"] = False
7   plt.rcParams["figure.facecolor"] = "lightyellow"
8   fig = plt.figure()
9   x = np.arange(1,11)
10  plt.plot(x, x)
11  plt.title('外圖表')
12  #新增子區域位置和大小
13  left, bottom, width, height = 0.2, 0.6, 0.2, 0.2
14  # 設定子座標物件
15  ax2 = fig.add_axes([left, bottom, width, height])
16  ax2.plot(x,x, 'g')
17  ax2.set_title('內圖表')
18  plt.show()
```

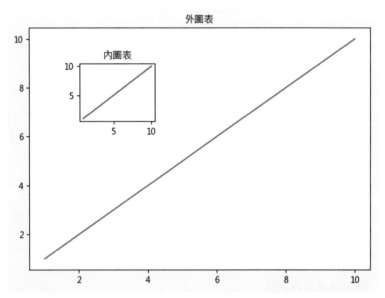

6-16 使用 OO API 設定 x 軸和 y 軸的範圍

在 6-6 節筆者有敘述 OO API 的 set_xlim( ) 功能類似 Pyplot API 的 xlim( ) 函數功能可以設定 x 軸的範圍，OO API 的 set_ylim( ) 功能類似 Pyplot API 的 ylim( ) 函數功能可以設定 y 軸的範圍下列將用一個實例解說。

程式實例 ch6_50.py：未使用 OO API 的 set_xlim( ) 和 set_ylim( ) 函數的實例。

```
1  # ch6_50.py
2  import matplotlib.pyplot as plt
3  import numpy as np
4
5  x = np.linspace(0, 2*np.pi, 500)
6  y = np.sin(2 * np.pi * x) + 1
7  fig = plt.figure()
8  ax = plt.axes()
9  #ax.set_xlim([1, 5])
10 #ax.set_ylim([-0.5, 2.5])
11 plt.plot(x, y)
12 plt.show()
```

執行結果　可以參考下方左圖。

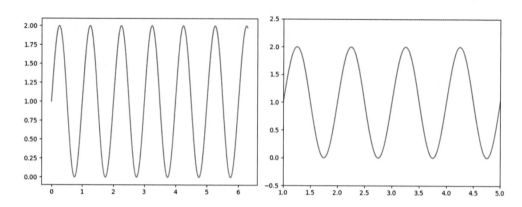

程式實例 ch6_51.py：使用 OO API 的 set_xlim( ) 和 set_ylim( ) 函數的實例。

```
 9  ax.set_xlim([1, 5])
10  ax.set_ylim([-0.5, 2.5])
```

執行結果　可以參考上方右圖。

第七章
圖表註解

模組 matplotlib 的 annotate( ) 函數除了可以在圖表上增加文字註解，也可以支持箭頭之類的工具，本章將完整解說此函數功能。

7-1 annotate( ) 函數語法

函數 annotate( ) 可以為圖表的數據加上註解文字，同時支援帶箭頭的劃線工具，因為功能強大，所以本書將使用一個章節作解說。這個函數的語法如下：

    plt.annotate(text, xy, *args, **kwargs)

上述函數最簡單的格式是在 xy 座標位置輸出 text 文字，也可以從文字位置加上箭頭指向特定位置。上述參數意義如下：

❑ text：註解文字。

❑ xy：文字箭頭指向的座標點，這是元組 (x, y)。

❑ xytext：在 (x, y) 輸出文字註解。

❑ xycoords：文字箭頭 (xy) 的座標系統，可以參考下表。

參數值	說明
'figure points'	繪圖區左下角是參考點，單位是點 (points)
'figure pixels'	繪圖區左下角是參考點，單位是像素 (pixels)
'figure fraction'	繪圖區左下角是參考點，單位是百分比。
'axes points'	子繪圖區 (軸物件) 左下角是參考點，單位是點 (points)
'axes pixels'	子繪圖區 (軸物件) 左下角是參考點，單位是像素 (pixels)
'axes fraction'	子繪圖區 (軸物件) 左下角是參考點，單位是百分比。
'data'	預設，使用軸座標系統。
'polar'	使用極座標。

❑ textcoords：文字註解點 (xytext) 的座標系統，預設與 xycoords 相同，除了使用上表，也可以增加下列 2 個選項。

參數值	說明
'offset points'	相對於被註解 xy 的偏移，單位是點 (points)
'offset pixels'	相對於被註解 xy 的偏移，單位是像素 (pixels)

❏ arrowprops：箭頭的樣式，這是字典 (dict) 格式，如果此屬性不是空白，會在註釋點與註釋文字間繪製一個箭頭，如果不設定 'arrowstyle'，可以使用下列關鍵字。

關鍵字參數	說明
width	箭頭的寬度，單位是點
headwidth	箭頭頭部的寬度，單位是點
headlength	箭頭頭部的長度，單位是點
shrink	箭頭兩端收縮的百分比
?	任意鍵 matplotlib.patches.FancyArrowPatch

如果設定了 'arrowstyle'，上表的關鍵字就不可以使用，這時的箭頭樣式可以參考下表。

類別	箭頭樣式	屬性
Curve	-	None
CurveA	<-	head_length=0.4, head_width=0.2
CurveB	->	head_length=0.4, head_width=0.2
CurveAB	<->	head_length=0.4, head_width=0.2
CurveFilledA	<|-	head_length=0.4, head_width=0.2
CurveFilledB	-|>	head_length=0.4, head_width=0.2
CurveFilledAB	<|-|>	head_length=0.4, head_width=0.2
BrackedA	]-	widthA=1.0, lengthA=0.2, angleA=0
BrackedB	-[	widthB=1.0, lengthB=0.2, angleB=0
BrackedAB	]-[	widthA=1.0, lengthA=0.2, angleA=0 widthB=1.0, lengthB=0.2, angleB=0
BarAB	|-|	widthA=1.0, lengthA=0.2, widthB=0, angleB=0
BrackedCurve	]->	widthA=1.0, lengthA=0.2, angleA=None
CurveBarcked	<-[	widthB=1.0, lengthB=0.2, angleB=None
Simple	simple	head_length=0.5, head_width=0.5, tail_width=0.2
Fancy	fancy	head_length=0.4, head_width=0.4, tail_width=0.4
Wedge	wedge	tail_width=0.3, shrink_factor=0.5

FancyArrowPatch 的關鍵字可以參考下表。

關鍵字	說明
arrowstyle	箭頭樣式
connectionstyle	連接點樣式
relpos	箭頭起點相對註解文字位置，預設是 (0.5, 0.5)
patchA	預設註解的文字框
patchB	預設是無
shrinkA	箭頭起點縮排點數是 2
shrinkB	箭頭起點縮排點數是 2
mutation_style	預設是文字大小
mutation_aspect	預設是 1
?	matplotlib.patched.PathPatch 的任意關鍵字

連接樣式 (connectionstyle) 可以有下列樣式：

關鍵字	屬性說明
angle	angleA=90, angleB=0, rad=0.0
angle3	angleA=90, angleB=0
arc	angleA=90, angleB=0, armA=None, armB=None, rad=0.0
arc3	rad=0.0
bar	armA=0.0, armB=0.0, fraction=0.3, angle=None

7-2 基礎圖表註釋的實例

程式實例 ch7_1.py：標記局部的極大值。

```
1  # ch7_1.py
2  import matplotlib.pyplot as plt
3  import numpy as np
4
5  plt.rcParams["font.family"] = ["Microsoft JhengHei"]
6  plt.rcParams["axes.unicode_minus"] = False
7  x = np.linspace(0.0, np.pi, 500)
8  y = np.cos(2 * np.pi * x)
9  plt.plot(x, y, 'm', lw=2)
10 plt.annotate('局部極大值',
11             xy=(2, 1),
12             xytext=(2.5, 1.2),
13             arrowprops=dict(facecolor='black',shrink=0.05))
14 plt.ylim(-1.5, 1.5)
15 plt.show()
```

執行結果 可以參考下方左圖。

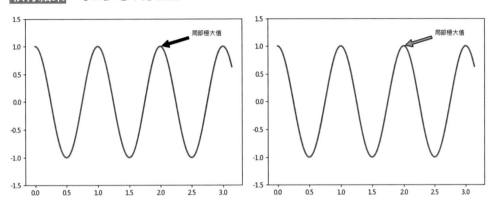

程式實例 ch7_2.py：更改箭頭顏色，facecolor 改為黃色。

```
10  plt.annotate('局部極大值',
11              xy=(2, 1),
12              xytext=(2.5, 1.2),
13              arrowprops=dict(facecolor='y',shrink=0.05))
```

執行結果 可以參考上方右圖。

7-3 箭頭顏色

在 arrowprops 參數的字典中，預設箭頭邊界是黑色，可以用 edgecolor(或 ec) 設定更改顏色。箭頭內部是藍色，可以用 facecolor(或 fc) 設定更改顏色。

或是直接使用 color 設定顏色。

程式實例 ch7_3.py：使用預設箭頭顏色重新設計 ch7_1.py。

```
10  plt.annotate('局部極大值',
11              xy=(2, 1),
12              xytext=(2.5, 1.2),
13              arrowprops=dict(shrink=0.05))
```

執行結果 可以參考下方左圖。

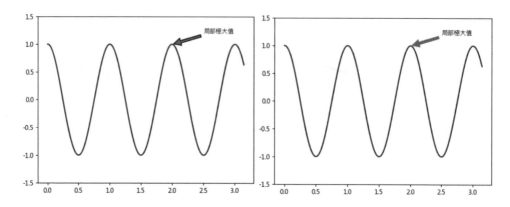

程式實例 ch7_4.py：重新設計 ch7_1.py，將箭頭邊界與內部改為綠色。

```
10  plt.annotate('局部極大值',
11              xy=(2, 1),
12              xytext=(2.5, 1.2),
13              arrowprops=dict(ec='g',fc='g',shrink=0.05))
```

執行結果 可以參考上方右圖。

程式實例 ch7_4_1.py：修改 ch7_4.py，使用 color 參數直接設定箭頭為綠色。

```
10  plt.annotate('局部極大值',
11              xy=(2, 1),
12              xytext=(2.5, 1.2),
13              arrowprops=dict(color='g',shrink=0.05))
```

執行結果 與 ch7_4.py 相同。

7-4 箭頭樣式

7-4-1 基礎箭頭樣式

程式實例 ch7_5.py：箭頭樣式是 "->"，連接方式是 "arc"。

```
1  # ch7_5.py
2  import matplotlib.pyplot as plt
3
4  fig, ax = plt.subplots(figsize=(4,4))
5  ax.annotate("Annotate",
6              xy = (0.2, 0.2),
7              xytext = (0.7, 0.8),
8              arrowprops = dict(arrowstyle="->",
9                              connectionstyle="arc"),
10             )
11  plt.show()
```

執行結果 可參考下方左圖。

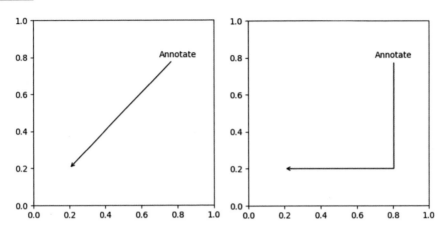

程式實例 ch7_6.py：重新設計 ch7_5.py，箭頭樣式是 "->"，連接方式是 "angle"。

```
1   # ch7_6.py
2   import matplotlib.pyplot as plt
3
4   fig, ax = plt.subplots(figsize=(4,4))
5   ax.annotate("Annotate",
6               xy = (0.2, 0.2),
7               xytext = (0.7, 0.8),
8               arrowprops = dict(arrowstyle="->",
9                          connectionstyle="angle"),
10              )
11  plt.show()
```

執行結果 可以參考上方右圖。

7-4-2 箭頭樣式 "->"

這一節將用實例解說 "->" 箭頭樣式。

程式實例 ch7_7.py：列出完整的箭頭樣式。

```
1   # ch7_7.py
2   import matplotlib.pyplot as plt
3
4   def demo(ax, connectionstyle):
5       ''' 繪製子圖與箭頭樣式說明 '''
6       x1, y1 = 0.3, 0.2
7       x2, y2 = 0.8, 0.6
8       ax.plot([x1, x2], [y1, y2], "g.")
9       ax.annotate("",
10                  xy=(x1, y1),
11                  xytext=(x2, y2),
```

```
12                        arrowprops=dict(arrowstyle="->", color="m",
13                                        shrinkA=5,
14                                        shrinkB=5,
15                                        connectionstyle=connectionstyle,
16                                        ),
17                        )
18      ax.text(0.1, 0.96, connectionstyle.replace(",", ",\n"),
19              transform=ax.transAxes, ha="left", va="top", c='b')
20  # 主程式開始
21  fig, axs = plt.subplots(3, 5, figsize=(7, 6.2))
22  demo(axs[0, 0], "angle3,angleA=90,angleB=0")
23  demo(axs[1, 0], "angle3,angleA=0,angleB=90")
24  demo(axs[0, 1], "angle,angleA=-90,angleB=180,rad=0")
25  demo(axs[1, 1], "angle,angleA=-90,angleB=180,rad=5")
26  demo(axs[2, 1], "angle,angleA=-90,angleB=10,rad=5")
27  demo(axs[0, 2], "arc3,rad=0.")
28  demo(axs[1, 2], "arc3,rad=0.3")
29  demo(axs[2, 2], "arc3,rad=-0.3")
30  demo(axs[0, 3], "arc,angleA=-90,angleB=0,armA=30,armB=30,rad=0")
31  demo(axs[1, 3], "arc,angleA=-90,angleB=0,armA=30,armB=30,rad=5")
32  demo(axs[2, 3], "arc,angleA=-90,angleB=0,armA=0,armB=40,rad=0")
33  demo(axs[0, 4], "bar,fraction=0.3")
34  demo(axs[1, 4], "bar,fraction=-0.3")
35  demo(axs[2, 4], "bar,angle=180,fraction=-0.3")
36  # 取消刻度標記與標籤
37  for ax in axs.flat:
38      ax.set(xlim=(0, 1), ylim=(0, 1.25), xticks=[], yticks=[])
39  plt.tight_layout()            # 緊縮佈局
40  plt.show()
```

執行結果

7-4-3 simple 箭頭樣式

程式實例 ch7_8.py:使用 simple 箭頭樣式,然後用 arc3, rad=-0.3 連接。

```
1  # ch7_8.py
2  import matplotlib.pyplot as plt
3
4  plt.subplots(figsize=(4,4))
5  plt.annotate("Simple",
6              xy=(0.2, 0.2),
7              xytext=(0.7, 0.8),
8              size=20, va="center", ha="center",
9              color='b',
10             arrowprops=dict(arrowstyle="simple",
11                            color='g',
12                            connectionstyle="arc3,rad=-0.3"),
13             )
14 plt.show()
```

執行結果

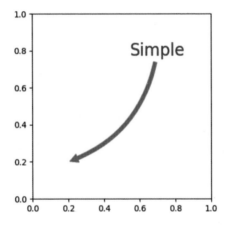

7-4-4 fancy 箭頭樣式

我們也可以將 bbox 觀念應用在箭頭的文字。

程式實例 ch7_9.py:重新設計 ch7_8.py,將箭頭改為 "fancy",文字使用 bbox 設定。

```
1  # ch7_9.py
2  import matplotlib.pyplot as plt
3
4  plt.subplots(figsize=(4,4))
5  plt.annotate("fancy",
6              xy=(0.2, 0.2),
7              xytext=(0.7, 0.8),
8              size=20, va="center", ha="center",
9              color='b',
10             bbox=dict(boxstyle="round4",fc="lightyellow"),
11             arrowprops=dict(arrowstyle="fancy",
```

```
12 │  │  │    │        │       color='g',
13 │  │  │    │        │       connectionstyle="arc3,rad=-0.3"),
14 │        )
15 plt.show()
```

執行結果

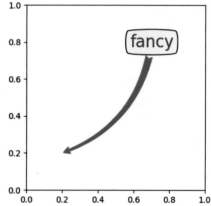

7-4-5　wedge 箭頭樣式

英文 wedge 可以翻譯為楔形，相同位置可以搭配兩組箭頭。

程式實例 ch7_10.py：將箭頭改為 "wedge"，同時有兩組箭頭。

```
1  # ch7_10.py
2  import matplotlib.pyplot as plt
3
4  plt.subplots(figsize=(4,4))
5  plt.annotate("wedge",
6               xy=(0.2, 0.2),
7               xytext=(0.7, 0.8),
8               size=20, va="center", ha="center",
9               color='b',
10              bbox=dict(boxstyle="round4",fc="lightyellow"),
11              arrowprops=dict(arrowstyle="wedge",
12                              color='g',
13                              connectionstyle="arc3,rad=-0.3"),
14              )
15 plt.annotate("wedge",
16              xy=(0.2, 0.2),
17              xytext=(0.7, 0.8),
18              size=20, va="center", ha="center",
19              color='b',
20              bbox=dict(boxstyle="round4",fc="lightyellow"),
21              arrowprops=dict(arrowstyle="wedge",
22                              color='m',
23                              connectionstyle="arc3,rad=0.3"),
24              )
25 plt.show()
```

執行結果

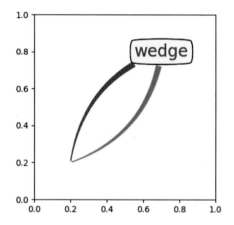

7-5 將圖表註解應用在極座標

這一節將直接以實例解說。

程式實例 ch7_11.py：將圖表註解應用在極座標。

```
1   # ch7_11.py
2   import matplotlib.pyplot as plt
3   import numpy as np
4
5   plt.rcParams["font.family"] = ["Microsoft JhengHei"]
6   fig = plt.figure()
7   ax = fig.add_subplot(projection='polar')
8   r = np.linspace(0, 1, 1000)
9   theta = 2 * 2*np.pi * r
10  ax.plot(theta, r, color='g', lw=3)
11
12  i = 500
13  radius, thistheta = r[i], theta[i]
14  ax.plot([thistheta], [radius], 'o')          # 指定位置繪點
15  ax.annotate('極座標文字註解',
16              xy=(thistheta, radius),          # theta, radius
17              xytext=(0.8, 0.2),               # 百分比
18              color='b',                       # 藍色
19              textcoords='figure fraction',    # 座標格式是百分比
20              arrowprops=dict(arrowstyle="->",
21                              color='m'),
22              horizontalalignment='left',
23              verticalalignment='bottom',
24              )
25  plt.show()
```

執行結果

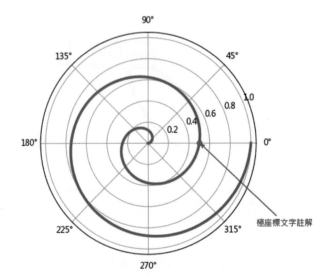

極座標文字註解

第八章

圖表的數學符號

在建立圖表過程，我們很可能需要表達類似下列的數學符號：

$$\propto \quad \beta \quad \pi \quad \mu \quad \frac{2}{5x} \quad \sqrt{x}$$

上述無法使用一般公式表達，這一章將講解 matplotlib 模組表達數學符號的完整知識。

8-1　編寫簡單的數學表達式

使用 matplotlib 模組時要編寫鍵盤上無法表達的數學符號，可以使用模組內建的 TeX 標記的子集，使用時將字元放在金錢符號 "$" 內，同時左邊加上 'r' 字元即可。

8-1-1　顯示圓周率

圓周率的表達方式是 \pi。

程式實例 ch8_1.py：顯示圓周率 π。

```
1   # ch8_1.py
2   import matplotlib.pyplot as plt
3
4   plt.title(r'$\pi$')
5   plt.show()
```

執行結果 下列是省略列印空圖表。

$$\pi$$

8-1-2　數學表達式內有數字

如果數學表達式內有數字，數字需使用大括號 { } 包夾。

程式實例 ch8_2.py：數學表達式內有數字。

```
1   # ch8_2.py
2   import matplotlib.pyplot as plt
3
4   plt.title(r'${2}\pi$')
5   plt.show()
```

執行結果

$$2\pi$$

8-1-3 數學表達式內有鍵盤符號

如果數學表達式內有鍵盤上的英文字母或是數學符號,可以直接放在金錢符號 "$" 內即可。

程式實例 ch8_3.py:數學表達式的使用。

```
1  # ch8_3.py
2  import matplotlib.pyplot as plt
3
4  plt.title(r'${2}\pi > {5}x$')
5  plt.show()
```

執行結果

$$2\pi > 5x$$

8-2 上標和下標符號

8-2-1 建立上標符號

符號 "^" 可以建立上標。

程式實例 ch8_4.py:建立圓面積。

```
1  # ch8_4.py
2  import matplotlib.pyplot as plt
3
4  plt.title(r'$\pi r^{2}$')
5  plt.show()
```

執行結果

$$\pi r^2$$

註 上述程式第 4 列 pi 和 r 之間空一格,因為 pi 是特定意義的字,所以必須如此,如果空格多幾格,執行結果不會受到影響。

8-2-2 建立下標符號

符號 "_" 可以建立下標。

程式實例 ch8_5.py:建立水的分子式符號。

```
1  # ch8_5.py
2  import matplotlib.pyplot as plt
3
4  plt.title(r'$H_{2}O$')
5  plt.show()
```

執行結果

$$H_2O$$

8-3 分數 (Fractions) 符號

分數符號表達方式是 \frac{ }{ }，其中左邊 { } 是分子，右邊 { } 是分母。

程式實例 ch8_6.py：分數符號的表達方式。

```
1  # ch8_6.py
2  import matplotlib.pyplot as plt
3
4  plt.title(r'$\frac{7}{9}$', fontsize=20)
5  plt.show()
```

執行結果

$$\frac{7}{9}$$

程式實例 ch8_7.py：分數公式也可以嵌套。

```
1  # ch8_7.py
2  import matplotlib.pyplot as plt
3
4  plt.title(r'$\frac{7-\frac{3}{2x}}{9}$',fontsize=20)
5  plt.show()
```

執行結果

$$\frac{7-\frac{3}{2x}}{9}$$

8-4 二項式 (Binomials)

二項式可以使用 \binom{ }{ } 表示。

程式實例 ch8_8.py：二項式符號表示法。

```
1  # ch8_8.py
2  import matplotlib.pyplot as plt
3
4  plt.title(r'$\binom{7}{9}$',fontsize=20)
5  plt.show()
```

執行結果

$$\binom{7}{9}$$

8-5 堆積數 (Stacked numbers)

二項式可以使用 \genfrac{ }{ }{ }{ }{ } 表示。

程式實例 ch8_9.py：堆積數表示法。

```
1  # ch8_9.py
2  import matplotlib.pyplot as plt
3
4  plt.title(r'$\genfrac{}{}{0}{}{7}{9}$',fontsize=20)
5  plt.show()
```

執行結果

$$\frac{7}{9}$$

8-6 小括號

小括號也可以應用在數學符號內，可以參考下列實例。

程式實例 ch8_10.py：擴充設計 ch8_7.py，在嵌套分數公式內增加小括號。

```
1  # ch8_10.py
2  import matplotlib.pyplot as plt
3
4  plt.title(r'$(\frac{7-\frac{3}{2x}}{9})$',fontsize=20)
5  plt.show()
```

執行結果

$$(\frac{7-\frac{3}{2x}}{9})$$

上述的缺點是小括號沒有包含整個公式的。

8-7 建立包含整個公式小括號

如果想要改良 8-6 節的公式，需在左小括號符號左邊增加 \left，右小括號符號左邊增加 \right。

程式實例 ch8_11.py：改良 ch8_10.py 的小括號公式。

```
1  # ch8_11.py
2  import matplotlib.pyplot as plt
3
4  plt.title(r'$\left(\frac{7-\frac{3}{2x}}{9}\right)$',fontsize=20)
5  plt.show()
```

執行結果

$$\left(\frac{7-\frac{3}{2x}}{9}\right)$$

8-8 根號

　　開根號可以使用 \sqrt[ ]{ } 表示，[ ] 是開根號的次方，如果是開平方根則此 [ ] 符號可以省略，{ } 則是根號內容。

程式實例 ch8_12.py：建立平方根符號。

```
1  # ch8_12.py
2  import matplotlib.pyplot as plt
3
4  plt.title(r'$\sqrt{7}$',fontsize=20)
5  plt.show()
```

執行結果

$$\sqrt{7}$$

程式實例 ch8_13.py：開 3 次方根號。

```
1  # ch8_13.py
2  import matplotlib.pyplot as plt
3
4  plt.title(r'$\sqrt[3]{a}$',fontsize=20)
5  plt.show()
```

執行結果

$$\sqrt[3]{a}$$

8-9 加總符號

　　加總符號可以使用 \sum，無限大可以使用 \infty。

程式實例 ch8_14.py：加總符號的應用。

```
1  # ch8_14.py
2  import matplotlib.pyplot as plt
3
4  plt.title(r'$\sum_{i=0}^\infty x_i$',fontsize=20)
5  plt.tight_layout()
6  plt.show()
```

執行結果

$$\sum_{i=0}^{\infty} x_i$$

8-10 小寫希臘字母

下列是建立數學符號會需要的小寫希臘字母撰寫方式。

α \alpha	β \beta	χ \chi	δ \delta	ε \digamma	ε \epsilon
η \eta	γ \gamma	我 \iota	κ \kappa	λ \lambda	μ \mu
ν \nu	ω \omega	φ \phi	π \pi	ψ \psi	ρ \rho
σ \sigma	τ \tau	θ \theta	υ \upsilon	ε \varepsilon	ε \varkappa
φ \varphi	ϖ \varpi	ϱ \varrho	ε \varsigma	ϑ \vartheta	ξ \xi
ζ \zeta					

上述符號表取材自 matplotlib 官方網站

程式實例 ch8_15.py：與小寫希臘字母有關的數學公式。

```
1   # ch8_15.py
2   import matplotlib.pyplot as plt
3
4   plt.title(r'$\alpha^2 > \beta_i$',fontsize=20)
5   plt.show()
```

執行結果

$$\alpha^2 > \beta_i$$

8-11 大寫希臘字母

下列是建立數學符號會需要的大寫希臘字母撰寫方式。

Δ \Delta	Γ \Gamma	Λ \Lambda	Ω \Omega	Φ \Phi	Π \Pi	Ψ \Psi	Σ \Sigma
θ \Theta	Υ \Upsilon	Ξ \Xi	℧ \mho	∇ \nabla		

上述符號表取材自 matplotlib 官方網站

程式實例 ch8_16.py：輸出大寫希臘字母。

```
1  # ch8_16.py
2  import matplotlib.pyplot as plt
3
4  plt.title(r'$\Omega vs \Delta$',fontsize=20)
5  plt.show()
```

執行結果

$$\Omega vs \Delta$$

上述缺點是沒有空格。

8-12 增加空格

可以使用 \quad 增加一格字元空格，使用 \qquad 增加二格字元空格。

程式實例 ch8_17.py：增加空格的應用。

```
1  # ch8_17.py
2  import matplotlib.pyplot as plt
3
4  plt.title(r'$\Omega \quad vs \quad \Delta$',fontsize=20)
5  plt.show()
```

執行結果

$$\Omega \quad vs \quad \Delta$$

如果覺得上述空格太大，也可以使用 "\ /" 符號增加一點空格。

程式實例 ch8_18.py：增加一點空格。

```
1  # ch8_18.py
2  import matplotlib.pyplot as plt
3
4  plt.title(r'$\Omega \/vs\/ \Delta$',fontsize=20)
5  plt.show()
```

執行結果

$$\Omega vs \Delta$$

8-13 分隔符號

/ /	[[	⇓ \Downarrow	⇑ \Uparrow	‖ \Vert	\ \backslash
↓ \downarrow	⟨ \langle	⌈ \lceil	⌊ \lfloor	∟ \llcorner	⌐ \lrcorner
⟩ \rangle	⌉ \rceil	⌋ \rfloor	⌜ \ulcorner	↑ \uparrow	⌝ \urcorner
∣ \vert	{ \{	∣ |	} \}	]]	∣ ∣

上述符號表取材自 matplotlib 官方網站

8-14 大符號

∩ \bigcap	∪ \bigcup	⊙ \bigodot	⊕ \bigoplus	⊗ \bigotimes	⊎ \biguplus
∨ \bigvee	∧ \bigwedge	⊔ \coprod	∫ \int	∮ \oint	∏ \prod
∑ \sum					

上述符號表取材自 matplotlib 官方網站

8-15 標準函數名稱

Pr \Pr	arccos \arccos	arcsin \arcsin	arctan \arctan	arg \arg	cos \cos
cosh \cosh	cot \cot	coth \coth	csc \csc	deg \deg	det \det
dim \dim	exp \exp	gcd \gcd	hom \hom	inf \inf	ker \ker
lg \lg	lim \lim	liminf \liminf	limsup \limsup	ln \ln	log \log
max \max	min \min	sec \sec	sin \sin	sinh \sinh	sup \sup
tan \tan	tanh \tanh				

上述符號表取材自 matplotlib 官方網站

8-16 二元運算和關係符號

≎ \Bumpeq	⋒ \Cap	⋓ \Cup	≑ \Doteq
⋈ \Join	⋐ \Subset	⋑ \Supset	⊩ \Vdash
⊪ \Vvdash	≈ \approx	≊ \approxeq	∗ \ast
≍ \asymp	϶ \backepsilon	∽ \backsim	⋍ \backsimeq
⊼ \barwedge	∵ \because	≬ \between	○ \bigcirc
▽ \bigtriangledown	△ \bigtriangleup	◀ \blacktriangleleft	▶ \blacktriangleright
⊥ \bot	⋈ \bowtie	⊡ \boxdot	⊟ \boxminus
⊞ \boxplus	⊠ \boxtimes	∙ \bullet	≏ \bumpeq
∩ \cap	· \cdot	∘ \circ	≗ \circeq
≔ \coloneq	≅ \cong	∪ \cup	⋞ \curlyeqprec
⋟ \curlyeqsucc	⋎ \curlyvee	⋏ \curlywedge	† \dag
⊣ \dashv	‡ \ddag	⋄ \diamond	÷ \div
⍟ \divideontimes	≐ \doteq	≑ \doteqdot	∔ \dotplus
⩞ \doublebarwedge	≖ \eqcirc	≕ \eqcolon	≂ \eqsim
⪖ \eqslantgtr	⪕ \eqslantless	≡ \equiv	≒ \fallingdotseq
⌢ \frown	≥ \geq	≧ \geqq	⩾ \geqslant
≫ \gg	⋙ \ggg	⪊ \gnapprox	≩ \gneqq
⋧ \gnsim	⪆ \gtrapprox	⋗ \gtrdot	⋛ \gtreqless

⋛ \gtreqqless	⋛ \gtrless	≳ \gtrsim	∈ \in
T \intercal	λ \leftthreetimes	≤ \leq	≦ \leqq
⩽ \leqslant	⪅ \lessapprox	⋖ \lessdot	⋚ \lesseqgtr
⋚ \lesseqqgtr	≶ \lessgtr	≲ \lesssim	≪ \ll
⋘ \lll	⪅ \lnapprox	≨ \lneqq	⋦ \lnsim
⋉ \ltimes	∣ \mid	⊨ \models	∓ \mp
⊯ \nVDash	⊮ \nVdash	≉ \napprox	≇ \ncong
≠ \ne	≠ \neq	≠ \neq	≢ \nequiv
≱ \ngeq	≯ \ngtr	∋ \ni	≰ \nleq
≮ \nless	∤ \nmid	∉ \notin	∦ \nparallel
⊀ \nprec	≁ \nsim	⊄ \nsubset	⊈ \nsubseteq
⊁ \nsucc	⊅ \nsupset	⊉ \nsupseteq	⋪ \ntriangleleft
⋬ \ntrianglelefteq	⋫ \ntriangleright	⋭ \ntrianglerighteq	⊬ \nvDash
⊬ \nvdash	⊙ \odot	⊖ \ominus	⊕ \oplus
⊘ \oslash	⊗ \otimes	∥ \parallel	⊥ \perp
⋔ \pitchfork	± \pm	≺ \prec	⪷ \precapprox
≼ \preccurlyeq	⪯ \preceq	⪹ \precnapprox	⋨ \precnsim
≾ \precsim	∝ \propto	⋌ \rightthreetimes	≓ \risingdotseq

⋊ \rtimes	∼ \sim	≃ \simeq	╱ \slash
⌣ \smile	⊓ \sqcap	⊔ \sqcup	⊏ \sqsubset
⊏ \sqsubset	⊑ \sqsubseteq	⊐ \sqsupset	⊐ \sqsupset
⊒ \sqsupseteq	⋆ \star	⊂ \subset	⊆ \subseteq
⫅ \subseteqq	⊊ \subsetneq	⫋ \subsetneqq	≻ \succ
⪸ \succapprox	≽ \succcurlyeq	⪰ \succeq	⪺ \succnapprox
⪸ \succapprox	≽ \succcurlyeq	⪰ \succeq	⪺ \succnapprox
⋩ \succnsim	≿ \succsim	⊃ \supset	⊇ \supseteq
⫆ \supseteqq	⊋ \supsetneq	⫌ \supsetneqq	∴ \therefore
× \times	⊤ \top	◁ \triangleleft	⊴ \trianglelefteq
◮ \triangleq	▷ \triangleright	⊵ \trianglerighteq	⊎ \uplus
⊨ \vDash	∝ \varpropto	◀ \vartriangleleft	▶ \vartriangleright
⊢ \vdash	∨ \vee	⊻ \veebar	∧ \wedge
≀ \wr			

上述符號表取材自 matplotlib 官方網站

8-17　箭頭符號

⇓ \Downarrow	⇐ \Leftarrow	⇔ \Leftrightarrow	⇚ \Lleftarrow
⇐ \Longleftarrow	⟸ \Longleftrightarrow	⟹ \Longrightarrow	↰ \Lsh
⇗ \Nearrow	⇖ \Nwarrow	⇒ \Rightarrow	⇛ \Rrightarrow
↱ \Rsh	⇘ \Searrow	⇙ \Swarrow	⇑ \Uparrow
⇕ \Updownarrow	↺ \circlearrowleft	↻ \circlearrowright	↶ \curvearrowleft
↷ \curvearrowright	⇠ \dashleftarrow	⇢ \dashrightarrow	↓ \downarrow
⇊ \downdownarrows	⇃ \downharpoonleft	⇂ \downharpoonright	↩ \hookleftarrow
↪ \hookrightarrow	⤳ \leadsto	← \leftarrow	↤ \leftarrowtail
↽ \leftharpoondown	↼ \leftharpoonup	⇇ \leftleftarrows	↔ \leftrightarrow
⇆ \leftrightarrows	⇋ \leftrightharpoons	↭ \leftrightsquigarrow	↜ \leftsquigarrow
⟵ \longleftarrow	⟷ \longleftrightarrow	⟼ \longmapsto	⟶ \longrightarrow
↫ \looparrowleft	↬ \looparrowright	↦ \mapsto	⊸ \multimap
⇍ \nLeftarrow	⇎ \nLeftrightarrow	⇏ \nRightarrow	↗ \nearrow
↚ \nleftarrow	↮ \nleftrightarrow	↛ \nrightarrow	↖ \nwarrow
→ \rightarrow	↣ \rightarrowtail	⇁ \rightharpoondown	⇀ \rightharpoonup
⇄ \rightleftarrows	⇌ \rightleftarrows	⇌ \rightleftharpoons	⇌ \rightleftharpoons
⇉ \rightrightarrows	⇉ \rightrightarrows	↝ \rightsquigarrow	↘ \searrow
↙ \swarrow	→ \to	↞ \twoheadleftarrow	↠ \twoheadrightarrow
↑ \uparrow	↕ \updownarrow	↕ \updownarrow	↿ \upharpoonleft
↾ \upharpoonright	⇈ \upuparrows		

上述符號表取材自 matplotlib 官方網站

8-18 其他符號

$ \$	Å \AA	⅃ \Finv	⅁ \Game
ℑ \Im	¶ \P	ℜ \Re	§ \S
∠ \angle	` \backprime	★ \bigstar	■ \blacksquare
▲ \blacktriangle	▼ \blacktriangledown	⋯ \cdots	✓ \checkmark
® \circledR	Ⓢ \circledS	♣ \clubsuit	∁ \complement
© \copyright	⋱ \ddots	◆ \diamondsuit	ℓ \ell
∅ \emptyset	ð \eth	∃ \exists	♭ \flat
∀ \forall	ℏ \hbar	♡ \heartsuit	ℏ \hslash
∭ \iiint	∬ \iint	ı \imath	∞ \infty
ȷ \jmath	… \ldots	∡ \measuredangle	♮ \natural
¬ \neg	∄ \nexists	∰ \oiiint	∂ \partial
′ \prime	♯ \sharp	♠ \spadesuit	∢ \sphericalangle
ß \ss	▽ \triangledown	∅ \varnothing	△ \vartriangle
⋮ \vdots	℘ \wp	¥ \yen	

上述符號表取材自 matplotlib 官方網站

8-19 Unicode

如果發先特殊字元不在前幾節的範圍，但是知道此字元的 Unicode 碼，例如：Unicode 碼是 33ab，也可以使用下列方式處理此字元。

```
r'$\u33ab$'
```

8-20 口音字元

有些語系有口音字元，其指令格式如下：

\acute a 或者 \'a	á
\bar a	a
\breve a	ă
\dot a 或者 \.a	ȧ
\ddot a 或者 \"a	ä
\dddot a	ä

\ddddot a	ä
\grave a 或者 \`a	à
\hat a 或者 \^a	a
\tilde a 或者 \~a	ä
\vec a	a⃗
\overline{abc}	abc

此外有兩個中音字元。

\widehat{xyz}	$\widehat{xyz}$
\widetilde{xyz}	$\widetilde{xyz}$

上述符號表取材自 matplotlib 官方網站

8-21 字型

8-21-1 部分字型設定

下列是字體的所有選項。

\mathrm{Roman}	Roman
\mathit{Italic}	*Italic*
\mathtt{Typewriter}	Typewriter
\mathcal{CALLIGRAPHY}	CALLIGRAPHY

上述符號表取材自 matplotlib 官方網站

數學符號預設是斜體，在 matplotlib 模組可以用下列方式更改字型：

rcParams["mathtext.default"] = 'it'

例如：可以將數學符號改為 'regular' 字體，這是一般字體。

程式實例 ch8_19.py：數學符號預設是斜體。

```
1  # ch8_19.py
2  import matplotlib.pyplot as plt
3
4  plt.title(r'$y(t) = \mathcal{A}\mathrm{cos}(2\pi \omega t)$',fontsize=20)
5  plt.show()
```

執行結果 可以參考下方左圖。

$$y(t) = \mathcal{A}cos(2\pi\omega t) \quad y(t) = \mathcal{A}cos(2\pi\omega t)$$

程式實例 ch8_20.py：重新設計 ch8_19.py，將數學符號改為文書使用的正常字體 regular。

```
1  # ch8_20.py
2  import matplotlib.pyplot as plt
3
4  plt.rcParams["mathtext.default"] = 'regular'
5  plt.title(r'$y(t) = \mathcal{A}\mathrm{cos}(2\pi \omega t)$',fontsize=20)
6  plt.show()
```

執行結果 可以參考上方右圖。

上述 A 和 cos 之間如果可以有適度間距會更好，可以參考 ch8_18.py。

程式實例 ch8_21.py：重新設計 ch8_19.py，適度增加間距。

```
1  # ch8_21.py
2  import matplotlib.pyplot as plt
3
4  plt.title(r'$y(t) = \mathcal{A}\/\mathrm{cos}(2\pi \omega t)$',fontsize=20)
5  plt.show()
```

執行結果

$$y(t) = \mathcal{A} \, cos(2\pi\omega t)$$

8-21-2　整體字型設定

我們也可以使用 rcParams 的參數 mathtext.fontset 更改字型，方式如下：

plt.rcParam["mathtext.fonset"] = 字型名稱。

可以有下列字型可以設定。

❑ dejavusans

❑ dejavuserif

❑ cm

❑ stix

❑ stixsans

程式實例 ch8_22.py：使用 dejavusans 字型設定數學公式。

```
1  # ch8_22.py
2  import matplotlib.pyplot as plt
3
4  plt.rcParams["mathtext.fontset"] = "dejavusans"
5  plt.title(r'$y(t) = A\/\cos(2\pi \omega t)$',fontsize=20)
6  plt.show()
```

執行結果

$y(t) = A\cos(2\pi\omega t)$
ch8_22.py
dejavusans

$y(t) = A\cos(2\pi\omega t)$
ch8_22_1.py
dejavuserif

$y(t) = A\cos(2\pi\omega t)$
ch8_22_2.py
cm

$y(t) = A\cos(2\pi\omega t)$
ch8_22_3.py
stix

$y(t) = A\cos(2\pi\omega t)$
ch8_22_4.py
stixsans

上述分別是 ch8_22.py 使用 dejavusans 字型、ch8_22_1.py 使用 dejavuserif 字型、ch8_22_2.py 使用 cm 字型、ch8_22_3.py 使用 stix 字型、ch8_22_4.py 使用 stixsans 字型的執行結果，上述筆者只列出一個程式，讀者可以由本書程式實例看到其他程式。

8-22 建立含數學符號的刻度

如果要建立含數學符號的刻度，首先要使用 set_major_locator( ) 函數建立刻度，其語法如下：

　　set_major_locator(locator)

上述參數 locator 是刻度位置，可以使用 MutipleLocator( ) 函數設定，例如：下列可以設定刻度位置是 np.pi / 2。

　　set_major_locator(MutipleLocator(np.pi/2)

有了刻度後，可以使用 set_major_formatter( ) 函數設計刻度標籤，此函數語法如下：

```
set_major_formatter(formatter)
```

上述 formatter 是一個標記 x 軸的字串，這個字串可以使用 FuncFormatter( ) 取得，建立內部函數時該函數需有 2 個參數，分別是 x 和 pos，x 是數列，pos 是位置。

程式實例 ch8_23.py：建立 sin( ) 函數圖形，每隔 pi/2 建立一個刻度標記和刻度標籤。

```python
1   # ch8_23.py
2   import numpy as np
3   import matplotlib.pyplot as plt
4   from matplotlib.ticker import MultipleLocator, FuncFormatter
5
6   def piformat(x, pos):
7       ''' 刻度間距是 1/2 Pi '''
8       return r"$\frac{%d\pi}{%d}$" % (int(np.round(x/(np.pi/2))),2)
9
10  plt.rcParams["font.family"] = ["Microsoft JhengHei"]
11  plt.rcParams["axes.unicode_minus"] = False
12  x = np.linspace(0,2*np.pi,100)
13  y = np.sin(x)
14  fig = plt.figure()
15  ax = fig.add_subplot()
16  ax.plot(x,y,label="sin(x)",color="g",linewidth=3)
17  # 建立刻度間距 pi/2
18  ax.xaxis.set_major_locator(MultipleLocator(np.pi/2))
19  # 建立刻度標籤
20  ax.xaxis.set_major_formatter(FuncFormatter(piformat))
21  plt.title('Sin函數的刻度標籤是數學符號')
22  plt.grid()
23  plt.show()
```

執行結果

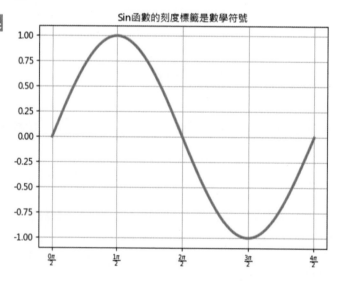

第九章
繪製散點圖

　　儘管我們可以使用 plot( ) 繪製散點圖，例如：可以參考 ch2_15_1.py，不過本節仍將介紹繪製散點圖常用的方法 scatter( ) 函數。

9-1 散點圖的語法

散點圖 scatter( ) 函數的語法如下：

```
plt.scatter(x,y, s=None, c=None, marker=None, cmap=None, norm=None,
vmin=None, vmax=None, alpha=None, linewidths=None, *, edgecolors=None,
plotnonfinite=False, data=None, **kwargs)
```

上述可以繪製散點圖，參數意義如下：

❑ x, y：x 和 y 是相同長度的陣列，陣列內容就是散點圖的位置。

❑ s：是繪圖點的大小，預設是 20。也可以用 rcParams["lines.markersize"] 設定。

❑ c：色彩或是顏色陣列，也可以用 rcParams["axes.prop_cycle"] 設定。

❑ marker：預設是 'o'，也可以用 rcParams["scatter.marker"] 設定，可以有下列選項。

marker	符號	說明	marker	符號	說明
"."	●	點	"d"	◆	薄鑽石形
","		像素	"|"	|	垂直線
"o"	●	圓	"-"	―	水平線
"v"	▼	向下三角形	0(TICKLELEFT)	―	左標記
"^"	▲	向上三角形	1(TICKLERIGHT)	―	右標記
"<"	◀	向左三角形	2(TICKLEUP)	|	上標記
">"	▶	向右三角形	3(TICKLEDOWN)	|	下標記
"1"	Y	三角頭向下	4(CARETLEFT)	◀	插入左符號
"2"	⅄	三角頭向上	5(CARETRIGHT)	▶	插入右符號
"3"	⤙	三角頭向左	6(CARETUP)	▲	插入上符號

marker	符號	說明	marker	符號	說明
"4"	≻	三角頭向右	7(CARETDOWN)	▼	插入下符號
"8"	●	八角形	8(CARETDOWNBASE)	◀	插入左符號 (在底線)
"s"	■	矩形	9(CARETRIGHTBASE)	▶	插入右符號 (在底線)
"p"	⬟	五角形	10(CARETUPBASE)	▲	插入上符號 (在底線)
"P"	✚	加法外型	11(CARETDOWNBASE)	▼	插入下符號在底線)
"*"	★	星形	"None"," " OR " "		無
"h"	⬣	六邊形 1	;$ ⋯ $'	𝑓	字串間放 f
"H"	⬡	六邊形 2	verts		
"+"	＋	加法	path		路徑物件
"x"	✕	x	(numsides, 0, angle)		可參考 9-6 節
"X"	✖	x(填滿)	(numsides, 1, angle)		可參考 9-6 節
"D"	◆	鑽石形	(numsides, 2, angle)		可參考 9-6 節

❏ cmap：colormap 色彩映射圖，也可以用 rcParams["image.cmap"] 預設是 "viridis"，筆者將在第 10 章做更完整的解說。

❏ norm：數據亮度 0 − 1。

❏ vmin, vmax：這是數據亮度，如果 norm 已經設定，此參數無效。

❏ alpha：透明度，值在 0 到 1 之間。

❏ linewidths：marker 的寬度，也可以用 rcParams["lines.linewidth"] 設定，預設是 1.5。

❏ edgecolors：邊界顏色，也可以用 rcParams["scatter.edgecolors"] 設定，可以有 {"face"、"none"、None} 或 color，預設是 face。如果是 face 則表示邊界顏色與內部顏色相同，如果是 none 表示沒有邊界，如果是 color 表示邊界顏色。

上述 **kwargs 是圖表其他特性，例如：增加 label 參數可以設定圖例等。

9-2 基礎散點圖的實例

9-2-1 繪製單一點

程式實例 ch9_1.py：在座標軸 (5,5) 繪製一個點。

```
1  # ch9_1.py
2  import matplotlib.pyplot as plt
3
4  plt.scatter(5, 5)
5  plt.show()
```

執行結果　可以參考下方左圖。

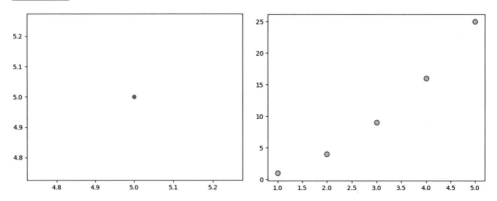

9-2-2 繪製系列點

程式實例 ch9_2.py：建立淺綠色點，含藍色外邊界顏色的系列點。

```
1  # ch9_2.py
2  import matplotlib.pyplot as plt
3
4  x = [x for x in range(1,6)]
5  y = [(y * y) for y in x]
6  plt.scatter(x,y,color='lightgreen',edgecolor='b',s=60)
7  plt.show()
```

執行結果　可以參考上方右圖。

9-2-3 系列點組成線條

　　如果繪製散點圖時，系列點之間很近，則會變成線條。

程式實例 ch9_3.py：繪製系列點，看起來有線條的感覺。

```
1  # ch9_3.py
2  import matplotlib.pyplot as plt
3  #import numpy as np
4
5  x = [x for x in range(101)]
6  y = [(y * y) for y in x]
7  plt.scatter(x ,y, c='g')
8  plt.show()
```

執行結果

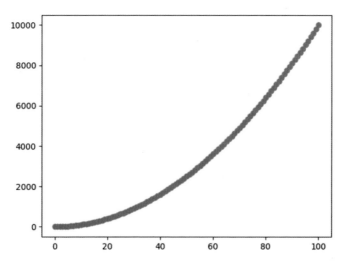

9-3 多組不同的資料集

9-3-1 sin 和 cos 函數資料集

程式實例 ch9_4.py：使用不同標記 (marker) 繪製 sin 和 cos 函數的散點圖。

```
1  # ch9_4.py
2  import matplotlib.pyplot as plt
3  import numpy as np
4
5  plt.rcParams["font.family"] = ["Microsoft JhengHei"]
6  plt.rcParams["axes.unicode_minus"] = False
7  x = np.linspace(0.0, 2*np.pi, 50)        # 建立 35 個點
8  y1 = np.sin(x)
9  plt.scatter(x, y1, c='b', marker='x')    # 繪製 sine wave
10 y2 = np.cos(x)
11 plt.scatter(x, y2, c='g', marker='X')    # 繪製 cos wave
12 plt.xlabel('角度')
13 plt.ylabel('正弦波值')
14 plt.title('Sin 和 Cos Wave', fontsize=16)
15 plt.show()
```

執行結果　可以參考下方左圖。

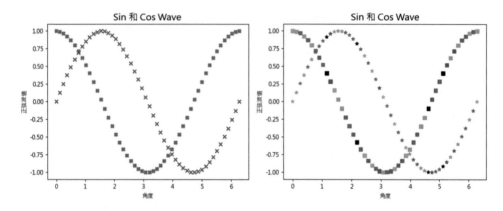

9-3-2　設定顏色串列

程式實例 ch9_5.py：參數 c 設定顏色串列，然後重新設計 ch9_4.py。

```
1  # ch9_5.py
2  import matplotlib.pyplot as plt
3  import numpy as np
4
5  plt.rcParams["font.family"] = ["Microsoft JhengHei"]
6  plt.rcParams["axes.unicode_minus"] = False
7  colorused = ['b','c','g','k','m','r','y']    # 定義顏色
8  x = np.linspace(0.0, 2*np.pi, 50)            # 建立 50 個點
9  y1 = np.sin(x)
10 colors = []
11 for i in range(50):                          # 隨機設定顏色
12     colors.append(np.random.choice(colorused))
13 plt.scatter(x, y1, c=colors, marker='*')     # 繪製 sine
14 y2 = np.cos(x)
15 plt.scatter(x, y2, c=colors, marker='s')     # 繪製 cos
16 plt.xlabel('角度')
17 plt.ylabel('正弦波值')
18 plt.title('Sin 和 Cos Wave', fontsize=16)
19 plt.show()
```

執行結果　可以參考上方右圖。

9-3-3　建立每一行不同顏色點

程式實例 ch9_6.py：建立每一行有 7 個不同顏色的星狀符號。

```
1   # ch9_6.py
2   import matplotlib.pyplot as plt
3   import numpy as np
4   import itertools as it
5
6   colorused = it.cycle(['b','c','g','k','m','r','y']) # 定義顏色
7   x = np.linspace(1, 10, 10)                          # 建立 x
8   y = np.random.random((7,10))                        # 建立 y
9   for yy in y:
10      plt.scatter(x, yy, c=next(colorused), marker='*')
11  plt.xticks(np.arange(0,11,step=1.0))
12  plt.show()
```

執行結果

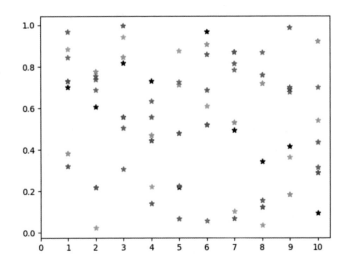

9-4 建立數列色彩

使用 scatter( ) 函數時，也可以用一個數列處理顏色參數 c(或 color)。

程式實例 ch9_7.py：隨機建立 30 個散點，使用預設的圓點，同時使用色彩參數 c。

```
1   # ch9_7.py
2   import matplotlib.pyplot as plt
3   import numpy as np
4
5   points = 30
6   x = np.random.randint(1,11,points)      # 建立 x
7   y = np.random.randint(1,11,points)      # 建立 y
8   colors = np.random.rand(points)         # 色彩數列
9   plt.scatter(x, y, c=colors)
10  plt.xticks(np.arange(0,11,step=1.0))
11  plt.yticks(np.arange(0,11,step=1.0))
12  plt.show()
```

執行結果 可以參考下方左圖。

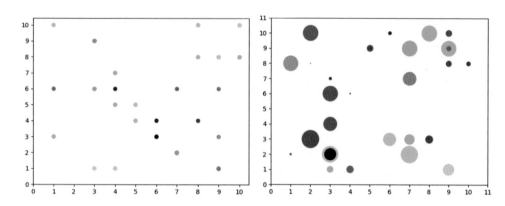

註 上述數列所產生的色彩是預設色彩。

9-5 建立大小不一的散點

建立散點時，也可以建立大小不一的散點。

程式實例 ch9_8.py：擴充 ch9_7.py，建立大小不一的散點。

```
1  # ch9_8.py
2  import matplotlib.pyplot as plt
3  import numpy as np
4
5  points = 30
6  x = np.random.randint(1,11,points)        # 建立 x
7  y = np.random.randint(1,11,points)        # 建立 y
8  colors = np.random.rand(points)           # 色彩數列
9  size = (30 * np.random.rand(points))**2   # 散點大小數列
10 plt.scatter(x, y, s=size, c=colors)
11 plt.xticks(np.arange(0,12,step=1.0))
12 plt.yticks(np.arange(0,12,step=1.0))
13 plt.show()
```

執行結果 可以參考上方右圖。

9-6　再談 marker 符號

在 marker 符號中可以使用下列符號。

(numsides, 0, angle)：多邊形。

(numsides, 1, angle)：星狀形。

(numsides, 2, angle)：鑽石形。

上述 numsides 代表使用的邊數量，0、1、2 分別代表各形狀，angle 是旋轉角度，如果不旋轉可以省略。

程式實例 ch9_9.py：建立多邊形、星狀形、鑽石形的散點，同時每個子圖有 10 個點，這些點有不同顏色。

```
1   # ch9_9.py
2   import matplotlib.pyplot as plt
3   import numpy as np
4
5   plt.rcParams["font.family"] = ["Microsoft JhengHei"]
6   np.random.seed(5)                                    # 固定隨機數
7   x = np.random.rand(10)
8   y = np.random.rand(10)
9   colors = np.array(['b','c','g','k','m','r','y','pink','purple','orange'])
10  # 建立 1 x 3 的子圖
11  fig, axs = plt.subplots(nrows=1, ncols=3, sharex=True, sharey=True)
12  # 建立多邊形標記
13  axs[0].scatter(x, y, s=75, c=colors, marker=(5, 0))
14  axs[0].set_title("多邊形marker=(5, 0)")
15  axs[0].axis('square')                                # 建立矩形子圖
16  # 建立星形標記
17  axs[1].scatter(x, y, s=75, c=colors, marker=(5, 1))
18  axs[1].set_title("星狀形marker=(5, 1)")
19  axs[1].axis('square')                                # 建立矩形子圖
20  # 建立鑽石標記
21  axs[2].scatter(x, y, s=75, c=colors, marker=(5, 2))
22  axs[2].set_title("鑽石形marker=(5, 2)")
23  axs[2].axis('square')                                # 建立矩形子圖
24  plt.tight_layout()
25  plt.show()
```

執行結果

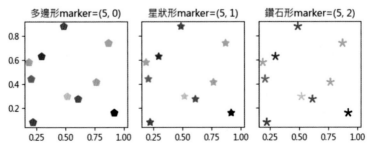

9-7 數學符號應用在散點圖

第 8 章筆者介紹了數學符號，我們也可以將這些數學符號應用在散點圖。

程式實例 ch9_10.py：將數學符號應用在散點圖。

```
1   # ch9_10.py
2   import matplotlib.pyplot as plt
3   import numpy as np
4
5   plt.rcParams["font.family"] = ["Microsoft JhengHei"]
6   np.random.seed(20)                                          # 固定隨機數
7   x = np.random.rand(10)
8   y = np.random.rand(10)
9   colors = np.array(['b','c','g','k','m','r','y','pink','purple','orange'])
10  # 建立 2 x 3 的子圖
11  fig, axs = plt.subplots(nrows=2, ncols=3, sharex=True, sharey=True)
12  # 建立 aplha 標記
13  axs[0,0].scatter(x, y, s=100, c=colors, marker=r'$\alpha$')
14  axs[0,0].set_title(r'${alpha=}\alpha$'+'標記',c='b')
15  axs[0,0].axis('square')                                     # 建立矩形子圖
16  # 建立 beta 標記
17  axs[0,1].scatter(x, y, s=100, c=colors, marker=r'$\beta$')
18  axs[0,1].set_title(r'${beta=}\beta$'+'標記',c='b')
19  axs[0,1].axis('square')                                     # 建立矩形子圖
20  # 建立 gamma 標記
21  axs[0,2].scatter(x, y, s=100, c=colors, marker=r'$\gamma$')
22  axs[0,2].set_title(r'${gamma=}\gamma$'+'標記',c='b')
23  axs[0,2].axis('square')                                     # 建立矩形子圖
24  # 建立 clubsuit 標記
25  axs[1,0].scatter(x, y, s=100, c=colors, marker=r'$\clubsuit$')
26  axs[1,0].set_title(r'${clubsuit=}\clubsuit$'+'標記',c='b')
27  axs[1,0].axis('square')                                     # 建立矩形子圖
28  # 建立 spadesuit 標記
29  axs[1,1].scatter(x, y, s=100, c=colors, marker=r'$\spadesuit$')
30  axs[1,1].set_title(r'${spadesuit=}\spadesuit$'+'標記',c='b')
31  axs[1,1].axis('square')                                     # 建立矩形子圖
32  # 建立 heartsuit 標記
33  axs[1,2].scatter(x, y, s=100, c=colors, marker=r'$\heartsuit$')
34  axs[1,2].set_title(r'${heartsuit=}\heartsuit$'+'標記',c='b')
35  axs[1,2].axis('square')                                     # 建立矩形子圖
36  plt.tight_layout()
37  plt.show()
```

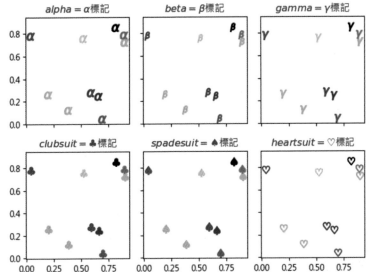

9-8 散點圖的圖例

在 scatter( ) 函數內增加 label 參數，與在 plot( ) 函數內增加 label 參數，意義相同，未來只要增加 legend( ) 函數就可以建立圖例。

程式實例 ch9_11.py：在散點圖內增加圖例的應用。

```
1  # ch9_11.py
2  import matplotlib.pyplot as plt
3  import numpy as np
4
5  points = 10
6  colors = np.array(['b','c','g','k','m','r','y','pink','purple','orange'])
7  x = np.random.randint(1,11,points)      # 建立 x
8  y1 = np.random.randint(1,11,points)     # 建立 y1
9  y2 = np.random.randint(1,11,points)     # 建立 y2
10 plt.scatter(x, y1, c=colors, label='Circle')
11 plt.scatter(x, y2, c=colors, marker='*', label='Star')
12 plt.xticks(np.arange(0,11,step=1.0))
13 plt.yticks(np.arange(0,11,step=1.0))
14 plt.legend()
15 plt.show()
```

執行結果

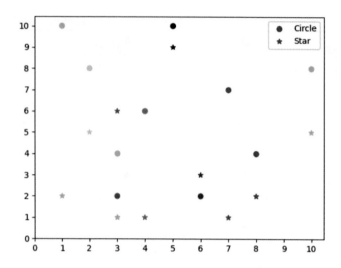

9-9 將遮罩觀念應用在散點圖

數據分類過程可以設定一個邊界線 (Boundary)，將數據分類，這時需使用 Numpy 的遮罩 (mask) 函數 np.ma.masked_where( )，如下：

np.ma.masked_where(condition, a)

上述 a 是陣列，conditon 是條件，然後回傳條件符合的遮罩陣列，也就是將符合條件的資料遮罩，下列將從簡單的遮罩實例說起。

程式實例 ch9_12.py：將符合 a > 3 條件的陣列元素資料遮罩。

```
1  # ch9_12.py
2  import numpy as np
3
4  a = np.array([2,3,4,5,6])
5  print(f'a = {a}')
6  b = np.ma.masked_where(a > 3, a)
7  print(f'b = {b}')
```

執行結果

```
==================== RESTART: D:/matplotlib/ch9/ch9_12.py ====================
a = [2 3 4 5 6]
b = [2 3 -- -- --]
```

上述因為大於 3 的元素被遮罩，所以最後回傳給 b 陣列的結果，大於 3 的元素以---顯示。

程式實例 ch9_13.py：使用隨機數建立 50 個散點，然後將 x 軸座標大於或等於 0.5 的座標點標上星號，小於 0.5 的座標點標上圓點，最後繪製一條垂直邊界線。

```
1  # ch9_13.py
2  import matplotlib.pyplot as plt
3  import numpy as np
4
5  np.random.seed(10)                          # 固定隨機數
6  N = 50                                      # 散點的數量
7  r = 0.5                                     # 邊界線boundary半徑
8  x = np.random.rand(N)                       # 隨機的 x 座標點
9  y = np.random.rand(N)                       # 隨機的 y 座標點
10 area = []
11 for i in range(N):                          # 建立散點區域陣列
12     area.append(30)
13 colorused = ['b','c','g','k','m','r','y']   # 定義顏色
14 colors = []
15 for i in range(N):                          # 隨機設定 N 個顏色
16     colors.append(np.random.choice(colorused))
17
18 area1 = np.ma.masked_where(x < r, area)     # 邊界線 0.5 內區域遮罩
19 area2 = np.ma.masked_where(x >= r, area)    # 邊界線 0.5 (含)外區域遮罩
20 # 大於或等於 0.5 繪製星形，小於 0.5 繪製圓形
21 plt.scatter(x, y, s=area1, marker='*', c=colors)
22 plt.scatter(x, y, s=area2, marker='o', c=colors)
23 # 繪製邊界線
24 plt.plot((0.5,0.5),(0,1.0))                 # 繪製邊界線
25 plt.xticks(np.arange(0,1.1,step=0.1))
26 plt.yticks(np.arange(0,1.1,step=0.1))
27 plt.show()
```

執行結果　可以參考下方左圖。

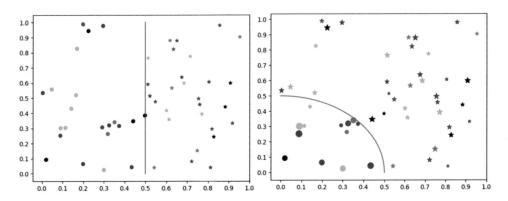

上述程式比較容易了解，下列將講解更複雜的實例。

程式實例 ch9_14.py：重新設計 ch9_13.py，將 x 和 y 軸座標點，距離 (0, 0) 座標點距離大於或等於大於或等於 0.5 的座標點標上星號，小於 0.5 的座標點標上圓點，最後繪製一條邊界線。這個程式另一個功能是將散點的大小設定為 20100 之間。

```python
1  # ch9_14.py
2  import matplotlib.pyplot as plt
3  import numpy as np
4
5  np.random.seed(10)                          # 固定隨機數
6  N = 50                                      # 散點的數量
7  r = 0.5                                     # 邊界線boundary半徑
8  x = np.random.rand(N)                       # 隨機的 x 座標點
9  y = np.random.rand(N)                       # 隨機的 y 座標點
10 area = np.random.randint(20,100,N)          # 散點大小
11 colorused = ['b','c','g','k','m','r','y']   # 定義顏色
12 colors = []
13 for i in range(N):                          # 隨機設定 N 個顏色
14     colors.append(np.random.choice(colorused))
15
16 r1 = np.sqrt(x ** 2 + y ** 2)              # 計算距離
17 area1 = np.ma.masked_where(r1 < r, area)   # 邊界線 0.5 內區域遮罩
18 area2 = np.ma.masked_where(r1 >= r, area)  # 邊界線 0.5 (含)外區域遮罩
19 # 大於或等於 0.5 繪製星形，小於 0.5 繪製圓形
20 plt.scatter(x, y, s=area1, marker='*', c=colors)
21 plt.scatter(x, y, s=area2, marker='o', c=colors)
22 # 計算 0.5Pi 之弧度，依據弧度產生的座標點繪製邊界線
23 radian = np.arange(0, np.pi / 2, 0.01)
24 plt.plot(r * np.cos(radian), r * np.sin(radian))    # 繪製邊界線
25 plt.xticks(np.arange(0,1.1,step=0.1))
26 plt.yticks(np.arange(0,1.1,step=0.1))
27 plt.show()
```

執行結果　可以參考上方右圖。

9-10 蒙地卡羅模擬

　　我們可以使用蒙地卡羅模擬計算 PI 值，首先繪製一個外接正方形的圓，圓的半徑是 1。

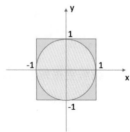

　　由上圖可以知道矩形面積是 4，圓面積是 PI。

如果我們現在要產生 1000000 個點落在方形內的點,可以由下列公式計算點落在圓內的機率:

圓面積 / 矩形面積 = PI / 4
落在圓內的點個數 (Hits) = 1000000 * PI / 4

如果落在圓內的點個數用 Hits 代替,則可以使用下列方式計算 PI。

PI = 4 * Hits / 1000000

程式實例 ch9_15.py:蒙地卡羅模擬隨機數計算 PI 值,這個程式會產生 100 萬個隨機點。

```python
1  # ch9_15.py
2  import numpy as np
3
4  trials = 1000000
5  Hits = 0
6  for i in range(trials):
7      x = np.random.random() * 2 - 1    # x軸座標
8      y = np.random.random() * 2 - 1    # y軸座標
9      if x * x + y * y <= 1:            # 判斷是否在圓內
10         Hits += 1
11 PI = 4 * Hits / trials
12 print("PI = ", PI)
```

執行結果

```
=================== RESTART: D:/matplotlib/ch9/ch9_15.py ===================
PI =  3.140136
```

程式實例 ch9_16.py:使用 matplotlib 模組將上一題擴充,如果點落在圓內繪黃色點,如果落在圓外繪綠色點,這題筆者直接使用 randint( ) 方法,產生隨機數,同時將所繪製的圖落在 x = 0 – 100,y = 0 – 100 之間。由於繪圖會需要比較多時間,所以這一題測試 2000 次。

```python
1  # ch9_16.py
2  import matplotlib.pyplot as plt
3  import numpy as np
4
5  trials = 2000
6  Hits = 0
7  radius = 50
8  for i in range(trials):
9      x = np.random.randint(1, 100)               # x軸座標
10     y = np.random.randint(1, 100)               # y軸座標
11     if np.sqrt((x-50)**2 + (y-50)**2) < radius: # 在圓內
12         plt.scatter(x, y, marker='.', c='y')
13         Hits += 1
14     else:
15         plt.scatter(x, y, marker='.', c='g')
16 plt.axis('equal')
17 plt.show()
```

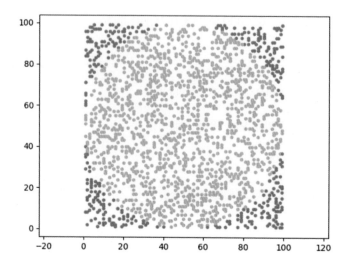

第十章
色彩映射圖 Colormaps

在前面章節我們繪製的散點圖，雖然可以產生彩色效果，不過為了要產生彩色必需要陣列大小建立色彩陣列比較麻煩，同時色彩的變化有限，這一章將講解 matplotlib 模組內建的色彩映射圖 (Colormaps)，讀者可以直接套用產生完美的色彩效果。

10-1 色彩映射圖工作原理

在色彩的使用中是允許陣列 (或串列) 色彩隨著數據而做變化，此時色彩的變化是根據所設定的色彩映射圖 (Colormaps) 而定，例如有一個色彩映射值圖是 rainbow 內容如下：

在陣列 (或串列) 中，數值低的值顏色在左邊，會隨者數值變高顏色往右邊移動。當然在程式設計中，我們需在 scatter( ) 中增加 color 設定參數是 c，這時 color 的值就變成一個陣列 (或串列)。然後我們需增加參數 cmap(英文是 color map)，這個參數主要是指定使用那一種色彩映射圖。

程式實例 ch10_1.py：讓 x 座標的值使用 rainbow 色彩映射圖的應用。

```
1  # ch10_1.py
2  import matplotlib.pyplot as plt
3  import numpy as np
4
5  x = np.arange(100)
6  y = x
7  t = x                    # 色彩隨 y 軸值變化
8  plt.scatter(x, y, c=t, cmap='rainbow')
9  plt.show()
```

執行結果

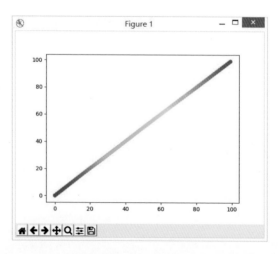

　　有時候我們在程式設計時，色彩映射圖也可以設定是根據 x 軸的值做變化，或是 y 軸的值做變化，整個效果是不一樣的。

程式實例 ch10_2.py：使用色彩映射圖 rainbow 重新設計 ch9_5.py，色彩映射圖根據 x 軸做變化。

```
1   # ch10_2.py
2   import matplotlib.pyplot as plt
3   import numpy as np
4
5   plt.rcParams["font.family"] = ["Microsoft JhengHei"]
6   plt.rcParams["axes.unicode_minus"] = False
7   x = np.linspace(0.0, 2*np.pi, 50)                 # 建立 50 個點
8   y1 = np.sin(x)
9   plt.scatter(x,y1,c=x,cmap='rainbow',marker='*') # 繪製 sin
10  y2 = np.cos(x)
11  plt.scatter(x,y2,c=x,cmap='rainbow',marker='s') # 繪製 cos
12  plt.xlabel('角度')
13  plt.ylabel('正弦波值')
14  plt.title('Sin 和 Cos Wave', fontsize=16)
15  plt.show()
```

執行結果　可以參考下方左圖。

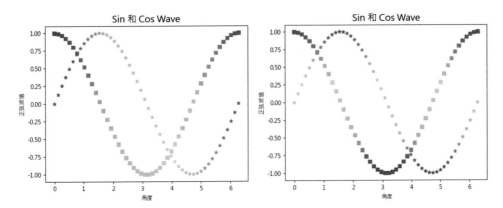

程式實例 ch10_3.py：使用色彩映設圖根據 y 軸做變化重新設計 ch10_2.py。

```
1   # ch10_3.py
2   import matplotlib.pyplot as plt
3   import numpy as np
4
5   plt.rcParams["font.family"] = ["Microsoft JhengHei"]
6   plt.rcParams["axes.unicode_minus"] = False
7   x = np.linspace(0.0, 2*np.pi, 50)                 # 建立 50 個點
8   y1 = np.sin(x)
9   plt.scatter(x,y1,c=y1,cmap='rainbow',marker='*')    # 繪製 sin
10  y2 = np.cos(x)
```

```
11  plt.scatter(x,y2,c=y2,cmap='rainbow',marker='s')     # 繪製 cos
12  plt.xlabel('角度')
13  plt.ylabel('正弦波值')
14  plt.title('Sin 和 Cos Wave', fontsize=16)
15  plt.show()
```

執行結果　可以參考上方右圖。

10-2 不同寬度線條與 hsv 色彩映射

有一個色彩映射圖 hsv 內容如下：

程式實例 ch10_4.py：建立不同寬度線條與 hsv 色彩映射，色彩將隨著 x 軸做變化。

```
1  # ch10_4.py
2  import matplotlib.pyplot as plt
3  import numpy as np
4
5  xpt = np.linspace(0, 5, 500)                      # 建立含500個元素的陣列
6  ypt = 1 - 0.5*np.abs(xpt-2)                       # y陣列的變化
7  lwidths = (1+xpt)**2                              # 寬度陣列
8  plt.scatter(xpt,ypt,s=lwidths,c=xpt,cmap='hsv')   # hsv色彩映射圖
9  plt.show()
```

執行結果　可以參考下方左圖。

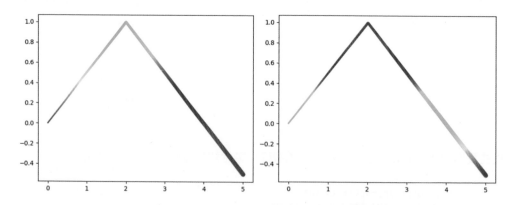

程式實例 ch10_5.py：重新設計 ch10_4.py，讓色彩隨著 y 軸值做變化。

```
1  # ch10_5.py
2  import matplotlib.pyplot as plt
3  import numpy as np
4
5  xpt = np.linspace(0, 5, 500)                      # 建立含500個元素的陣列
6  ypt = 1 - 0.5*np.abs(xpt-2)                       # y陣列的變化
```

```
7   lwidths = (1+xpt)**2                           # 寬度陣列
8   plt.scatter(xpt,ypt,s=lwidths,c=ypt,cmap='hsv') # hsv色彩映射圖
9   plt.show()
```

執行結果　可以參考上方右圖。

10-3　matplotlib 色彩映射圖

目前 matplotlib 協會所提供的色彩映射內容如下：

❏ 序列色彩映射圖 Sequential colormaps

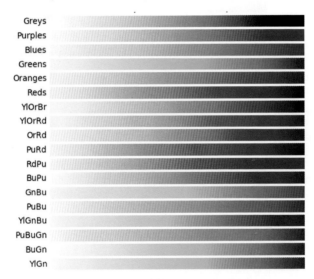

❏ 序列 2 色彩映射圖 Sequential (2) colormaps

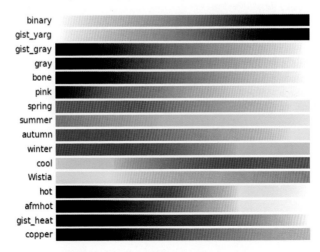

❑ 直覺一致的色彩映射圖 Perceptually Uniform Sequential colormaps

❑ 發散式的色彩映射圖 Diverging colormaps

❑ 循環色彩映射圖 Cyclic colormaps

❑ 定性色彩映射圖 Qualitative colormaps

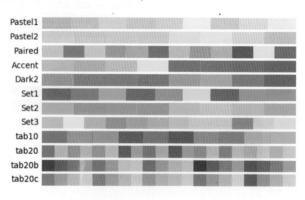

❏ 雜項色彩映射圖 Miscellaneous colormaps

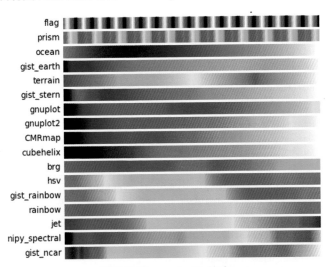

資料來源 matplotlib 協會

http://matplotlib.org/examples/color/colormaps_reference.html

程式實例 ch10_6.py：列出上述色彩映射圖的內容。

```
1   # ch10_6.py
2   import matplotlib.pyplot as plt
3   import numpy as np
4
5   def plot_color_gradients(cmap_list, cmap_name):
6       # 建立圖表，調整圖表高度
7       nrows = len(cmap_name)
8       width = 6.5                          # 定義圖表寬度
9       height = (nrows + 1) * 0.28          # 定義圖表高度
10      fig, axs = plt.subplots(nrows=nrows,figsize=(width, height))
11      fig.subplots_adjust(left=0.2, right=0.95, top=0.75, bottom=0.1)
12      axs[0].set_title(cmap_list + ' colormaps', fontsize=14)
13      # 繪製彩色映射圖和此圖的名稱
14      for ax, cmap_name in zip(axs, cmap_name):
15          ax.imshow(colorbar, aspect='auto', cmap=cmap_name)
16          # 更改坐標軸為 ax, 文字因為是靠右對齊, 所以文字從 -0.02開始
17          # 同時文字垂直置中對齊
18          ax.text(-0.02, 0.5, cmap_name, va='center', ha='right',
19                  fontsize=10, transform=ax.transAxes)
20      # 關閉軸標記
21      for ax in axs:
22          ax.set_axis_off()
23  # 主程式開始
24  cmaps = [
25          ('Sequential', [
26              'Greys', 'Purples', 'Blues', 'Greens', 'Oranges', 'Reds',
27              'YlOrBr', 'YlOrRd', 'OrRd', 'PuRd', 'RdPu', 'BuPu',
28              'GnBu', 'PuBu', 'YlGnBu', 'PuBuGn', 'BuGn', 'YlGn']),
```

```
29          ('Sequential (2)', [
30            'binary', 'gist_yarg', 'gist_gray', 'gray', 'bone', 'pink',
31            'spring', 'summer', 'autumn', 'winter', 'cool', 'Wistia',
32            'hot', 'afmhot', 'gist_heat', 'copper']),
33          ('Perceptually Uniform Sequential', [
34            'viridis', 'plasma', 'inferno', 'magma', 'cividis']),
35          ('Diverging', [
36            'PiYG', 'PRGn', 'BrBG', 'PuOr', 'RdGy', 'RdBu',
37            'RdYlBu', 'RdYlGn', 'Spectral', 'coolwarm', 'bwr', 'seismic']),
38          ('Cyclic', ['twilight', 'twilight_shifted', 'hsv']),
39          ('Qualitative', [
40            'Pastel1', 'Pastel2', 'Paired', 'Accent',
41            'Dark2', 'Set1', 'Set2', 'Set3',
42            'tab10', 'tab20', 'tab20b', 'tab20c']),
43          ('Miscellaneous', [
44            'flag', 'prism', 'ocean', 'gist_earth', 'terrain', 'gist_stern',
45            'gnuplot', 'gnuplot2', 'CMRmap', 'cubehelix', 'brg',
46            'gist_rainbow', 'rainbow', 'jet', 'turbo', 'nipy_spectral',
47            'gist_ncar'])]
48  colorbar = np.linspace(0, 1, 256)            # 建立0 - 1之間有256元素陣列
49  colorbar = np.vstack((colorbar, colorbar))   # 擴充陣列為矩陣
50  # cmap_list是色彩分類名稱，cmap_name是類別內的名稱
51  for cmap_list, cmap_name in cmaps:
52      plot_color_gradients(cmap_list, cmap_name)
53  plt.show()
```

執行結果　下列筆者只列出 2 個色彩映射圖，真實的程式可以列出 7 個色彩映射圖。

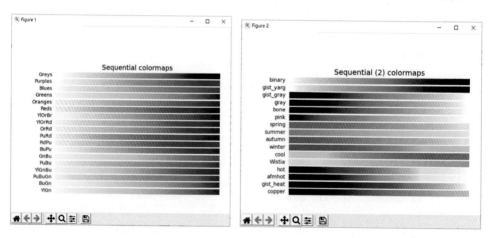

　　上述使用了一個未使用過的函數 subplots_adjust( )，這個函數可以調整子圖邊界、填充寬度和高度，它的語法如下：

　　　　plt.subplots_adjust(left, bottom, right, top, wspace, hspace)

　　上述函數也可以使用 rcParams["figure.subplot.[name]"] 調整，上述參數意義如下：

❑ left：子圖左邊界位置，使用單位是百分比。

❑ right：子圖右邊界位置，使用單位是百分比。

❑ bottom：子圖下邊界位置，使用單位是百分比。

❑ top：子圖上邊界位置，使用單位是百分比。

❑ wspace：子圖之間的填充寬度，使用單位是平均軸的百分比。

❑ hspace：子圖之間的填充高度，使用單位是平均軸的百分比。

在 matplotlib.pyplot 模組中關閉座標軸標記可以使用下列函數，可以參考 ch2_23. py。

```
plt.axis('off')
```

上述第 22 和 23 列，因為是使用 ax 子圖物件，這時可以呼叫 set_axis_off( ) 執行關閉座標軸標記。

10-4　隨機數的應用

隨機數在統計的應用中是非常重要的知識，這一節筆者試著用隨機數方法，了解 Python 的隨機數分佈這一節將介紹下列隨機方法：

```
np.random.random(size)                          # 傳回 size 個 0.0 至 1.0 之間的數字
```

另一個常用的高斯隨機數函數如下：

```
np.random.normal(loc, scale, size)
```

上述 loc 是高斯隨機數的平均值，scale 是標準差，size 是隨機數的個數。

10-4-1　一個簡單的應用

程式實例 ch10_7.py：產生 100 個 0.0 至 1.0 之間的隨機數，第 10 行的 cmap='brg' 意義是使用 brg 色彩映射圖繪出這個圖表，基本觀念色彩會隨 x 軸變化。當關閉圖表時，會詢問是否繼續，如果輸入 n/N 則結束。其實因為數據是隨機數，所以每次皆可產生不同的效果。

```
1   # ch10_7.py
2   import matplotlib.pyplot as plt
3   import numpy as np
4
5   num = 100
6   while True:
7       x = np.random.random(100)              # 可以產生num個0.0至1.0之間的數字
8       y = np.random.random(100)
9       t = x                                   # 色彩隨x軸變化
10      plt.scatter(x, y, s=100, c=t, cmap='brg')
11      plt.show()
12      yORn = input("是否繼續 ?(y/n) ")          # 詢問是否繼續
13      if yORn == 'n' or yORn == 'N':          # 輸入n或N則程式結束
14          break
```

執行結果

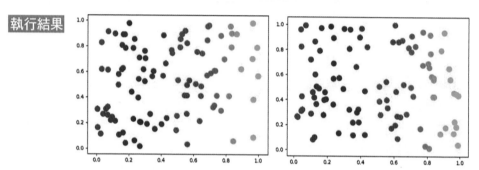

10-4-2　隨機數的移動

　　其實我們也可以針對隨機數的特性，讓每個點隨著隨機數的變化產生有序列的隨機移動，經過大量值的運算後，每次均可產生不同但有趣的圖形。

程式實例 ch20_31.py：隨機數移動的程式設計，這個程式在設計時，最初點的起始位置是 (0,0)，程式第 7 列可以設定下一個點的 x 軸是往右移動 3 或是往左移動 3，程式第 9 列可以設定下一個點的 y 軸是往上移動 1 或 5 或是往下移動 1 或 5。每此執行完10000 點的測試後，會詢問是否繼續。如果繼續先將上一回合的終點座標當作新回合的起點座標 (28 至 29 列)，然後清除串列索引 x[0] 和 y[0] 以外的元素 (30 至 31 列)。

```
1   # ch10_8.py
2   import matplotlib.pyplot as plt
3   import numpy as np
4
5   def loc(index):
6       ''' 處理座標的移動 '''
7       x_mov = np.random.choice([-3, 3])        # 隨機x軸移動值
8       xloc = x[index-1] + x_mov                # 計算x軸新位置
9       y_mov = np.random.choice([-5, -1, 1, 5]) # 隨機y軸移動值
10      yloc = y[index-1] + y_mov                # 計算y軸新位置
11      x.append(xloc)                           # x軸新位置加入串列
```

```
12      y.append(yloc)                              # y軸新位置加入串列
13
14  num = 10000                                     # 設定隨機點的數量
15  x = [0]                                         # 設定第一次執行x座標
16  y = [0]                                         # 設定第一次執行y座標
17  while True:
18      for i in range(1, num):                     # 建立點的座標
19          loc(i)
20      t = x                                       # 色彩隨x軸變化
21      plt.scatter(x, y, s=2, c=t, cmap='brg')
22      plt.axis('off')                             # 隱藏座標
23      plt.show()
24      yORn = input("是否繼續 ?(y/n) ")             # 詢問是否繼續
25      if yORn == 'n' or yORn == 'N':              # 輸入n或N則程式結束
26          break
27      else:
28          x[0] = x[num-1]                         # 上次結束x座標成新的起點x座標
29          y[0] = y[num-1]                         # 上次結束y座標成新的起點y座標
30          del x[1:]                               # 刪除舊串列x座標元素
31          del y[1:]                               # 刪除舊串列y座標元素
```

執行結果

10-4-3　數值對應色彩映射圖

函數 Normalize 是將數值資料標準化 (或稱歸一化) 到色彩映射圖的 [0, 1] 之間。

　　plt.Normalize(vmin, vmax, clip)

上述各參數意義如下：

❏ vmin, vmax：相對應於色彩映射的最小值與最大值。

❏ clip：預設是 False，如果超出 vmin 和 vmax 的值會被遮罩。如果設為 True，則映射為 0 或 1。

程式實例 ch10_9.py：建立高斯的隨機數，均值是 0，標準差是 1，然後使用下列標準化隨機數值。

```
vmin =-3
vmax = 3
```

最後繪製綠色的隨機數點，點的大小是 60。

```
1   # ch10_9.py
2   import matplotlib.pyplot as plt
3   import numpy as np
4
5   N = 1000                        # 數據數量
6   np.random.seed(10)              # 設定隨機數種子值
7   x = np.random.normal(0, 1, N)   # 均值是 0, 標準差是 1
8   y = np.random.normal(0, 1, N)   # 均值是 0, 標準差是 1
9   color = x + y                   # 設定顏色串列是 x + y 數列結果
10  norm = plt.Normalize(vmin=-3, vmax=3)
11  plt.scatter(x,y,s=60,c=color,cmap='Greens',norm=norm)
12  plt.xlim(-3, 3)
13  plt.xticks(())                  # 不顯示 x 刻度
14  plt.ylim(-3, 3)
15  plt.yticks(())                  # 不顯示 y 刻度
16  plt.show()
```

執行結果　可以參考下方左圖。

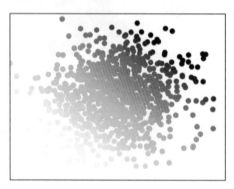 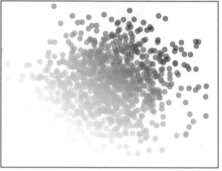

上述程式第 6 列筆者使用 np.random.seed(10) 指令，這是設定隨機數的種子，未來可以產生一樣的隨機數。也就是，如果沒有使用這個隨機數種子，則每一次的隨機數皆會不一樣。

程式實例 ch10_10.py：重新設計 ch10_9.py，將上述散點的透明度改為 0.5。

```
11  plt.scatter(x,y,s=60,alpha=0.5,c=color,cmap='Greens',norm=norm)
```

執行結果 可以參考上方右圖。

程式實例 ch10_11.py：重新設計 ch10_10.py，將色彩映射圖改為 jet。

```
11  plt.scatter(x,y,s=60,alpha=0.5,c=color,cmap='jet',norm=norm)
```

執行結果

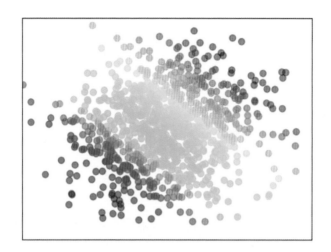

10-5 散點圖在極座標的應用

程式實例 ch10_12.py：散點圖在極座標的應用，這個程式會繪製 100 個不同半徑、不同角度、不同顏色與不同大小的散點圖。

```
1  # ch10_12.py
2  import numpy as np
3  import matplotlib.pyplot as plt
4
5  fig = plt.figure()
6  np.random.seed(10)                      # 設定種子值
7  N = 100
8  r = 2 * np.random.rand(N)
9  theta = 2 * np.pi * np.random.rand(N)
10 area = 150 * r**2
11 colors = theta
12 plt.subplot(projection='polar')
13 plt.scatter(theta,r,c=colors,s=area,cmap='rainbow',alpha=0.8)
14 plt.show()
```

執行結果

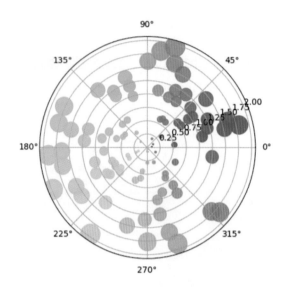

10-6 折線圖函數 plot( ) 調用 cmap 色彩

　　折線圖函數 plot( ) 只有 color 參數可以設定色彩，但是可以適度使用 cmap 的色彩，每一個 cmap 皆有一個名稱，可以使用 plt.cm 調用此色彩，如下所示：

　　　　plt.cm.rainbow(數值)

　　　　plt.cm.hsv(數值)

　　　　…

　　上述數值必須是 0.0 – 1.0 之間，相當於該色彩映射的最低直到最高值之間，有了這個觀念，我們可以調用不同色彩。

程式實例 ch10_13.py：折線圖調用 rainbow 色彩映射圖，其中不同的線段使用不同的色彩。

```
1  # ch10_13.py
2  import matplotlib.pyplot as plt
3  import numpy as np
4
5  fig, axs = plt.subplots(nrows=2, ncols=2)
6  x =np.linspace(0, 2*np.pi, 200)
7  N = 20
```

```
 8  for i in range(N):
 9      axs[0,0].plot(x,i*np.sin(x),color=plt.cm.hsv(i/N))
10      axs[0,1].plot(x,i*np.sin(x),color=plt.cm.rainbow(i/N))
11      axs[1,0].plot(x,i*np.sin(x),color=plt.cm.cool(i/N))
12      axs[1,1].plot(x,i*np.sin(x),color=plt.cm.hot(i/N))
13  axs[0,0].set_title('hsv')
14  axs[0,1].set_title('rainbow')
15  axs[1,0].set_title('cool')
16  axs[1,1].set_title('hot')
17  plt.tight_layout()
18  plt.show()
```

執行結果

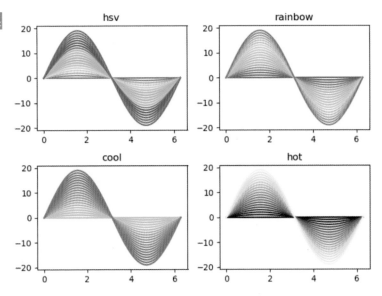

第十一章
色彩條 Colorbars

當使用色彩映射圖時，若是增加色彩條 (Colorbars) 可以為圖表增加更直覺的辨識功能。

11-1 colorbar( ) 函數語法

色彩條函數 colorbar( ) 的語法如下：

plt.colorbar(mappable=None, cax=None, ax=None, **kwargs)

上述主要參數功能與意義如下：

❑ mappable：影像圖，預設是現在的影像圖。

❑ cax：可選參數，可將子圖應用到色彩條物件，11-5 節會有實例解說。

❑ ax：可選參數，可以設定多個軸，如果設定 cax 這個參數將無效。

❑ orientation：方向，可以是 'vertical' 或 'horizontal'，預設是 vertical。

❑ extend：可以是 {'neither','both','min','max'}，預設是 neither，如果設定 both，邊界外之數值所映射的顏色將不同於第一種和最後一種顏色，預設此區域將使用三角形表示。如果是使用 min 則是左邊界外會有三角形，如果使用 max 則是右邊界外有三角形。

上述函數回傳物件是 colorbar 物件，其實最簡單的應用就是使用預設值即可。

程式實例 ch11_1.py：擴充設計 ch10_11.py，增加色彩條。

```
1   # ch11_1.py
2   import matplotlib.pyplot as plt
3   import numpy as np
4
5   N = 1000                              # 數據數量
6   np.random.seed(10)                    # 設定隨機數種子值
7   x = np.random.normal(0, 1, N)         # 均值是 0, 標準差是 1
8   y = np.random.normal(0, 1, N)         # 均值是 0, 標準差是 1
9   color = x + y                         # 設定顏色串列是 x + y 數列結果
10  norm = plt.Normalize(vmin=-3, vmax=3)
11  plt.scatter(x,y,s=60,alpha=0.5,c=color,cmap='jet',norm=norm)
12  plt.xlim(-3, 3)
13  plt.xticks(())                        # 不顯示 x 刻度
14  plt.ylim(-3, 3)
15  plt.yticks(())                        # 不顯示 y 刻度
16  plt.colorbar()                        # 建立色彩條
17  plt.show()
```

執行結果

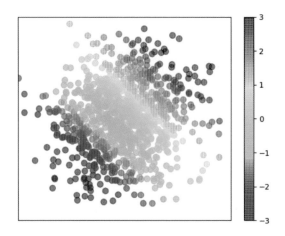

11-2 色彩條的配置

色彩條預設的方向是垂直方向，所以使用 scatter( ) 函數繪製散點圖時，參數 c 最好是設為 c = y，相當於色彩條配合垂直色彩。

程式實例 ch11_2.py：繪製散點圖，但是設定參數 c = x。

```
1  # ch11_2.py
2  import matplotlib.pyplot as plt
3  import numpy as np
4
5  N= 5000
6  x = np.random.rand(N)
7  y = np.random.rand(N)
8  plt.scatter(x, y, c=x)
9  plt.colorbar()                    # 建立色彩條
10 plt.show()
```

執行結果 可以參考下方左圖。

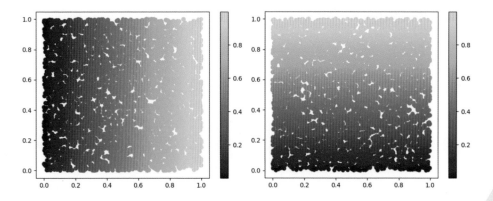

註　上述色彩是系統預設數列色彩。

程式實例 ch11_3.py：修訂 ch11_2.py，設定參數 c = y。

```
1   # ch11_3.py
2   import matplotlib.pyplot as plt
3   import numpy as np
4
5   N= 5000
6   x = np.random.rand(N)
7   y = np.random.rand(N)
8   plt.scatter(x, y, c=y)
9   plt.colorbar()                    # 建立色彩條
10  plt.show()
```

執行結果　可以參考上方右圖。

　　從執行結果可以看到色彩調的顏色方向與圖的顏色方向相同，整個色彩調顯示的更有意義。

11-3　建立水平色彩條

　　當了解了色彩條的意義後，如果色彩是依據 x 軸變化時，可以使用水平色彩條取代預設的垂直色彩條。在 colorbar( ) 函數內設定 orientation='horizontal'，可以建立水平色彩條，可以參考程式第 9 列。

程式實例 ch11_4.py：使用水平色彩條重新設計 ch11_2.py。

```
1   # ch11_4.py
2   import matplotlib.pyplot as plt
3   import numpy as np
4
5   N= 5000
6   x = np.random.rand(N)
7   y = np.random.rand(N)
8   plt.scatter(x, y, c=x)
9   plt.colorbar(orientation='horizontal')   # 建立橫向色彩條
10  plt.show()
```

執行結果

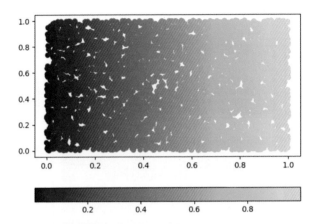

　　從上圖可以得到色彩條與原圖的色彩方向相同，註：許多視覺化設計即使色彩是依照 x 軸變化，依舊使用垂直色彩條設計。

11-4　建立含子圖的色彩條

　　從前面幾節可以看到沒有子圖的色彩條非常簡單，一個 plt.colorbar( ) 指令就可以了，預設是建立垂直色彩條，如果增加 orientation='horizontal' 參數，可以建立水平的色彩條，這一節將講解含有子圖的色彩條。

11-4-1　建立含有兩個子圖的色彩條

　　如果要建立含子圖的色彩條，必須建立子圖物件，這樣才可以指出色彩條的應用到哪一個子圖，11-1 節 colorbar( ) 函數的參數 mappable 就是用於設定子圖物件。

程式實例 ch11_5.py：分別為 2 個子圖物件建立色彩條。

```
1   # ch11_5.py
2   import matplotlib.pyplot as plt
3   import numpy as np
4
5   N= 5000
6   x = np.random.rand(N)
7   y = np.random.rand(N)
8   fig, ax = plt.subplots(2,1)
9   # 建立子圖 0 的散點圖和色彩條
10  ax0 = ax[0].scatter(x, y, c=y, cmap='brg')
11  fig.colorbar(ax0, ax=ax[0])
12  # 建立子圖 1 的散點圖和色彩條
13  ax1 = ax[1].scatter(x, y, c=y, cmap='hsv')
14  fig.colorbar(ax1, ax=ax[1])
15  plt.show()
```

執行結果

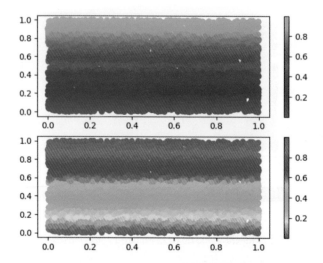

11-4-2　一個色彩條應用到多個子圖

使用 colorbar( ) 函數時可以用 ax 設定散點圖物件的軸，如果要設定多個軸共用一個色調，可以將多個軸打包成串列 (list) 或元組 (tuple)。例如：若是要使用 ax[0] 和 ax[1] 共用色彩條，方法如下：

```
ax = (ax[0], ax[1])
```

程式實例 ch11_6.py：建立 3 個子圖，然後子圖 0 和 1 共用色彩條。

```
1   # ch11_6.py
2   import matplotlib.pyplot as plt
3   import numpy as np
4
5   N= 5000
6   x = np.random.rand(N)
7   y = np.random.rand(N)
8   fig, ax = plt.subplots(3,1)
9   # 建立子圖 0 和 1 的散點圖和色彩條
10  ax0 = ax[0].scatter(x, y, c=x, cmap='GnBu')
11  ax1 = ax[1].scatter(x, y, c=x, cmap='GnBu')
12  fig.colorbar(ax0, ax=(ax[0],ax[1]))      # 共用色彩條
13  # 建立子圖 2 的散點圖和色彩條
14  ax2 = ax[2].scatter(x, y, c=y, cmap='hsv')
15  fig.colorbar(ax2, ax=ax[2])
16  plt.show()
```

執行結果

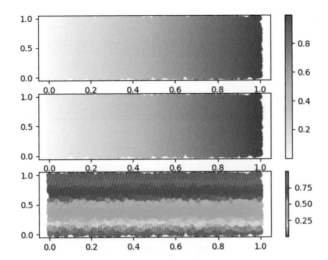

11-5 自定義色彩條 colorbar

11-5-1 使用內建色彩映射圖 colormaps 自定義 colorbar

前面幾節建立色彩條 (colorbar) 時，都有一個圖表物件當作色彩條 (colorbar) 映射的規範，其實建立色彩條時，也可以沒有圖表物件，這時需使用 ScalarMappable( ) 函數定義物件，此函數用法如下：

matplotlib.cm.ScalarMappable(norm=None, cmap=None)

上述參數意義如下：

❑ norm：色彩數值標準化，也就是在 [0, 1] 之間，然後依據所使用的 cmap，映射 cmap 色彩圖表。

❑ cmap：將標準化數據映射到 RGBA 的顏色圖。

程式實例 ch11_7.py：在沒有圖表下，設計數值在 [2, 8] 之間的色彩條，所採用的色彩映射圖是 'spring'。

```
1  # ch11_7.py
2  import matplotlib.pyplot as plt
3  import matplotlib as mpl
4
5  plt.rcParams["font.family"] = ["Microsoft JhengHei"]
6  fig, ax = plt.subplots(figsize=(6, 1))
```

```
7   fig.subplots_adjust(bottom=0.5)              # 設定色彩條bottom的位置
8   norm = plt.Normalize(vmin=2, vmax=8)         # 定義色彩條的數值區間
9   fig.colorbar(mpl.cm.ScalarMappable(norm=norm, cmap='spring'),
10              cax=ax, orientation='horizontal',
11              label='自定義colorbar條')
12  plt.show()
```

執行結果

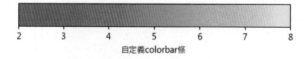

自定義colorbar條

11-5-2　使用自定義色彩映射圖設計色彩條

前一節使用了內建的 colormap 設計色彩條 (colorbar)，我們也可以自行建立色彩映射圖 colormap，然後用此設計色條。自行設計色彩映射圖所使用的函數是 matplotlib.colors.ListedColormap( ) 函數，此函數語法如下：

> matplotlib.colors.ListedColormap(colors, name='from_list), N=None)

上述會回傳色彩映射圖物件，各參數意義如下：

❑ colors：自定義的色彩串列。

❑ name：可選參數，可以用字串標記色彩映射圖名稱。

❑ N：可選參數，預設是 None。如果 N 大於 len(colors)，串列會重複擴展。如果 N 小於 len(colors) 則顏色在 N 處截斷。

有了上述定義的色彩映射圖物件後，須使用 BoundaryNorm( ) 函數定義色彩邊界序列，此語法如下：

> matplotlib.colors.BoundaryNorm(boundaries, ncolors, clip=False, *, extend='neither')

上述會回傳將數字映射的物件，函數的參數意義如下：

❑ boundaries：定義邊界的串列。

❑ ncolors：設定色彩數量。

❑ clip：這是布林值。如果是 True，在 boundaries[0] 之下的值將映射為 0，且將 boundaries[-1] 之上的值將映射為 boundaries[-1]。如果是 False，超出範圍且在 boundaries[0] 之下的值將映射為 -1，如果在 boundaries[-1] 之上的值將映射為 ncolors。

❑ extend：可以是 {'neither'、'both'、'min'、'max'}，預設是 neither，可以設定超出
範圍值時是否增加三角區域，預設是無 ('neither')，可以設定增加兩邊 ('both')，
增加極小值邊 ('min')，增加極大值邊 ('max')。

程式實例 ch11_8.py：使用 'r'、'g'、'b' 自行定義色彩映射圖，然後在 [2, 4, 6, 8] 設計邊界，
最後產生色彩條。

```
1   # ch11_8.py
2   import matplotlib.pyplot as plt
3   import matplotlib as mpl
4
5   plt.rcParams["font.family"] = ["Microsoft JhengHei"]
6   fig, ax = plt.subplots(figsize=(6, 1))
7   fig.subplots_adjust(bottom=0.5)             # 設定色彩條bottom的位置
8   # 自行設計色彩映射圖
9   mycmap = mpl.colors.ListedColormap(['r','g','b'])
10  # 建立色彩邊界值
11  mynorm = mpl.colors.BoundaryNorm([2, 4, 6, 8], 3)
12  fig.colorbar(mpl.cm.ScalarMappable(norm=mynorm, cmap=mycmap),
13               cax=ax, orientation='horizontal',
14               label='自定義colormap和colorbar')
15  plt.show()
```

執行結果

自定義colormap和colorbar

11-5-3 使用色彩映射圖另創色彩

我們也可以使用色彩映射圖另創色彩映射圖，這時需先取得色彩映射圖物件，語
法如下：

matplotlib.cm.get_cmap(name=None, lut=None)

上述會回傳色彩映射圖物件，函數的參數意義如下：

❑ name：色彩映射名稱，預設是 "viridis"，使用者可以使用 10-3 節所有的映射圖，
此外也可以使用 rcParams["image.cmap"] 執行設定。

❑ lut：這是整數值，可以將色彩重新採樣。

程式實例 ch11_8_1.py：將色彩映射圖的 Oranges 和 Greens 組成新的色彩映射圖。

```
1  # ch11_8_1.py
2  import matplotlib.pyplot as plt
3  import matplotlib as mpl
4  import numpy as np
5
6  plt.rcParams["font.family"] = ["Microsoft JhengHei"]
7  fig, ax = plt.subplots(figsize=(6, 1))
8  fig.subplots_adjust(bottom=0.5)           # 設定色彩條bottom的位置
9  top = mpl.cm.get_cmap('Oranges', 128)     # Oranges色彩
10 bottom = mpl.cm.get_cmap('Greens', 128)   # Greens色彩
11 # 組合Orange和Greens色彩
12 newcolors = np.vstack((top(np.linspace(0, 1, 128)),
13                        bottom(np.linspace(0, 1, 128))))
14 mycmap = mpl.colors.ListedColormap(newcolors)
15 fig.colorbar(mpl.cm.ScalarMappable(cmap=mycmap),
16              cax=ax, orientation='horizontal',
17              label='組合Oranges和Greens')
18 plt.show()
```

執行結果

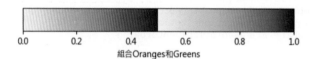

上述缺點是色彩在 0.5 位置反轉色彩太快，這時可以使用將色彩映射圖色彩反轉功能，一個 Oranges 色彩映射圖，可以使用 Oranges_r 做反轉，這個觀念可以使用在其他色彩映射圖。

程式實例 ch11_8_2.py：使用 Oranges 色彩反轉 Oranges_r，重新設計 ch11_8_1.py。

```
9  top = mpl.cm.get_cmap('Oranges_r', 128)     # Oranges_r色彩
```

執行結果

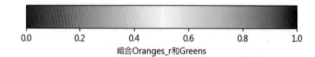

11-5-4　BoundaryNorm 函數的 extend 參數

函數 boundaryNorm( ) 預設的 extend 參數是 neither，也就是不使用擴展參數，如果使用擴展參數，將產生超出的邊界值顏色與邊界顏色不同，下列將以實例解說。

程式實例 ch11_9.py：使用 plasma 色彩映射圖，設定 extend = 'both'，同時色彩邊界設為 [-1, 3, 4, 5, 11, 15]。

```
1   # ch11_9.py
2   import matplotlib.pyplot as plt
3   import matplotlib as mpl
4
5   plt.rcParams["font.family"] = ["Microsoft JhengHei"]
6   plt.rcParams["axes.unicode_minus"] = False
7   fig, ax = plt.subplots(figsize=(6, 1))
8   fig.subplots_adjust(bottom=0.5)             # 設定色彩條bottom的位置
9   cmap = mpl.cm.plasma                        # 使用 plasma
10  bounds = [-1, 3, 5, 7, 11, 15]
11  # 建立色彩邊界值
12  mynorm = mpl.colors.BoundaryNorm(bounds, cmap.N, extend='both')
13  fig.colorbar(mpl.cm.ScalarMappable(norm=mynorm, cmap=cmap),
14               cax=ax, orientation='horizontal',
15               label='使用extend=both')
16  plt.show()
```

執行結果

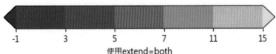

使用extend=both

上述第 12 列 cmap.N 可以回傳目前使用色彩映射圖的色彩數量。

程式實例 ch11_9_1.py：設定 extend = 'min'，重新設計 ch11_9.py。

```
12  mynorm = mpl.colors.BoundaryNorm(bounds, cmap.N, extend='min')
13  fig.colorbar(mpl.cm.ScalarMappable(norm=mynorm, cmap=cmap),
14               cax=ax, orientation='horizontal',
15               label='使用extend=min')
```

執行結果

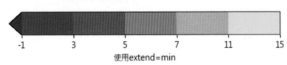

使用extend=min

程式實例 ch11_9_2.py：設定 extend = 'max'，重新設計 ch11_9.py。

```
12  mynorm = mpl.colors.BoundaryNorm(bounds, cmap.N, extend='max')
13  fig.colorbar(mpl.cm.ScalarMappable(norm=mynorm, cmap=cmap),
14               cax=ax, orientation='horizontal',
15               label='使用extend=max')
```

執行結果

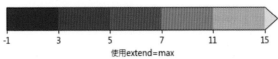

使用extend=max

如果設定 extend = 'neither' 或是取消設定，則色彩條左右兩邊將沒有三角形區塊，這也是 ch11_8.py 的結果，讀者可以自行測試。

11-6 使用自定義色彩應用在鳶尾花實例

在數據分析領域有一組很有名的資料集 iris.csv，這是加州大學爾灣分校機器學習中常被應用的資料，這些數據是由美國植物學家艾德加安德森 (Edgar Anderson) 在加拿大 Gaspesie 半島實際測量鳶尾花所採集的數據，讀者可以由 ch11 資料夾的 iris.csv 檔案了解此資料集。

	A	B	C	D	E	F
1	5.1	3.5	1.4	0.2	Iris-setosa	
2	4.9	3	1.4	0.2	Iris-setosa	
3	4.7	3.2	1.3	0.2	Iris-setosa	
4	4.6	3.1	1.5	0.2	Iris-setosa	
5	5	3.6	1.4	0.2	Iris-setosa	

總共有 150 筆資料，在這資料集中總共有 5 個欄位，左到右分別代表意義如下：

花萼長度 (sepal length)
花萼寬度 (sepal width)
花瓣長度 (petal length)
花瓣寬度 (petal width)
鳶尾花類別 (species，有 setosa、versicolor、virginica)

程式實例 ch11_10.py：為 iris.csv 檔案建立 x 軸是花瓣長度，y 軸是花萼長度的散點圖，顏色區間是 [0, 2, 5, 7]，所自建的色彩映射圖 (colormaps) 是 'b'、'g'、'r'，同時自行定義色彩條 (colorbar)。

```
1  # ch11_10.py
2  import matplotlib.pyplot as plt
3  import matplotlib as mpl
4  import pandas as pd
5
6  plt.rcParams["font.family"] = ["Microsoft JhengHei"]
7  plt.rcParams["axes.unicode_minus"] = False
8
9  colName = ['sepal_len','sepal_wd','petal_len','petal_wd','species']
10 iris = pd.read_csv('iris.csv', names = colName)
11 x = iris['petal_len'].values        # 花瓣長度
12 y = iris['sepal_len'].values        # 花萼長度
13
14 fig, ax = plt.subplots()
15 mycmap = mpl.colors.ListedColormap(['b','g','r'])
16 norm = mpl.colors.BoundaryNorm([0,2,5,7], mycmap.N)
17 plt.scatter(x, y, c=x, cmap=mycmap, norm=norm)
18 fig.colorbar(mpl.cm.ScalarMappable(norm=norm,cmap=mycmap),ax=ax)
19 plt.show()
```

執行結果

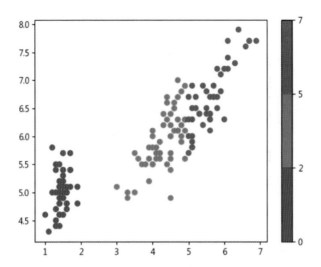

第十二章

建立數據圖表

如果有一天你做大數據研究時，當收集了無數的數據後，可以將數據以圖表顯示，然後用色彩判斷整個數據趨勢。

12-1 顯示圖表數據資料 imshow( ) 函數

繪製矩陣數據資料或是影像可以使用 imshow( ) 函數，此函數語法常用的參數如下：

plt.imshow(X, cmap=None, *, aspect=None, interpolation=None, alpha=None, norm=None, vmin=None, vmax=None, origin=None, extent=None, url=None, data=None, **kwargs)

上述各參數意義如下：

❑ X：影像檔案或是下列外形資料。

(M, N)：分別是 M 列 (row) 和 N 行 (col) 的影像檔案，檔案資料格式是二維陣列資料，特別是即使是普通的二維陣列資料也可以用圖表方式表達。註：二維陣列又稱矩陣。

(M, N, 3)：RGB 的彩色影像。

(M, N, 4)：RGBA 的彩色影像，例如：png 影像檔案。

❑ cmap：預設是 "viridis"，可以參考第 10 章內容。

❑ aspect：可以使用 "equal" 或 "auto"。預設是 "equal"，比例是 1，像素點是正方形。若是設為 auto，可以依據軸資料調整。這個參數也可以使用 rcParams["image.aspect"] 設定調整。

❑ interpolation：色彩的插值方法，預設是 'antialiased'，其他選項是 'nearest'、'bilinear'、'bicubic'、'spline16'、'spline36'、'hanning'、'hermite'、'kaiser'、'quadric'、'catrom'、'gaussian'、'bessel'、'mitchell'、'sinc'、'lanczos'、'blackman'。也可以用 rcParams["image.interpolation"] 設定調整。

❑ alpha：透明度，0 表示透明，1 表示不透明。

❑ norm：norm：色彩數值標準化，也就是在 [0, 1] 之間，然後依據所使用的 cmap，映射 cmap 色彩圖表。

❑ vmin, vmax：如果沒有使用 norm 參數，這兩個參數才有效，vmin 定義顏色最小值，vmax 定義顏色最大值。

□ origin：圖表的原點是在 "upper" 或是 "lower"，預設是在 "upper"，相當於左上方是座標軸的原點 [0, 0]。如果選擇 "lower"，相當於左下方是座標軸的原點 [0, 0]。也可以用 rcParams["image.origin"] 設定。

□ extent：數據座標的邊界框，可以用 (left, right, bottom, top) 設定。

□ url：建立軸影像的 URL。

12-2　顯示圖表數據資料

函數 imshow( ) 可以顯示影像，也可以將矩陣資料轉成圖表數據顯示。

程式實例 ch12_1.py：繪製矩陣數據資料。

```
1   # ch12_1.py
2   import matplotlib.pyplot as plt
3   import numpy as np
4
5   img = np.array([[0, 1, 2, 3, 4, 5],
6                   [6, 7, 8, 9, 10, 11],
7                   [12, 13, 14, 15, 16, 18],
8                   [18, 19, 20, 21, 22, 23],
9                   [24, 25, 26, 27, 28, 29],
10                  [30, 31, 32, 33, 34, 35]])
11  plt.imshow(img, cmap='Blues')
12  plt.colorbar()
13  plt.show()
```

執行結果 可以參考下方左圖。

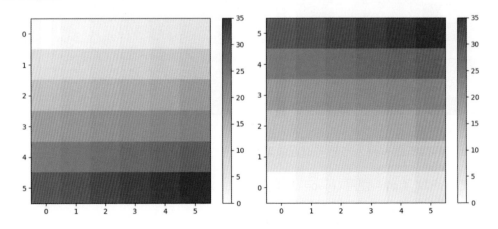

程式實例 ch12_2.py：設定 origin='lower'，重新設計 ch12_1.py。

```
11  plt.imshow(img, cmap='Blues', origin='lower')
```

執行結果　可以參考上方右圖。

12-3 顯示隨機數的數據圖表

在圖表中的方格大小，matplotlib 模組會依據數量自行調整。

程式實例 ch12_3.py：使用隨機數建立 10 x 10 的圖表。

```
1  # ch12_3.py
2  import matplotlib.pyplot as plt
3  import numpy as np
4
5  np.random.seed(10)
6  data = np.random.random((10, 10))
7  plt.imshow(data)
8  plt.colorbar()
9  plt.show()
```

執行結果　可以參考下方左圖。

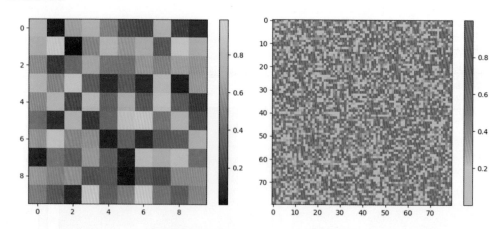

如果數據量變多時，方格將接近像素點。

程式實例 ch12_4.py：使用 cmap='cool'，建立 80 x 80 的圖表，重新設計 ch12_3.py。

```
6  data = np.random.random((80, 80))
7  plt.imshow(data, cmap='cool')
```

執行結果　可以參考上方右圖。

12-4 色彩條就是子圖物件

其實色彩條就是一個子圖表物件，我們可以建立一個子圖物件，然後將所回傳的子圖表物件當作 colorbar( ) 函數的 cax 參數，這樣就可以建立一個屬於自己的色彩條。

程式實例 ch12_5.py：將自行建立的色彩映射圖應用到自行建立的圖表和色彩條。

```python
1   # ch12_5.py
2   import matplotlib.pyplot as plt
3   import matplotlib as mpl
4   import numpy as np
5
6   top = mpl.cm.get_cmap('OrRd_r', 128)          # OrRd_r色彩反轉
7   bottom = mpl.cm.get_cmap('Blues', 128)        # Blues色彩
8   # 組合OrRd_r和Blues色彩
9   newcolors = np.vstack((top(np.linspace(0, 1, 128)),
10                          bottom(np.linspace(0, 1, 128))))
11  OrRdBlue = mpl.colors.ListedColormap(newcolors)
12
13  np.random.seed(10)
14  plt.subplot(211)                              # 上方子圖
15  data1 = np.random.random((80, 80))
16  plt.imshow(data1, cmap=OrRdBlue)
17
18  plt.subplot(212)                              # 下方子圖
19  data2 = np.random.random((80, 80))
20  plt.imshow(data2, cmap=OrRdBlue)
21  plt.subplots_adjust(left=0.2, right=0.6, bottom=0.1, top=0.9)
22  # 建立子圖表axes物件
23  ax = plt.axes([0.7, 0.1, 0.05, 0.8])          # 設定色彩條大小和位置
24  plt.colorbar(mpl.cm.ScalarMappable(cmap=OrRdBlue),cax=ax)
25  plt.show()
```

執行結果

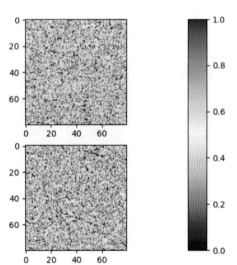

12-5 色彩的插值方法

　　色彩的插值方法可以使用 interpolation 參數設定，預設是使用 antialiased 插值，有一個可以將鄰邊色彩混合的插值方法是 "bicubic"，可以參考下列實例。

程式實例 ch12_6.py：建立一個 5 x 5 的矩陣，然後使用分別使用預設插值和 "bicubic" 處理，cmap 是使用預設的 "viridis"。

```python
1  # ch12_6.py
2  import matplotlib.pyplot as plt
3  import numpy as np
4
5  plt.rcParams["font.family"] = ["Microsoft JhengHei"]
6  N = 5
7  data = np.reshape(np.linspace(0,1,N**2), (N,N)) # 建立 N x N 陣列
8  plt.figure()
9  # 使用預設顏色繪製
10 plt.subplot(131)
11 plt.imshow(data)
12 plt.xticks(range(N))                        # 繪製 x 軸刻度
13 plt.yticks(range(N))                        # 繪製 y 軸刻度
14 plt.title('使用預設插值',fontsize=12,color='b')
15 # 相同陣列使用不同的插值法
16 plt.subplot(132)
17 plt.imshow(data,interpolation='bicubic')
18 plt.xticks(range(N))                        # 繪製 x 軸刻度
19 plt.yticks([])                              # 隱藏繪製 y 軸刻度
20 plt.title('使用 bicubic 插值',fontsize=12,color='b')
21 plt.subplot(133)
22 plt.imshow(data,interpolation='hamming')
23 plt.xticks(range(N))                        # 繪製 x 軸刻度
24 plt.yticks([])                              # 隱藏繪製 y 軸刻度
25 plt.title('使用 hamming 插值',fontsize=12,color='b')
26 plt.show()
```

執行結果

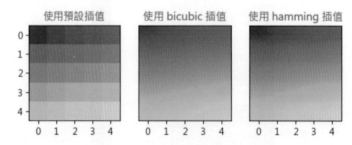

12-6 影像的色彩元素處理

12-6-1 隨機色彩影像

使用隨機數也可以建立彩色影像，因為色彩是 RGB，所以必須建立 N x N x 3 之陣列。如果想要保留紅色元素，可以將綠色和藍色元素設為 0，語法如下：

> r[:,:,[1,2]] = 0

如果想要保留綠色元素，可以將紅色和藍色元素設為 0，語法如下：

> r[:,:,[0,2]] = 0

如果想要保留藍色元素，可以將紅色和綠色元素設為 0，語法如下：

> r[:,:,[0,1]] = 0

程式實例 ch12_7.py：使用隨機數建立 RGB 彩色影像，然後分別保留紅色、綠色和藍色元素，讀者可以比較他們之間的差異。

```
1  # ch12_7.py
2  import matplotlib.pyplot as plt
3  import numpy as np
4
5  plt.rcParams["font.family"] = ["Microsoft JhengHei"]
6  N = 5
7  np.random.seed(10)                  # 設定種子顏色值
8  src = np.random.random((N,N,3))     # 隨機產生影像圖陣列資料
9  plt.figure()
10
11 plt.subplot(141)
12 plt.xticks(range(N))       # 繪製 x 軸刻度
13 plt.yticks(range(N))       # 繪製 y 軸刻度
14 plt.title('RGB色彩')
15 plt.imshow(src)
16
17 plt.subplot(142)
18 r = src.copy()            # 複製影像色彩陣列
19 r[:,:,[1,2]] = 0          # 保留紅色元素, 設定綠色和藍色元素是 0
20 plt.xticks(range(N))      # 繪製 x 軸刻度
21 plt.yticks([])            # 隱藏繪製 y 軸刻度
22 plt.title('Red元素')
23 plt.imshow(r)
24
25 plt.subplot(143)
26 g = src.copy()            # 複製影像色彩陣列
27 g[:,:,[0,2]] = 0          # 保留綠色元素, 設定紅色和藍色元素是 0
28 plt.xticks(range(N))      # 繪製 x 軸刻度
29 plt.yticks([])            # 隱藏繪製 y 軸刻度
30 plt.title('Green元素')
```

```
31  plt.imshow(g)
32
33  plt.subplot(144)
34  b = src.copy()              # 複製影像色彩陣列
35  b[:,:,[0,1]] = 0            # 保留藍色元素，設定紅色和綠色元素是 0
36  plt.xticks(range(N))        # 繪製 x 軸刻度
37  plt.yticks([])              # 隱藏繪製 y 軸刻度
38  plt.title('Blue元素')
39  plt.imshow(b)
40  plt.show()
```

執行結果

12-6-2　圖片影像

前一小節的觀念也可以應用在圖片影像，可以參考下列實例。

程式實例 ch12_8.py：讀取 macau.jpg 影像，然後分別列出原始影像、Red 元素圖像、Green 元素圖像、Blue 元素圖像。

```
1   # ch12_8.py
2   import matplotlib.pyplot as plt
3   import matplotlib.image as img
4
5   plt.rcParams["font.family"] = ["Microsoft JhengHei"]
6   macau = img.imread('macau.jpg')    # 讀取原始圖像
7   plt.figure()
8
9   plt.subplot(221)          # 原始圖像
10  plt.axis('off')
11  plt.title('原始圖像')
12  plt.imshow(macau)
13
14  plt.subplot(222)
15  r = macau.copy()          # 複製圖像
16  r[:,:,[1,2]] = 0          # 保留紅色元素，設定綠色和藍色元素是 0
17  plt.axis('off')
18  plt.title('Red元素圖像')
19  plt.imshow(r)
20
21  plt.subplot(223)
22  g = macau.copy()          # 複製圖像
23  g[:,:,[0,2]] = 0          # 保留綠色元素，設定紅色和藍色元素是 0
24  plt.axis('off')
25  plt.title('Green元素圖像')
26  plt.imshow(g)
27
```

12-8

```
28   plt.subplot(224)
29   b = macau.copy()                    # 複製圖像
30   b[:,:,[0,1]] = 0                     # 保留藍色元素，設定紅色和綠色元素是 0
31   plt.axis('off')
32   plt.title('Blue元素圖像')
33   plt.imshow(b)
34   plt.show()
```

執行結果

原始圖像

Red元素圖像

Green元素圖像

Blue元素圖像

12-6-3　影像變暗處理

對於一個灰階影像而言，當像素值是 0 時色彩是黑色，當像素值變大時色彩會逐漸轉成淺灰色，當像素值是 255 時色彩變為白色。利用這個特性，我們可以使用將像素值變小產生影像變暗的效果。

程式實例 ch12_9.py：讀取 macau.jpg 影像，然後將影像想素質分別乘以 1.0、0.8、0.6 和 0.4，將影像變暗。

```
1   # ch12_9.py
2   import matplotlib.pyplot as plt
3   import matplotlib.image as img
4
5   macau = img.imread('macau.jpg')              # 讀取原始圖像
6   plt.figure()
7   for i in range(1,5):
8       plt.subplot(2,2,i)
9       x = 1 - 0.2*(i-1)                        # 調整色彩明暗參數
10      plt.axis('off')                          # 關閉顯示軸刻度
11      plt.title(f'x = {x:2.1f}',color='b')     # 藍色浮動值標題
12      src = macau * x                          # 處理像素值
13      intmacau = src.astype(int)               # 將元素值轉成整數
14      plt.imshow(intmacau)                     # 顯示圖像
15  plt.show()
```

執行結果

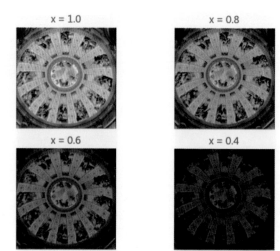

12-7 圖表數據的創意

12-7-1 Numpy 的 meshgrid( ) 函數

Numpy 的 meshgrid( ) 函數可以從座標向量回傳座標矩陣，由於影像是由矩陣 (二維陣列) 所組成，所以可以使用此函數執行影像創意，meshgrid( ) 函數的常用參數語法如下：

numpy.meshgrid(*xi)

上述 *xi 代表有 n 個陣列，假設有 2 個陣列，分別如下：

x = [1 2 3 4]
y = [8 7 6]

經過 meshgrid(x, y) 後可以回傳 x 和 y 的座標矩陣，如下所示：

xx = [[1 2 3 4]
    [1 2 3 4]
    [1 2 3 4]
yy = [[8 8 8 8]
    [7 7 7 7]
    [6 6 6 6]]

程式實例 ch12_10.py：使用 meshgrid( ) 函數建立 x 軸和 y 軸的座標矩陣。

```
1  # ch12_10.py
2  import numpy as np
3
4  x = np.array([1,2,3,4])
5  y = np.array([8,7,6])
6
7  xx, yy = np.meshgrid(x,y)
8  print('xx = \n', xx)
9  print('yy = \n', yy)
```

執行結果

```
==================== RESTART: D:/matplotlib/ch12/ch12_10.py ====================
xx =
 [[1 2 3 4]
 [1 2 3 4]
 [1 2 3 4]]
yy =
 [[8 8 8 8]
 [7 7 7 7]
 [6 6 6 6]]
```

程式實例 ch12_11.py：擴充程式實例 ch12_10.py，使用 scatter( ) 繪製座標點。

```
1  # ch12_11.py
2  import matplotlib.pyplot as plt
3  import numpy as np
4
5  x = np.array([1,2,3,4])
6  y = np.array([8,7,6])
7  xx, yy = np.meshgrid(x,y)
8  plt.scatter(xx,yy,marker='o',c='m')
9  plt.show()
```

執行結果

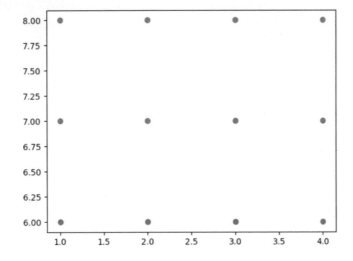

12-7-2　簡單的影像創意

適度使用函數建立座標點的像素值，可以創建影像。

程式實例 ch12_12.py：使用 meshgrid( ) 函數建立 10 x 10 的矩陣，然後矩陣每個元素是 sin(xx) + cos(yy) 的結果。

```
1   # ch12_12.py
2   import matplotlib.pyplot as plt
3   import numpy as np
4
5   x = np.linspace(0, 2 * np.pi, 10)
6   y = np.linspace(0, 2 * np.pi, 10)
7   xx, yy = np.meshgrid(x, y)
8   z = np.sin(xx) + np.cos(yy)    # 建立影像
9
10  plt.imshow(z)
11  plt.show()
```

執行結果　可以參考下方左圖。

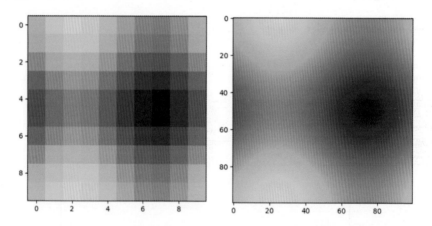

程式實例 ch12_13.py：擴充座標點至產生 100 x 100 矩陣，重新設計 ch12_12.py。

```
5   x = np.linspace(0, 2 * np.pi, 100)
6   y = np.linspace(0, 2 * np.pi, 100)
```

執行結果　可以參考上方右圖。

要建立創意影像，關鍵是第 8 行的公式 sin(xx) + cos(yy)，不同的公式將有不同的效果。

程式實例 ch12_14.py：使用公式 sin(xx) + cos(yy) 重新設計 ch12_13.py，cmap 則使用

'hsv'。

```
1   # ch12_14.py
2   import matplotlib.pyplot as plt
3   import numpy as np
4
5   x = np.linspace(0, 2 * np.pi, 100)
6   y = np.linspace(0, 2 * np.pi, 100)
7   xx, yy = np.meshgrid(x, y)
8   z = np.sin(xx) + np.sin(yy)    # 建立影像
9   plt.imshow(z,cmap='hsv')
10  plt.show()
```

執行結果

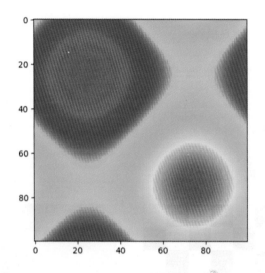

12-7-3 繪製棋盤

適度應用 Numpy 的 np.add.outer(x,y) 函數可以將 x 陣列的每個元素一次加到 y 陣列的每個元素，得到每一列，最後可以得到矩陣資料，下列將用簡單的實例解說。

程式實例 ch12_15.py：np.add.outer(x,y) 函數的應用實例。

```
1   # ch12_15.py
2   import numpy as np
3
4   x1 = [1,2,3]
5   y1 = [4,5,6,7,8]
6   z1 = np.add.outer(x1, y1)
7   print(f"z1 = \n{z1}")
8
9   x2 = range(8)
10  y2 = range(8)
11  z2 = np.add.outer(x2, y2)
12  print(f"z2 = \n{z2}")
```

執行結果

```
==================== RESTART: D:\matplotlib\ch12\ch12_15.py ====================
z1 =
[[ 5  6  7  8  9]
 [ 6  7  8  9 10]
 [ 7  8  9 10 11]]
z2 =
[[ 0  1  2  3  4  5  6  7]
 [ 1  2  3  4  5  6  7  8]
 [ 2  3  4  5  6  7  8  9]
 [ 3  4  5  6  7  8  9 10]
 [ 4  5  6  7  8  9 10 11]
 [ 5  6  7  8  9 10 11 12]
 [ 6  7  8  9 10 11 12 13]
 [ 7  8  9 10 11 12 13 14]]
```

程式實例 ch12_16.py：建立棋盤。

```python
1  # ch12_16.py
2  import matplotlib.pyplot as plt
3  import numpy as np
4
5  fig = plt.figure()
6  z = np.add.outer(range(8), range(8)) % 2
7  im1 = plt.imshow(z, cmap='gray')
8  plt.show()
```

執行結果　可以參考下方左圖。

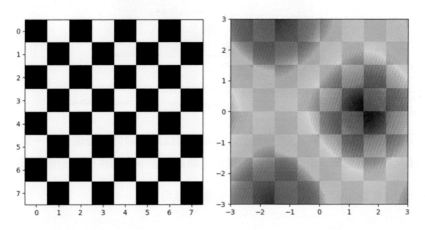

12-7-4　重疊影像設計

　　如果要將影像重疊，在使用 imshow( ) 函數時，需要使用 extent 參數，讓兩個要顯示的重疊影像有相同的 extent，細節可以參考下列實例。

程式實例 ch12_17.py：擴充設計 ch12_16.py，增加使用下列公式將影像重疊。

```
      z2 = np.sin(xx) + cos(yy)
1   # ch12_17.py
2   import matplotlib.pyplot as plt
3   import numpy as np
4
5   N = 100
6   x = np.linspace(-3.0, 3.0, N)
7   y = np.linspace(-3.0, 3.0, N)
8   xx, yy = np.meshgrid(x, y)
9   # 當建立重疊影像時, 需要有相同的 extent
10  extent = np.min(x), np.max(x), np.min(y), np.max(y)
11
12  fig = plt.figure()
13  z1 = np.add.outer(range(8), range(8)) % 2               # 棋盤
14  plt.imshow(z1, cmap='gray',extent=extent)               # 影像 1
15
16  z2 = np.sin(xx) + np.cos(yy)                            # 影像 2 公式
17  plt.imshow(z2, cmap='jet', alpha=0.8,
18            interpolation='bilinear',extent=extent)   # 影像 2
19  plt.show()
```

執行結果 可以參考上方右圖。

12-8 建立熱圖 (heatmap)

12-8-1 幾個 OO API 函數解說

在資料視覺化中,建立熱圖可以讓整個數據依據顏色深淺的變化優雅的展示結果,我們可以使用 imshow( ) 建立熱圖效果。在正式解說程式實例前,下列是程式實例會使用的 OO API 函數。

set_xticks(ticks):設定 x 軸的刻度標記,參數 ticks 是刻度串列。

set_xticklabels(labels):設定 x 軸的刻度標籤,參數 labels 是刻度標籤串列。

set_yticks( ):設定 y 軸的刻度標記,參數 ticks 是刻度串列。

set_yticklabels(labels):設定 y 軸的刻度標籤,參數 labels 是刻度標籤串列。

setp(obj, *args):設定 obj 物件的屬性,例如:下列指令可以將 x 軸刻度標籤旋轉45 度。

```
plt.setp(ax.get_xticklabels( ), rotation=45)
```

　　上述 ax.get_xticklabels( ) 函數可以回傳 x 軸刻度標籤，所以可以將 x 軸刻度標籤旋轉 45 度。另外，ax.get_yticklabels( ) 可以回傳 y 軸刻度標籤。註：ax 是圖表物件。

12-8-2　農夫收成的熱圖實例

程式實例 ch12_18.py：有 6 位農夫，種植 6 種水果，現在使用熱圖將農夫與水果顯示。

```
1  # ch12_18.py
2  import matplotlib.pyplot as plt
3  import numpy as np
4
5  plt.rcParams["font.family"] = ["Microsoft JhengHei"]
6  farmers = ["張三","李四","大成","陳王", "李曉.","林邊"]
7  fruits = ["釋迦","番茄","鳳梨","蓮霧","香蕉","芭樂"]
8  # 建立收成表
9  harvest = np.array([[0.3, 2.1, 1.8, 3.5, 0.0, 2.0],
10                     [2.1, 0.0, 3.0, 1.0, 2.3, 0.0],
11                     [1.2, 2.6, 1.8, 4.1, 0.5, 3.6],
12                     [0.5, 0.2, 0.7, 0.0, 2.3, 0.0],
13                     [0.6, 1.5, 0.0, 2.1, 2.0, 4.2],
14                     [0.3, 2.2, 0.0, 1.3, 0.0, 1.5]])
15
16 fig, ax = plt.subplots()
17 im = ax.imshow(harvest,cmap='YlGn')
18 ax.figure.colorbar(im, ax=ax)
19 # 依據農夫姓名建立 x 軸刻度標記和刻度標籤
20 ax.set_xticks(np.arange(len(farmers)))
21 ax.set_xticklabels(farmers)
22 # 依據水果名稱建立 y 軸刻度標記和刻度標籤
23 ax.set_yticks(np.arange(len(fruits)))
24 ax.set_yticklabels(fruits)
25 # 炫轉 x 軸刻度標籤
26 plt.setp(ax.get_xticklabels(), rotation=45)
27 # 使用雙層迴圈註記收成數量
28 for i in range(len(fruits)):
29     for j in range(len(farmers)):
30         text = ax.text(j, i, harvest[i,j],
31                        ha="center", va="center", color="b")
32 ax.set_title("農夫收成(噸 / 年)",fontsize=18)
33 ax.set_xlabel("姓名")
34 ax.set_ylabel("水果")
35 fig.tight_layout()
36 plt.show()
```

執行結果

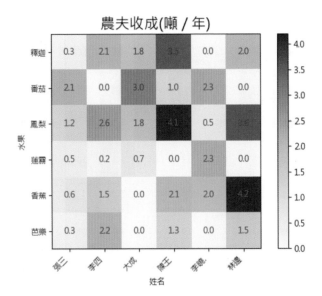

　　上述有一個缺點是註解的文字顏色是藍色，深色的區塊顏色將造成收成數字不明顯，下列程式將改良此缺點。

程式實例 ch12_19.py：改良 ch12_18.py，將深色區塊的註解文字由藍色改為白色，程式是將收成大於或等於 3.0 改為白色註解文字，下列將只列出修訂部分。

```
27  # 使用雙層迴圈註記收成數量
28  for i in range(len(fruits)):
29      for j in range(len(farmers)):
30          if harvest[i,j] < 3.0:
31              text = ax.text(j, i, harvest[i,j],
32                             ha="center", va="center", color="b")
33          else:
34              text = ax.text(j, i, harvest[i,j],
35                             ha="center", va="center", color="w")
```

執行結果

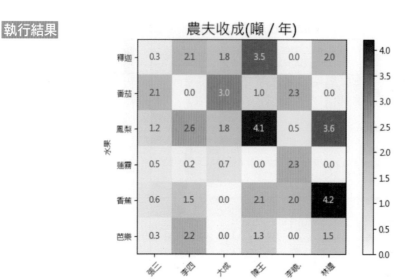

第十三章
長條圖與橫條圖

長條圖 (Bar chart) 與橫條圖是常用的統計圖表，這一章將針對此做一個完整的解說。

13-1 長條圖 bar( ) 函數

長條圖是統計常使用的圖表，使用長條顯示分類的數據，長條的高度則和此分類數據的多寡成正比，預設是垂直顯示，也可以更改為水平顯示。函數 bar( ) 可以建立長條圖，此函數語法如下：

```
plt.bar(x, height, width=0.8, bottom=None, align='center, **kwargs)
```

上述各參數意義如下：

❏ x：x 座標的序列值，也就是類別數據。

❏ height：y 座標序列值，代表長條高度，這也是我們要展示的數據。

❏ width：長條的寬度，預設是 0.8。

❏ bottom：長條的底部座標，預設是 0。如果是建立堆疊圖時，底部將是被堆疊的陣列。

❏ align：對齊方式，可以選 "center"、"edge"，預設 "center"。"center" 表示對齊 x 軸長條中間，"edge" 表示對齊 x 軸長條左邊。

❏ color：長條顏色。

❏ edgecolor：長條邊緣色彩。

❏ ecolor：錯誤長條色彩。

❏ label：每個長條的標籤。

❏ lw 或 linewidth：長條邊緣的厚度，如果是 0 代表沒有長條邊緣厚度。

❏ hatch：長條內部造型，可以有 "/"、"\"、"|"、"-"、"+"、"o"、"O"、"."、"*"。

13-2 統計修課人數

一個長條圖最基本的數據是 x 軸和 y 軸所需要的值，如果要統計學生修基礎程式語言課程，可以將課程名稱設為 x 軸資料，各科修課人數設為 y 軸資料。

程式實例 ch13_1.py：繪製學生修課的長條圖。

```
1   # ch13_1.py
2   import matplotlib.pyplot as plt
3
4   courses = ['C++','Java','Python','C#','PHP']
5   students = [45, 52, 66, 32, 39]
6   plt.bar(courses,students)
7   plt.show()
```

執行結果 可以參考下方左圖。

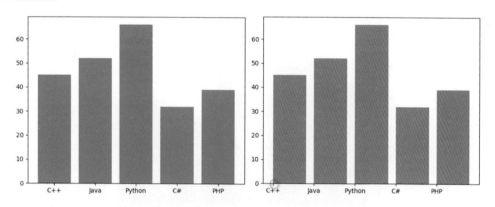

程式實例 ch13_2.py：使用綠色長條，設定 align='edge'，重新設計 ch13_1.py。

```
1   # ch13_2.py
2   import matplotlib.pyplot as plt
3
4   courses = ['C++','Java','Python','C#','PHP']
5   students = [45, 52, 66, 32, 39]
6   plt.bar(courses,students,align='edge',color='g')
7   plt.show()
```

執行結果 可以參考上方右圖。

　　比較兩個執行結果，可以看到當設定 align='edge' 時，標籤是從長條左邊開始。

13-3　長條圖的寬度

　　長條圖的寬度單位是百分比，一個座標軸在繪製長條圖時，會左右兩邊留下空隙，其餘寬度分配給 x 軸資料筆數，長條圖的寬度是指一筆資料所分配到的寬度空間，預設是 0.8，由參數 width 做設定，使用者可以依需要自行分配寬度，如果將寬度設為 1.0，則長條之間就會沒有空隙。

程式實例 ch13_2_1.py：修訂 ch13_1.py，將長條圖寬度設為 1，然後觀察執行結果，這一實例的長條圖顏色改為 m(magenta，品紅色)。

```
1  # ch13_2_1.py
2  import matplotlib.pyplot as plt
3
4  courses = ['C++','Java','Python','C#','PHP']
5  students = [45, 52, 66, 32, 39]
6  plt.bar(courses,students,width=1.0,color='m')
7  plt.show()
```

執行結果

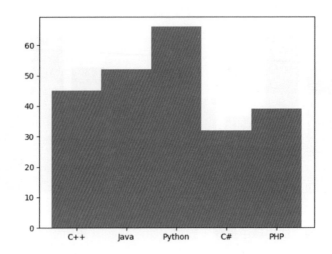

從上述可以看到，除了左右兩邊有空隙外，長條圖彼此之間沒有空隙。

13-4　長條內部造型

　　bar( ) 函數的 hatch 參數可以設計長條圖內部造型，更多參數細節可以參考 13-1 節。

程式實例 ch13_3.py：擲骰子的機率設計，一個骰子有 6 面分別記載 1, 2, 3, 4, 5, 6，我們這個程式會用隨機數計算 600 次，每個數字出現的次數，同時用直條圖表示，為了讓讀者有不同體驗，筆者將圖表顏色改為橘色，同時設定 hatch='o'。

```
1  # ch13_3.py
2  import numpy as np
3  import matplotlib.pyplot as plt
4
5  plt.rcParams["font.family"] = ["Microsoft JhengHei"]
6  def dice_generator(num, sides):
7      ''' 處理隨機數 '''
```

```
8        for i in range(num):
9            ranNum = np.random.randint(1, sides+1)    # 產生 1-6 隨機數
10           dice.append(ranNum)
11   def dice_count(sides):
12       '''計算1-6個出現次數'''
13       for i in range(1, sides+1):
14           frequency = dice.count(i)         # 計算i出現在dice串列的次數
15           times.append(frequency)
16   num = 600                                 # 擲骰子次數
17   sides = 6                                 # 骰子有幾面
18   dice = []                                 # 建立擲骰子的串列
19   times = []                                # 儲存每一面骰子出現次數串列
20   dice_generator(num, sides)                # 產生擲骰子的串列
21   dice_count(sides)                         # 將骰子串列轉成次數串列
22   x = np.arange(6)                          # 長條圖x軸座標
23   width = 0.35                              # 長條圖寬度
24   plt.bar(x,times,width,color='orange',hatch='o')  # 繪製長條圖
25   plt.ylabel('出現次數',color='b')
26   plt.title('測試 600次 ',fontsize=16,color='b')
27   plt.xticks(x, ('1', '2', '3', '4', '5', '6'), color='b')
28   plt.yticks(np.arange(0, 150, 15), color='b')
29   plt.show()
```

執行結果

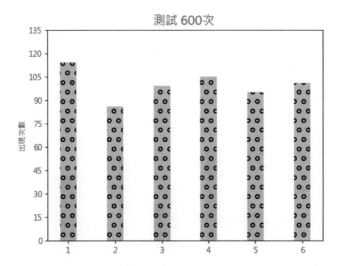

13-5 多數據長條圖表設計

有一個高級汽車 2023 年、2024 年和 2025 年銷售統計如下：

Benz：3367、4120、5539

BMW：4000、3590、4423

Lexus：5200、4930、5350

上述有 3 個品牌與 3 個年度的銷售量，這類數據槁多數據，下列是使用直條圖設計，上述數據與 ch3_20.py 程式所使用的數據相同。

程式實例 ch13_4.py：使用直條圖設計上述多數據高級汽車的銷售。

```
1   # ch13_4.py
2   import matplotlib.pyplot as plt
3   import numpy as np
4
5   plt.rcParams["font.family"] = ["Microsoft JhengHei"]
6   Benz = [3367, 4120, 5539]                      # Benz線條
7   BMW = [4000, 3590, 4423]                        # BMW線條
8   Lexus = [5200, 4930, 5350]                      # Lexus線條
9
10  X = np.arange(len(Benz))
11  labels = ["2023年","2024年","2025年"]            # 年度刻度標籤
12  fig = plt.figure()
13  ax = fig.add_axes([0.15,0.15,0.7,0.7])
14  barW = 0.25                                      # 長條圖寬度
15  plt.bar(X+0.00,Benz,color='r',width=barW,label='Benz')
16  plt.bar(X+barW,BMW,color='g',width=barW,label='BMW')
17  plt.bar(X+barW*2,Lexus,color='b',width=barW,label='Lexus')
18  plt.title("銷售報表", fontsize=24, color='b')
19  plt.xlabel("年度", fontsize=14, color='b')
20  plt.ylabel("數量", fontsize=14, color='b')
21  plt.legend()                                     # 繪製圖例
22  plt.xticks(X+barW, labels)                       # 加註年度標籤
23  plt.show()
```

執行結果

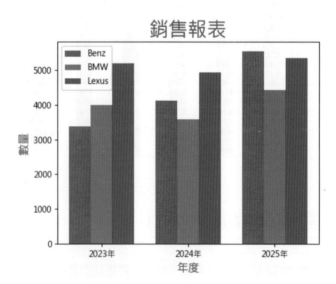

上述程式第 14 列筆者將長條圖的寬度設為 0.25，所以整個不同品牌的長條圖間沒有空隙，如果期待產生空隙，可以將寬度縮小。

程式實例 ch13_5.py：將長條圖寬度改為 0.22，重新設計 ch13_4.py。

```
14  barW = 0.22                                    # 長條圖寬度
15  plt.bar(X+0.0,Benz,color='r',width=barW,label='Benz')
16  plt.bar(X+0.25,BMW,color='g',width=barW,label='BMW')
17  plt.bar(X+0.5,Lexus,color='b',width=barW,label='Lexus')
```

執行結果

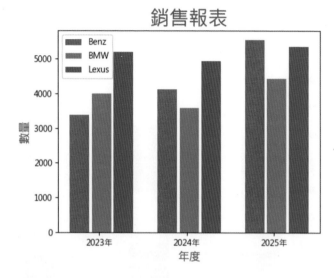

從上圖可以看到各廠牌間的長條有空隙了。

13-6　多數據直條圖表 – 堆疊圖

　　多數據的直條也可以堆疊顯示，因為一個數據是堆疊在另一個數據上面，所以需要使用 bottom 參數，我們可以使用 np.array( ) 函數將串列改為陣列，細節可以參考下列實例第 13 至 16 列。

程式實例 ch13_6.py：使用堆疊觀念重新設計 ch13_5.py。

```
1   # ch13_6.py
2   import matplotlib.pyplot as plt
3   import numpy as np
4
5   plt.rcParams["font.family"] = ["Microsoft JhengHei"]
6   Benz = [3367, 4120, 5539]                      # Benz線條
7   BMW = [4000, 3590, 4423]                       # BMW線條
8   Lexus = [5200, 4930, 5350]                     # Lexus線條
9   year = ["2023年","2024年","2025年"]            # 年度
10
11  barW = 0.35                                    # 長條圖寬度
```

```
12  plt.bar(year,Benz,color="green",width=barW,label="Benz")
13  plt.bar(year,BMW,color="yellow",width=barW,
14      bottom=np.array(Benz),label="BMW")
15  plt.bar(year,Lexus,color="red",width=barW,
16      bottom=np.array(Benz)+np.array(BMW),label="Lexus")
17  plt.title("銷售報表", fontsize=24, color='b')
18  plt.xlabel("年度", fontsize=14, color='b')
19  plt.ylabel("數量", fontsize=14, color='b')
20  plt.legend()
21  plt.show()
```

執行結果

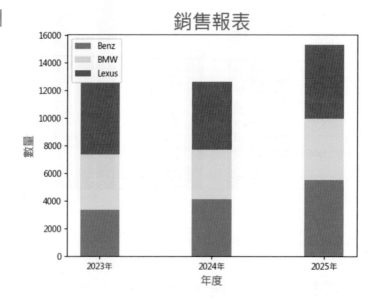

13-7　色彩凸顯

一般可以將色彩分為暖色系、冷色系、中性色系。

暖色系：橙色、紅色、黃色。

冷色系：藍色、水藍色、灰色。

中性色系：綠色、紫色

資料視覺化過程，建議重點 (主角) 數值列採用暖色系，配角數列則可以使用中性或冷色系。

程式實例 ch13_7.py：使用紅色凸顯 Python 課程的修課人數，這個程式也使用不同方式設定色彩。

```
1   # ch13_7.py
2   import matplotlib.pyplot as plt
3
4   plt.rcParams["font.family"] = ["Microsoft JhengHei"]
5   colors = ['grey','grey','red','grey','grey']
6   courses = ['C++','Java','Python','C#','PHP']
7   students = [45, 52, 66, 32, 39]
8   plt.bar(courses,students,color=colors)
9   plt.title("修課報表", fontsize=24, color='b')
10  plt.xlabel("課程名稱", fontsize=14, color='b')
11  plt.ylabel("修課人數", fontsize=14, color='b')
12  plt.show()
```

執行結果

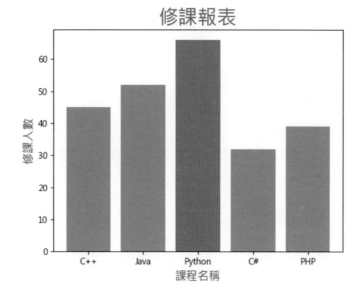

13-8 橫條圖

　　水平長條圖也可稱橫條圖，函數 bar( ) 可以建立長條圖，barh( ) 則是可以建立橫條圖。

13-8-1 基礎語法

　　函數 barh( ) 和 bar( ) 的參數用法類似，不過 x 要改為 y，height 要改為 width，

width 改為 height，bottom 改為 left，此函數語法如下：

> plt.barh(y, width, height=0.8, left=None, align='center', **kwargs)

上述各參數意義如下：

❑ y：y 座標的序列，也就是類別數據。

❑ width：x 座標序列值，代表橫條圖寬度，這也是我們要展示的數據。

❑ height：長條的高度，預設是 0.8。

❑ left：橫條圖的左邊座標，預設是 0。如果是建立堆疊圖時，左邊將是被堆疊的陣列。

❑ align：對齊方式，可以選 "center"、"edge"，預設是 "center"。"center" 表示對齊 x 軸長條中間，"edge" 表示對齊 x 軸長條下緣線。

❑ color：橫條顏色。

❑ edgecolor：橫條邊緣色彩。

❑ ecolor：錯誤橫條色彩。

❑ label：每個橫條的標籤。

❑ lw 或 linewidth：橫條邊緣的厚度，如果是 0 代表沒有橫條邊緣厚度。

❑ hatch：橫條內部造型，可以有 "/"、"\"、"|"、"-"、"+"、"o"、"O"、"."、"*"。

13-8-2　橫條圖的實例

程式實例 ch13_8.py：重新設計 ch13_7.py，將長條圖改為橫條圖，同時使用不同色彩處理水平橫條。

```
1   # ch13_8.py
2   import matplotlib.pyplot as plt
3
4   plt.rcParams["font.family"] = ["Microsoft JhengHei"]
5   fig = plt.figure()
6   ax = fig.add_axes([0.15,0.15,0.7,0.7])
7   colors = ['b','g','r','y','c']
8   courses = ['C++','Java','Python','C#','PHP']
9   students = [45, 52, 66, 32, 39]
10  plt.barh(courses,students,color=colors)
11  plt.title("修課報表", fontsize=24, color='b')
12  plt.xlabel("修課人數", fontsize=12, color='b')
13  plt.ylabel("課程名稱", fontsize=12, color='b')
14  plt.show()
```

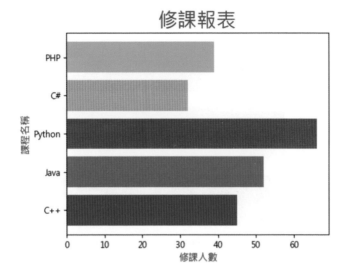

13-8-3 多數據橫條圖

橫條圖觀念與長條圖觀念類似,所不同的是使用 barh( ) 函數取代 bar( ) 函數,同時原先 bar( ) 參數 width 改為 height。註:x 軸和 y 軸的標籤也要對調。

程式實例 ch13_9.py:使用多數據橫條圖,重新設計 ch13_4.py。

```python
1   # ch13_9.py
2   import matplotlib.pyplot as plt
3   import numpy as np
4
5   plt.rcParams["font.family"] = ["Microsoft JhengHei"]
6   Benz = [3367, 4120, 5539]                    # Benz線條
7   BMW = [4000, 3590, 4423]                     # BMW線條
8   Lexus = [5200, 4930, 5350]                   # Lexus線條
9
10  X = np.arange(len(Benz))
11  labels = ["2023年","2024年","2025年"]         # 年度刻度標籤
12  fig = plt.figure()
13  ax = fig.add_axes([0.15,0.15,0.7,0.7])
14  barH = 0.25                                  # 橫條圖高度
15  plt.barh(X+0.00,Benz,color='r',height=barH,label='Benz')
16  plt.barh(X+barH,BMW,color='g',height=barH,label='BMW')
17  plt.barh(X+barH*2,Lexus,color='b',height=barH,label='Lexus')
18  plt.title("銷售報表", fontsize=24, color='b')
19  plt.xlabel("數量", fontsize=14, color='b')
20  plt.ylabel("年度", fontsize=14, color='b')
21  plt.legend()                                 # 繪製圖例
22  plt.yticks(X+barH, labels)                   # 加註年度標籤
23  plt.show()
```

執行結果

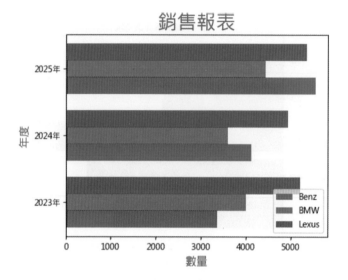

13-8-4　堆疊橫條圖

橫條圖觀念與長條圖觀念類似，所不同的是使用 barh( ) 函數取代 bar( ) 函數，同時原先 bar( ) 參數 width 改為 height。註：x 軸和 y 軸的標籤也要對調。

程式實例 ch13_10.py：使用堆疊橫條圖觀念，重新設計 ch13_6.py。

```
1  # ch13_10.py
2  import matplotlib.pyplot as plt
3  import numpy as np
4
5  plt.rcParams["font.family"] = ["Microsoft JhengHei"]
6  Benz = [3367, 4120, 5539]                  # Benz線條
7  BMW = [4000, 3590, 4423]                   # BMW線條
8  Lexus = [5200, 4930, 5350]                 # Lexus線條
9  year = ["2023年","2024年","2025年"]          # 年度
10
11  barH = 0.35                               # 橫條圖高度
12  plt.barh(year,Benz,color="green",height=barH,label="Benz")
13  plt.barh(year,BMW,color="yellow",height=barH,
14          left=np.array(Benz),label="BMW")
15  plt.barh(year,Lexus,color="red",height=barH,
16          left=np.array(Benz)+np.array(BMW),label="Lexus")
17  plt.title("銷售報表", fontsize=24, color='b')
18  plt.xlabel("數量", fontsize=12, color='b')
19  plt.ylabel("年度", fontsize=12, color='b')
20  plt.legend()
21  plt.show()
```

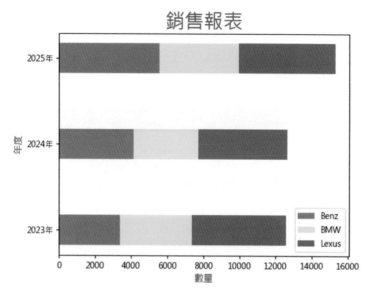

13-9 雙向橫條圖

如果有兩組數據分別代表不同意義，則可以考慮使用雙向橫條圖，例如：一間公司可以將每個月的收入使用一個串列紀錄，支出使用另一個串列紀錄，然後使用雙向橫條圖表達。

因為要做雙向表達，所以可以讓支出串列左邊增加負號。

程式實例 ch13_11.py：列出一間公司收入與支出的報表。

```python
1  # ch13_11.py
2  import matplotlib.pyplot as plt
3  import numpy as np
4
5  plt.rcParams["font.family"] = ["Microsoft JhengHei"]
6  plt.rcParams["axes.unicode_minus"] = False
7  revenue = [300, 320, 400, 350]
8  cost = [250, 280, 310, 290]
9  quarter = ['Q1','Q2','Q3','Q4']
10
11 barH = 0.5
12 plt.barh(quarter,revenue,color='g',height=barH,label='收入')
13 plt.barh(quarter,-np.array(cost),color='m',height=barH,label='支出')
14 plt.title("公司收支表", fontsize=24, color='b')
15 plt.xlabel("收入與支出", fontsize=14, color='b')
16 plt.ylabel("季度", fontsize=14, color='b')
17 plt.legend()
18 plt.show()
```

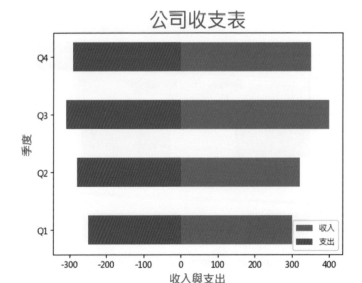

13-10 長條圖應用在極座標

長條圖也可以應用在極座標，首先可以使用 subplot( ) 函數建立子圖，其中參數 projection 設為 'polar'，這樣就可以繪製極座標的長條圖。

程式實例 ch13_12.py：將長條圖應用在極座標，同時使用 cmap 的 hsv 色彩映射圖。

```python
1  # ch13_12.py
2  import numpy as np
3  import matplotlib.pyplot as plt
4
5  np.random.seed(10)
6  N = 20                                    # 長條個數
7  theta = np.linspace(0.0, 2 * np.pi, N)    # 角度個數
8  radius = 10 * np.random.rand(N)           # 半徑個數
9  width = np.pi / 4 * np.random.rand(N)     # 寬度個數
10 colors = plt.cm.hsv(radius / 10)          # 色彩個數
11 ax = plt.subplot(projection='polar')      # 建立子圖
12 # 繪製極座標長條圖
13 ax.bar(theta,radius,width,bottom=0.0,alpha=0.8,color=colors)
14 plt.show()
```

執行結果

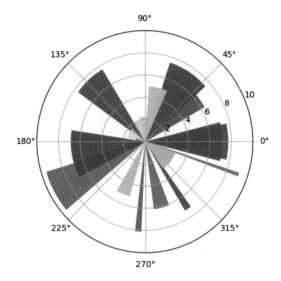

第十四章

直方圖

函數 hist( ) 主要是製作直方圖，特別適合在統計頻率分佈數據繪圖，本章會做完整解說。

14-1 直方圖的語法

直方圖的函數是 hist( )，這個函數的語法如下：

```
plt.hist(x, bins=None, range=None, density=False, weight=None,
cumulative=False, bottom=None, histtype='bar', align='mid',
orientation='vertical', rwidth=None, log=False, color=None, stacked=False,
data=None, **kwargs)
```

上述函數各參數意義如下：

❑ x：如果是一組數據則是一個陣列，如果是多組數據則可以用串列方式組織陣列。14-1 至 14-7 節皆是單組數據，14-8 節會對多組數據做說明。

❑ bins：英文字義是箱子，如果是整數表示這是設定 bin 的個數。bin 可以想成長條的個數或是可想成組別個數。如果是序列，第一個元素是 bin 的左邊緣，最後一個元素是 bin 的右邊緣，這時可以設計不同寬度的 bin。

❑ range：bin 的上下限。

❑ density：是否將直方圖的總和歸一化為 1。預設是 False，如果是 True 表示 y 軸呈現的是佔比，每個直方條狀的佔比總和是 1。

❑ weight：與 x 相同外型的權重陣列，如果 density 是 True 則權重被歸一化，預設是 False。

❑ cumulative：如果是 True，每個 bin 除了自己的計數，也包含較小值的所有 bin，最後一個 bin 是數據點的總計。預設值是 False。

❑ bottom：bin 的底部基線位置，預設值是 0。

❑ histtype：直方圖類型，可以是 'bar'、'barstacked'、'step'、'stepfilled'。

● bar：傳統條型直方圖，這是預設。

● barstacked：堆疊直方圖，其中多個數據堆疊在一起。

● step：生成未填充的直方線圖。

● stepfilled：生成填充的直方線圖。

❑ align：對齊方式，可以是 'left'、'mid'、'right'，預設是 'mid'。left 是指直方長條圖位於 bin 邊緣左側，mid 是指直方長條圖位於 bin 邊緣之中間，right 是指直方長條圖位於 bin 邊緣右側，預設是 mid。

❑ rwidth：直方長條的相對寬度，預設是 None 表示系統自動計算寬度。

❑ log：預設是 False，如果是 True 則將直方圖軸設置為對數刻度。

❑ color：色彩值或是色彩序列。

❑ label：預設是 False，如果是 True 則第一個數據可以有標籤，因此 legend( ) 可以依照預期輸出圖例。

❑ stacked：如果是 True 則多個數據堆疊，如果是 False 則數據並排。

傳回值 h 是元組，可以不理會，如果有設定傳回值，則 h 值所傳回的 h[0] 是 bins 的數量陣列，每個索引記載這個 bins 的 y 軸值，由索引數量也可以知道 bins 的數量，相當於是直方長條數。h[1] 也是陣列，此陣列記載 bins 的 x 軸值。

14-2 直方圖基礎實例

14-2-1 簡單自創一系列數字實例

程式實例 ch14_1.py：自行設計一系列數字，然後繪製此系列數字的直方圖。

```
1   # ch14_1.py
2   import matplotlib.pyplot as plt
3
4   plt.rcParams["font.family"] = ["Microsoft JhengHei"]
5   x = [4,3,3,2,5,4,5,6,9,4,5,5,3,0,1,7,8,7,5,6,4]
6   plt.hist(x)
7   plt.title('直方圖')
8   plt.xlabel('值')
9   plt.ylabel('頻率')
10  plt.show()
```

執行結果 可以參考下方左圖。

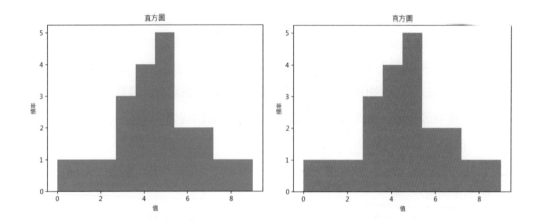

14-2-2 設計不同色彩的直方圖

程式實例 ch14_2.py:重新設計 ch14_1.py,使用綠色顯示直方圖。

```
7  plt.hist(x,color='g')
```

執行結果 可以參考上方右圖。

14-2-3 認識回傳值

執行 plt.hist( ) 函數後,回傳值是串列,串列的第 0 個元素是 y 軸的值,相當於紀錄每個 x 軸值的頻率值,也可以想成出現次數,第 1 個元素是 x 軸的各 bin 分割點的座標值。

程式實例 ch14_3.py:重新設計 ch14_2.py,設計回傳是 h,然後列出 h[0] 和 h[1]。

```
1  # ch14_3.py
2  import matplotlib.pyplot as plt
3  import numpy as np
4
5  plt.rcParams["font.family"] = ["Microsoft JhengHei"]
6  x = [4,3,3,2,5,4,5,6,9,4,5,5,3,0,1,7,8,7,5,6,4]
7  h = plt.hist(x,color='g')
8  print(f"bins的 y 軸 = {h[0]}")
9  print(f"bins的 x 軸 = {h[1]}")
10 plt.title('直方圖')
11 plt.xlabel('值')
12 plt.ylabel('頻率')
13 plt.show()
```

執行結果 直方圖結果與 ch14_2.py 相同。

```
===================== RESTART: D:/matplotlib/ch14/ch14_3.py ==================
bins的 y 軸 = [1. 1. 1. 3. 4. 5. 2. 2. 1. 1.]
bins的 x 軸 = [0.  0.9 1.8 2.7 3.6 4.5 5.4 6.3 7.2 8.1 9. ]
```

從上述可以看到 0 出現 1 次、1 出現 1 次、2 出現 1 次、3 出現 3 次,4 出現 4 次,其他可以依此類推。

14-2-4 直方圖寬度縮小

參數 rwidth 可以設定直方圖的寬度,如果設定 rwidth = 0.8,相當於直方圖寬度是原先預設的 80%,結果可以看到類似長條圖的結果。

程式實例 ch14_3_1.py:設定 rwidth = 0.8,重新設計 ch14_2.py。

```
1  # ch14_3_1.py
2  import matplotlib.pyplot as plt
3  import numpy as np
4
5  plt.rcParams["font.family"] = ["Microsoft JhengHei"]
6  x = [4,3,3,2,5,4,5,6,9,4,5,5,3,0,1,7,8,7,5,6,4]
7  plt.hist(x,color='g',rwidth=0.8)    # 寬度設定 80%
8  plt.title('直方圖')
9  plt.xlabel('值')
10 plt.ylabel('頻率')
11 plt.show()
```

執行結果

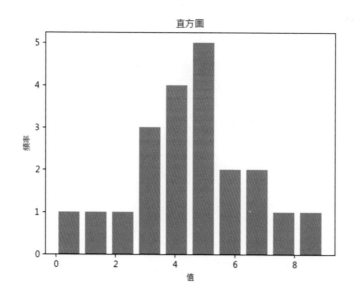

14-5

14-2-5　數據累加的應用

若是將參數 cumulative 設為 True，則可以讓直方圖的長條數據累加。

程式實例 ch14_3_2.py：數據累加的應用。

```
1   # ch14_3_2.py
2   import matplotlib.pyplot as plt
3   import numpy as np
4
5   x = [4,3,3,2,5,4,5,6,9,4,5,5,3,0,1,7,8,7,5,6,4]
6   plt.hist(x,bins=5,color='g',cumulative=True,rwidth=0.8)
7   plt.show()
```

執行結果

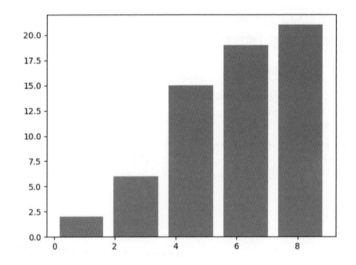

14-3　隨機數函數的數據分佈

常見的數據分佈有下列幾種：

❑ 均勻分佈

❑ 常態分佈

❑ 二項式分佈

❑ Beta 分佈

❑ Chi-square 分佈

❑ Gamma 分佈

下面兩節將針對 Numpy 所提供的均勻分佈與常態分佈函數作解說。

14-4 均勻分佈隨機數函數

所謂的均勻分佈函數，是所產生的隨機數是均勻分佈在指定區間，Numpy 所提供的均勻分佈函數有下列幾種。

```
rand( )
randint( )
uniform( )
```

這一節筆者將使用上述均勻分佈隨機數函數產生隨機數，然後繪製隨機數的直方圖，讀者即可以了解均勻分佈函數的意義。

14-4-1 均勻分佈函數 rand( )

Numpy 的 random.rand( ) 函數可以建立隨機數，值在 0(含)- 1(不含) 間的隨機數，此語法如下：

```
np.random.rand(d0, d1, … dn)
```

傳回指定外形的陣列元素。參數 d0, d1, …dn 主要是說明要建立多少軸 (也可以想成維度) 與多少元素的陣列，例如：np.random.rand(3) 代表建立一軸含 3 個元素的陣列。

由於是產生隨機數，所以每次執行結果皆不相同，如果要建立相同的隨機是可以用 seed( ) 函數，建立種子值。

程式實例 ch14_4.py：使用 np.random.rand( ) 產生 1000 個隨機數，同時繪製直方圖。

```
1  # ch14_4.py
2  import matplotlib.pyplot as plt
3  import numpy as np
4
5  np.random.seed(10)
6  x = np.random.rand(1000)
7  plt.hist(x)
8  plt.title('np.random.rand()')
9  plt.show()
```

執行結果

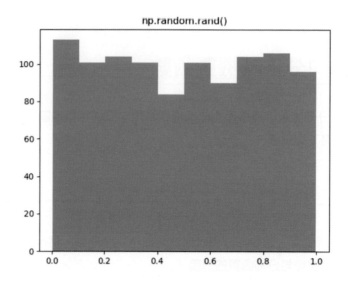

14-4-2　均勻分佈函數 np.random.randint( )

Numpy 的 random.rand( ) 函數可以建立隨機數，值在 low(含) - high(不含) 間的隨機整數，此語法如下：

np.random.randint(low[,high, size, dtype])

如果省略 high，則所產生的隨機整數在 0(含) – low(不含) 之間。例如：np.random.randint(10) 代表回傳 0(含) – 9(含) 之間的隨機數。

其中 size 參數則是可以設定隨機數的陣列外形，可以是單一陣列或是多維陣列。

程式實例 ch14_5.py：使用 nu.random.randint( ) 函數可以一次建立 10000 個隨機數，以 hist 長條圖列印擲骰子 10000 次的結果，同時列出每個點數出現次數。

註　這個程式增加設定箱子 (bins) 是 6(sides)，可以參考第 11 列。

```
1  # ch14_5.py
2  import matplotlib.pyplot as plt
3  import numpy as np
4
5  plt.rcParams["font.family"] = ["Microsoft JhengHei"]
6  np.random.seed(10)
7  sides = 6
8  # 建立 10000 個 1-6(含) 的整數隨機數
9  dice = np.random.randint(1,sides+1,size=10000)  # 建立隨機數
10
```

```
11  h = plt.hist(dice, sides)                    # 繪製hist圖
12  print("骰子出現次數 : ",h[0])
13  plt.ylabel('次數')
14  plt.xlabel('骰子點數')
15  plt.title('測試 10000 次')
16  plt.show()
```

執行結果

```
================= RESTART: D:/matplotlib/ch14/ch14_5.py =================
骰子出現次數 :  [1607. 1716. 1728. 1704. 1641. 1604.]
```

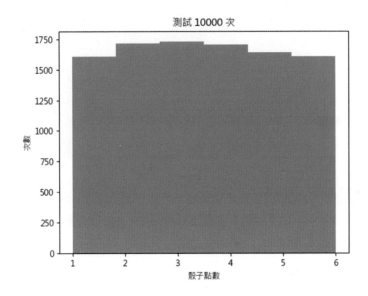

14-4-3 uniform( )

這是一個均勻分布的隨機函數,語法如下:

np.random.uniform(low, high, size)

low:預設是 0.0,隨機數的下限值。

high:預設是 1.0,隨機數的上限值。

size:預設是 1,產生隨機數的數量。

程式實例 ch14_6.py:產生 250 個均勻分布的隨機函數,同時繪製直方圖。

```
1  # ch14_6.py
2  import matplotlib.pyplot as plt
3  import numpy as np
4
```

```
5  np.random.seed(10)
6  s = np.random.uniform(0.0,5.0,size=250)  # 隨機數
7  plt.hist(s, 5)                            # bin=5的直方圖
8  plt.show()
```

執行結果

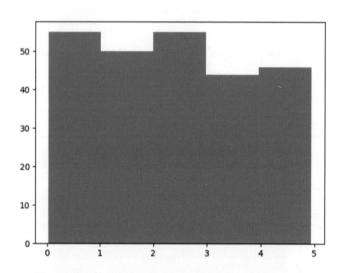

　　從上圖可以得到我們使用 5 個長條區塊代表區間值，第 1 個直方長條是 0－1 之間，第 2 個直方長條是 1－2 之間，第 3 個直方長條是 2－3 之間，第 4 個直方長條是 3－4 之間，第 5 個直方長條是 4－5 之間。從上圖可以得到下列結果：

1：　在 0－1 之間有 51 個數值。

2：　在 1－2 之間有 49 個數值。

3：　在 2－3 之間有 58 個數值。

4：　在 3－4 之間有 43 個數值。

5：　在 4－5 之間有 49 個數值。

14-5 常態分佈隨機數函數

　　常態分佈函數的數學公式如下：

$$f(x) = \frac{1}{\sigma\sqrt{2\pi}} * exp\left(\frac{-(x-\mu)^2}{2\sigma^2}\right)$$

常態分佈又稱高斯分佈 (Gaussian distribution)，上述標準差 σ 會決定分佈的幅度，平均值 μ 會決定數據分佈的位置，常態分佈的特色如下：

1： 平均數、中位數與眾數為相同數值。

2： 單峰的鐘型曲線，因為呈現鐘形，所以又稱鐘形曲線。

3： 左右對稱。

Numpy 所提供的常態分佈函數有下列幾種。

```
randn( )
normal( )
```

這一節筆者將使用上述常態分佈隨機數函數產生隨機數，然後繪製隨機數的直方圖，讀者即可以了解常態分佈函數的意義。

14-5-1　randn( )

randn( ) 函數主要是產生一個或多個平均值 μ 是 0，標準差 σ 是 1 的常態分佈的隨機數。語法如下：

```
np.random.randn(d0, d1, …, dn)
```

如果省略參數，則回傳一個隨機數，dn 是維度，如果想要回傳 10000 個隨機數，可以使用 np.random.randn(10000)。

程式實例 ch14_7.py：使用 randn( ) 函數，設定 bins=30，繪製 10000 個隨機函數的直方圖與常態分佈的曲線圖。

```
1  # ch14_7.py
2  import matplotlib.pyplot as plt
3  import numpy as np
4
5  np.random.seed(10)
6  # 平均值 = 0.0, 標準差 = 1 的隨機數
7  s = np.random.randn(10000)          # 隨機數
8  bins = 30
9  plt.hist(s, bins, density=True)     # 直方圖
10 plt.show()
```

執行結果 可以參考下方左圖。

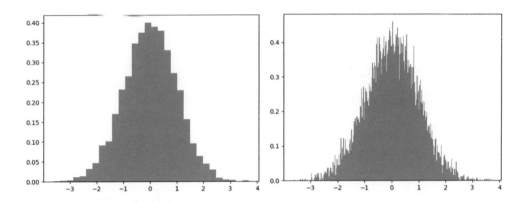

程式實例 ch14_8.py：重新設計 ch14_7.py，將 bins 改為 300，讀者可以體會彼此的差異。

```
9   bins = 300
```

執行結果　可以參考上方右圖。

14-5-2　normal( )

雖然可以使用 randn( ) 產生常態分佈的隨機函數，一般數據科學家更常用的常態分佈函數是 normal( ) 函數，其語法如下：

```
np.random.normal(loc, scale, size)
```

loc：是平均值 μ，預設是 0，這也是隨機數分布的中心。

scale：是標準差 σ，預設是 1，值越大圖形越矮胖，值越小圖形越瘦高。

size：預設是 None，表示產生一個隨機數，可由此設定隨機數的數量。

上述函數與 np.random.randn( ) 最大差異在於，此常態分佈的隨機函數可以自行設定平均值 μ、標準差 σ，所以應用範圍更廣。

程式實例 ch14_9.py：使用 normal( ) 函數重新設計 ch14_7.py。

```
1   # ch14_9.py
2   import matplotlib.pyplot as plt
3   import numpy as np
4
5   mu = 0                              # 均值
6   sigma = 1                           # 標準差
7   np.random.seed(10)
```

```
 8  s = np.random.normal(mu, sigma, 10000)   # 隨機數
 9  bins = 30
10  plt.hist(s, bins, density=True)           # 直方圖
11  plt.show()
```

執行結果

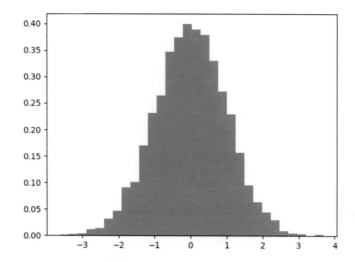

程式實例 ch14_10.py：重新設計 ch14_9.py，將均值改為 100，標準差也改為 15，其實這個數據就是預估一般人智商的圖表。

```
 1  # ch14_10.py
 2  import matplotlib.pyplot as plt
 3  import numpy as np
 4
 5  plt.rcParams["font.family"] = ["Microsoft JhengHei"]
 6  mu = 100                                   # 均值
 7  sigma = 15                                 # 標準差
 8  np.random.seed(10)
 9  s = np.random.normal(mu, sigma, 10000)     # 隨機數
10  bins = 30
11  plt.hist(s, bins, density=True)            # 直方圖
12
13  plt.xlabel('智商指數',color='b')
14  plt.ylabel('機率',color='b')
15  plt.title('智商IQ指標直方圖',color='m')
16  plt.text(120,0.02,r'$\mu=100,\ \sigma=15$',color='b')
17  plt.grid(True)
18  plt.show()
```

執行結果

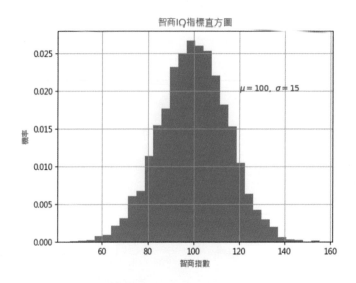

14-5-3　樣本數不同的考量

在一張圖表繪製 2 組樣本數不同的數據時，可能會讓數據本身有差異，如下所示：

程式實例 ch14_10_1.py：繪製 2 組樣本數不同的數據。

```
1  # ch14_10_1.py
2  import numpy as np
3  import matplotlib.pyplot as plt
4
5  x1 = np.random.normal(50,5,10000)
6  x2 = np.random.normal(60,5,50000)
7  plt.hist(x1,range=(30,80),bins=20,color='g',alpha=0.8)
8  plt.hist(x2,range=(30,80),bins=20,color='m',alpha=0.8)
9  plt.show()
```

執行結果　可以參考下方左圖。

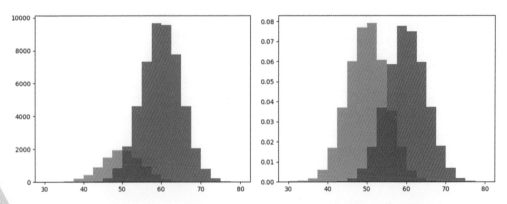

程式實例 ch14_10_2.py：增加 density = True，重新設計 ch14_10_1.py。

```
7  plt.hist(x1,range=(30,80),bins=20,color='g',alpha=0.8,density=True)
8  plt.hist(x2,range=(30,80),bins=20,color='m',alpha=0.8,density=True)
```

執行結果 可以參考上方右圖。

14-6 三角形分佈取樣

常用的數據分佈圖中還有三角形分佈函數，可以使用 triangular( ) 函數完成，此函數的語法如下：

np.random.triangular(left, mode, right, size=None)

上述各參數意義如下：

❑ left：x 軸最小值。

❑ mode：x 軸出現尖峰值的位置。

❑ right：x 軸最大值

程式實例 ch14_11.py：三角形分佈取樣的實例，這個程式在呼叫 hist( ) 方法時，增加設定 density=True，此時 y 軸不再是次數，而是機率值。

```
1  # ch14_11.py
2  import numpy as np
3  import matplotlib.pyplot as plt
4
5  left = -2
6  peak = 8                        # mode尖峰值
7  right = 10
8  bins = 200
9  s = np.random.triangular(left,peak,right,10000)
10 plt.hist(s, bins, density=True)
11 plt.show()
```

執行結果 可以參考下方左圖，統計學上稱此為正偏態分佈。

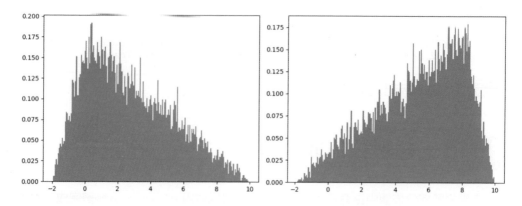

程式實例 ch14_12.py：重新設計 ch14_11.py，將 x 軸出現尖峰值的位置改為 8。

```
6   peak = 8                                   # mode尖峰值
```

執行結果　可以參考上方右圖，統計學上稱此為負偏態分佈。

14-7 組合圖

14-7-1 hist( ) 函數和 plot( ) 函數的混合應用

在繪製圖表時同時有兩種類型的表達方式稱組合圖，例如：先前我們有繪製常態分佈隨機數的直方圖，也可以增加繪製常態分佈隨機數的折線圖，當折線圖的線段變多時就形成曲線圖。

程式實例 ch14_13.py：重新設計 ch14_8.py，增加繪製折線圖。

```python
1   # ch14_13.py
2   import matplotlib.pyplot as plt
3   import numpy as np
4
5   plt.rcParams["font.family"] = ["Microsoft JhengHei"]
6   plt.rcParams["axes.unicode_minus"] = False
7   np.random.seed(10)
8   mu = 0                                       # 平均值
9   sigma = 1                                    # 標準差
10  s = np.random.randn(10000)                   # 隨機數
11  bins = 30
12  count, bins, ignored = plt.hist(s, bins, density=True)   # 直方圖
13  # 繪製折線圖
14  plt.plot(bins, 1/(sigma * np.sqrt(2 * np.pi)) *
15          np.exp( - (bins - mu)**2 / (2 * sigma**2) ),
```

```
15            np.exp( - (bins - mu)**2 / (2 * sigma**2) ),
16            linewidth=2, color='r')
17 plt.title('常態分布 ' + r'$\mu=0, \sigma=1$',fontsize=16)
18 plt.show()
```

執行結果 可以參考下方左圖。

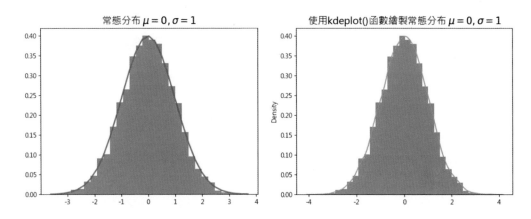

14-7-2 視覺化模組 Seaborn

Seaborn 是建立在 matplotlib 模組底下的視覺化模組，可以使用很少的指令完成圖表建立，在使用此模組前請先安裝此模組。

由於筆者電腦安裝多個 Python 版本，目前使用下列指令安裝此模組：

py –m pip install seaborn

如果你的電腦沒有安裝多個版本，可以只寫 pip install seaborn。在此模組可以使用 kdeplot( ) 函數，這個函數稱核密度估計圖，繪製所產生的常態分佈曲線非常方便。

程式實例 ch14_14.py：使用 kdeplot( ) 函數繪製所產生的常態分佈曲線，重新設計 ch14_13.py。

```
1  # ch14_14.py
2  import matplotlib.pyplot as plt
3  import numpy as np
4  import seaborn as sns
5
6  plt.rcParams["font.family"] = ["Microsoft JhengHei"]
7  plt.rcParams["axes.unicode_minus"] = False
8  np.random.seed(10)
9  mu = 0                                          # 平均值
10 sigma = 1                                       # 標準差
```

```
11   s = np.random.randn(10000)                              # 隨機數
12   bins = 30
13   count, bins, ignored = plt.hist(s, bins, density=True)  # 直方圖
14   sns.kdeplot(s)                                          # 核密度估計圖
15   plt.title('使用kdeplot()函數繪製常態分布 ' + r'$\mu=0, \sigma=1$',fontsize=16)
16   plt.show()
```

執行結果　可以參考上方右圖。

　　我們也可以將核密度估計圖函數 kdeplot( ) 應用在繪製均勻分佈的隨機函數。

程式實例ch14_15.py：將核密度估計圖函數 kdeplot( ) 應用在繪製均勻分佈的隨機函數。

```
1   # ch14_15.py
2   import matplotlib.pyplot as plt
3   import numpy as np
4   import seaborn as sns
5
6   s = np.random.uniform(size=10000)    # 隨機數
7   plt.hist(s, 30, density=True)        # 直方圖
8   sns.kdeplot(s)                       # 核密度估計圖
9   plt.show()
```

執行結果

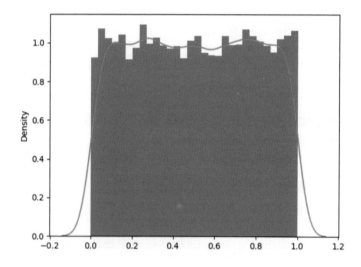

14-8 多數據的直方圖設計

前面章節所述的內容是一組數據，hist( ) 函數也允許有多組數據，假設有數據 x1 和 x2 陣列，則可以使用下列方式調用 hist( ) 函數。

    hist([x1,x2], …)

程式實例 ch14_16.py：數學與化學成績，兩組組數據的直方圖設計。

```python
1   # ch14_16.py
2   import numpy as np
3   import matplotlib.pyplot as plt
4
5   math = [60,10,40,80,80,30,80,60,70,90,50,50,50,70,60,80,80,50,60,70,
6           70,40,30,70,60,80,20,80,70,50,90,80,40,40,70,60,80,30,20,70]
7   chem = [50,10,60,80,70,30,80,60,30,90,50,50,90,70,60,50,80,50,60,70,
8           60,50,30,70,70,80,10,80,70,50,90,80,40,50,70,60,80,40,20,70]
9
10  plt.rcParams['font.family'] = 'Microsoft JhengHei'
11  bins = 9
12  labels = ['數學','化學']
13  plt.hist([math,chem],bins,label=labels)
14  plt.ylabel('學生人數')
15  plt.xlabel('分數')
16  plt.title('成績表',fontsize=16)
17  plt.legend()
18  plt.show()
```

執行結果

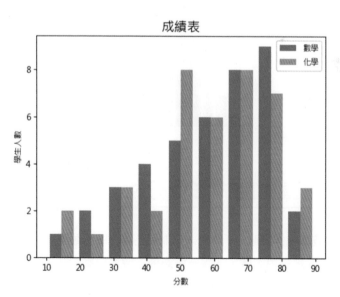

　　其實隨機數也可以也可以產生多組數據，假設使用的是 randn( ) 函數，如果要回傳多組數據可以在 randn( ) 函數內增加第 2 個參數 n，此 n 值代表 n 組數據。

程式實例 ch14_17.py：使用 randn( ) 函數繪製 3 組 10000 個隨機數的數據。

```
1  # ch14_17.py
2  import numpy as np
3  import matplotlib.pyplot as plt
4
5  plt.rcParams["font.family"] = ["Microsoft JhengHei"]
6  plt.rcParams["axes.unicode_minus"] = False
7  np.random.seed(10)
8  bins = 20
9  x = np.random.randn(10000, 3)
10 colors = ['red', 'green', 'blue']
11 plt.hist(x,bins,density=True,color=colors,label=colors)
12 plt.legend()
13 plt.title('3 組數據的常態分佈隨機數',fontsize=16)
14 plt.show()
```

執行結果

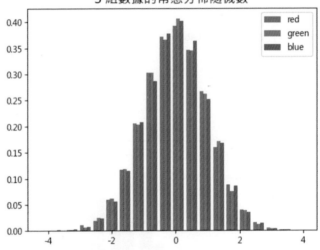

14-9　應用直方圖做影像分析

　　直方圖也常被應用作影像分析，對一個灰階影像，每個像素點的值是在 0 – 255 間，0 是黑色影像，255 是白色影像，如果一張影像的像素值集中在偏 255 則可知道這張影像的太亮 (曝光過度)，反之如果一張影像的像素值集中在偏 0 則可知道這張影像的太暗 (曝光不足)。

程式實例 ch14_18.py：使用直方圖分析影像，對於太亮影像的直方圖分析。

```
1   # ch14_18.py
2   import cv2
3   import matplotlib.pyplot as plt
4
5   src = cv2.imread("snow.jpg",cv2.IMREAD_GRAYSCALE)
6   plt.subplot(121)                    # 建立子圖 1
7   plt.imshow(src, 'gray')             # 灰度顯示第1張圖
8   plt.subplot(122)                    # 建立子圖 2
9   plt.hist(src.ravel(),256)           # 降維再繪製直方圖
10  plt.tight_layout()
11  plt.show()
```

執行結果

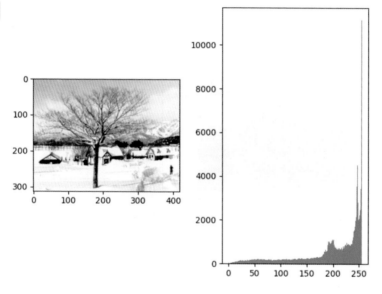

上述程式第 5 列是使用灰階方式讀取影像 snow.jpg，第 9 列的 ravel( ) 函數是將二維陣列影像降維成一維陣列，可以參考下列實例。

程式實例 ch14_18_1.py：認識 ravel( ) 函數。

```
1   # ch14_18_1.py
2   import numpy as np
3
4   arr = np.arange(6).reshape(2,3)     # 陣列轉成 2 x 3
5   print(arr)
6   print(arr.ravel())
```

執行結果

```
=============== RESTART: D:/matplotlib/ch14/ch14_18_1.py ===============
[[0 1 2]
 [3 4 5]]
[0 1 2 3 4 5]
```

程式實例 ch14_19.py：使用直方圖分析影像，對於太暗影像的直方圖分析。

```
1   # ch14_19.py
2   import cv2
3   import matplotlib.pyplot as plt
4
5   src = cv2.imread("springfield.jpg",cv2.IMREAD_GRAYSCALE)
6   plt.subplot(121)                        # 建立子圖 1
7   plt.imshow(src, 'gray')                 # 灰階顯示第1張圖
8   plt.subplot(122)                        # 建立子圖 2
9   plt.hist(src.ravel(),256)               # 降維再繪製直方圖
10  plt.tight_layout()
11  plt.show()
```

執行結果

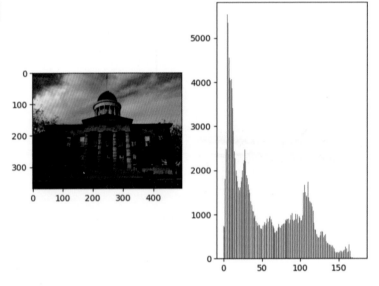

註　更多影像知識請參考筆者所著 OpenCV 影像創意邁向 AI 視覺王者歸來。

14-10 直方圖 histtype 參數解說

直方圖的參數 histtype 可以設定直方圖的格式，下列將以一個實例解說。

程式實例 ch14_20.py：使用不同 histtype 參數繪製 4 個直方圖，所有數據使用隨機數函數 normal() 產生。x1 數據平均值是 0，標準差是 25。X2 數據平均值是 0，標準差是 10。

```
1   # ch14_20.py
2   import matplotlib.pyplot as plt
3   import numpy as np
4
5   plt.rcParams["font.family"] = ["Microsoft JhengHei"]
6   plt.rcParams["axes.unicode_minus"] = False
7   np.random.seed(10)
8   mu = 0                                          # 平均值
9   sigma1 = 25                                     # x1 資料標準差
10  x1 = np.random.normal(mu, sigma1, size=100)     # 建立 x1 資料
11
12  sigma2 = 10                                     # x2 資料標準差
13  x2 = np.random.normal(mu, sigma2, size=100)     # 建立 x1 資料
14
15  fig, axs = plt.subplots(nrows=2, ncols=2)       # 建立 2 x 2 子圖
16  # 建立 [0,0]子圖
17  axs[0,0].hist(x1,15,density=True,histtype='step')
18  axs[0,0].set_title("histtype = 'step'")
19  # 建立 [0,1]子圖
20  axs[0,1].hist(x1,15,density=True,histtype='stepfilled',
21                  color='m',alpha=0.8)
22  axs[0,1].set_title("histtype = 'stepfilled'")
23  # 建立 [1,0]子圖
24  axs[1,0].hist(x1,density=True,histtype='barstacked',rwidth=0.8)
25  axs[1,0].hist(x2,density=True,histtype='barstacked',rwidth=0.8)
26  axs[1,0].set_title("histtype = 'barstacked'")
27  # 建立 [1,1]子圖, 寬度不相等
28  bins = [-60, -50, -20, -10, 30, 50]
29  axs[1,1].hist(x1,bins,density=True,histtype='bar',rwidth=0.8,color='g')
30  axs[1,1].set_title("histtype = 'bar' 不相等寬度的 bins")
31  fig.tight_layout()
32  plt.show()
```

執行結果

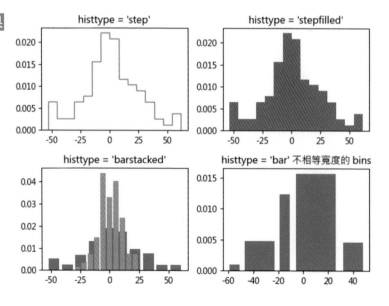

14-23

第十五章

圓餅圖

　　圓餅圖是一種統計圖表，函數 pie( ) 主要是製作圓餅圖，圓餅圖可以使用百分比描述數據之間相對的關係，例如：商品銷售的類型比例、個人消費的類型比例、消費族群分析的比例，本章會做完整解說。

15-1　圓餅圖的語法

　　圓餅圖的函數是 pie( )，這個函數的常用參數語法如下：

```
plt.pie(x, explode=None, labels=None, colors=None, autopct=None,
pctdistance=0.6, shadow=False, labeldistance=1.1, startangle=0, radius=1,
counterclock=True, wedgeprops=None, textprops=None, center=(0, 0),
frame=False, rotationlabels=False)
```

上述各參數意義如下：

❏ x：圓餅圖項目所組成的數據串列。

❏ explode：可設定是否從圓餅圖分離的串列，0 表示不分離，一般可用 0.1 分離，數值越大分離越遠，預設是 0。

❏ labels：圓餅圖項目所組成的標籤串列。

❏ colors：圓餅圖項目顏色所組成的串列，如果省略則用預設顏色。

❏ autopct：表示項目的百分比格式，基本語法是 "% 格式 %%"，例如："%d%%" 表示整數，"%1.2f%%" 表示整數 1 位數，小數 2 位數，如果實際整數需要 2 位數，系統會自動增加。也有程式設計師省略 1，直接使用 "%.2f%%"，所獲得的結果也相同。

❏ pctdistance：預設是 0.6，圖片中心與 autopact 之間距離的比率。

❏ radius：圓餅圖的半徑，預設是 1。

❏ shadow：True 表示圓餅圖形有陰影，False 表圓餅圖形沒有陰影，預設是 False。

❏ labeldistance：項目標題與圓餅圖中心的距離是半徑的多少倍，例如：1.2 代表是 1.2 倍，預設是 1.1。

❏ startangle：指定圓餅圖配置方向，預設是 0 度，然後逆時針角度。

❏ counterclock：指定圓餅圖方向，預設是 True，表示是逆時針。

❑ wedgeprops：傳遞給圓餅圖的參數字典，用於設定圓餅樣式、邊界線粗細或是顏色，例如：若是要設定圓餅圖邊界線是 3，可以使用 wedgeprops = {'linewidth':3}。

❑ textprops：傳遞給圓餅圖的文字參數字典，用於設定標籤的格式。

❑ center：圓中心座標，預設是 0。

❑ frame：預設是 False，如果為 True 則圖表會有軸框。

❑ rotationlabels：標籤相對於圓餅區塊的旋轉角度。

15-2 圓餅圖的基礎實例

最基礎的圓餅圖建議需要有數據 x 和標籤 labels，如果缺少標籤雖仍可以產生圓餅圖，但外人無法瞭解圓餅的意義。

15-2-1　國外旅遊調查表

程式實例 ch15_1.py：國外旅遊調查表。

```
1  # ch15_1.py
2  import matplotlib.pyplot as plt
3
4  plt.rcParams["font.family"] = ["Microsoft JhengHei"]
5  area = ['大陸','東南亞','東北亞','美國','歐洲','澳紐']
6  people = [10000,12600,9600,7500,5100,4800]
7  plt.pie(people,labels=area)
8  plt.title('五月份國外旅遊調查表',fontsize=16,color='b')
9  plt.show()
```

執行結果

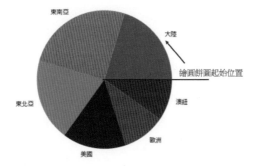

上述讀者可以看到旅遊地點標籤在圓餅圖外，這是因為預設 labeldistance 是 1.1，如果要將旅遊地點標籤放在圓餅圖內需設定此值是小於 1.0，未來會有實例解說。

15-2-2　增加百分比的國外旅遊調查表

參數 autopct 可以增加百分比，一般百分比是設定到小數 2 位。

程式實例 ch15_2.py：擴充設計 ch15_1.py，設定各旅遊地點的整數百分比，讀者可以留意第 7 列的參數 autopct 設定。

```
7   plt.pie(people,labels=area,autopct="%d%%")
```

執行結果　可以參考下方左圖。

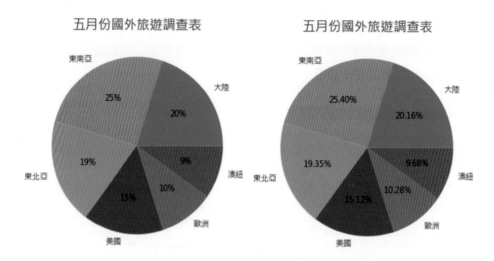

程式實例 ch15_3.py：使用含 2 位小數的百分比，重新設計 ch15_2.py。

```
7   plt.pie(people,labels=area,autopct="%1.2f%%")
```

執行結果　可以參考上方右圖。

15-2-3　突出圓餅區塊的數據分離

設計圓餅圖時可以將需要特別關注的圓餅區塊分離，這時可以使用 explode 參數，不分離的區塊設為 0.0，要分離的區塊可以設定小數值，例如：可以設定 0.1，數值越大分離越大。

程式實例 ch15_4.py：設定澳紐圓餅區塊分離 0.1。

```
1   # ch15_4.py
2   import matplotlib.pyplot as plt
3
4   plt.rcParams["font.family"] = ["Microsoft JhengHei"]
5   area = ['大陸','東南亞','東北亞','美國','歐洲','澳紐']
6   people = [10000,12600,9600,7500,5100,4800]
7   exp = [0.0,0.0,0.0,0.0,0.0,0.1]
8   plt.pie(people,labels=area,explode=exp,autopct="%1.2f%%")
9   plt.title('五月份國外旅遊調查表',fontsize=16,color='b')
10  plt.show()
```

執行結果 可以參考下方左圖。

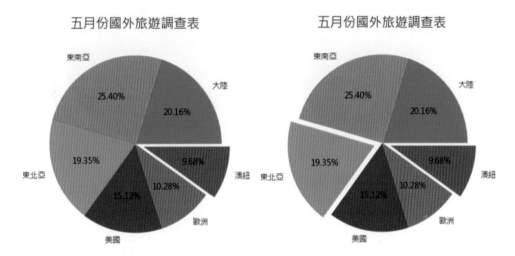

五月份國外旅遊調查表 五月份國外旅遊調查表

圓餅圖也可以讓多個圓餅區塊分離，可以參考下列實例。

程式實例 ch15_5.py：增加東北亞區塊分離，重新設計 ch15_4.py。

```
7   exp = [0.0,0.0,0.1,0.0,0.0,0.1]
```

執行結果 可以參考上方右圖。

15-2-4 起始角度

程式實例 ch15_1.py 的執行結果筆者有說明圓餅圖起始角度，預設的起始角度是 0 度，pie( ) 函數的 startangle 參數可以設定起始角度。

程式實例 ch15_5_1.py：將圓餅圖的起始角度設為 90 度，重新設計 ch15_4.py。

```
8  plt.pie(people,labels=area,explode=exp,autopct="%1.2f%%",
9         startangle=90)
```

執行結果 可以參考下方左圖。

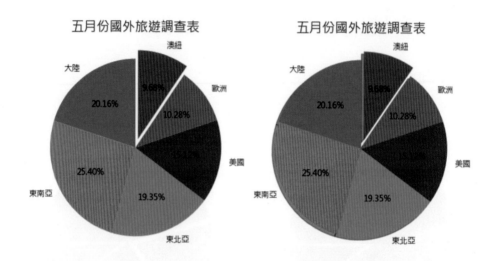

15-2-5 建立圓餅圖陰影

函數 pie( ) 內部的 shadow 參數若是設為 True，可以為圓餅圖建立陰影。

程式實例 ch15_5_2.py：為圓餅圖建立陰影，擴充設計 ch15_5_1.py。

```
8  plt.pie(people,labels=area,explode=exp,autopct="%1.2f%%",
9         startangle=90,shadow=True)
```

執行結果 可以參考上方右圖。

15-3 圓餅圖標籤色彩與文字大小的控制

15-3-1 圓餅色彩的控制

前面所設計的圓餅圖色彩是預設，我們可以參考 2-4-1 節和附錄 B 的色彩控制顏色。顏色可以放置在串列或是元組內，未來可以使用 pie( ) 函數的參數 colors 設定。

程式實例 ch15_6.py：自行設計圓餅的色彩，重新設計 ch15_5.py。

```
1   # ch15_6.py
2   import matplotlib.pyplot as plt
3
4   plt.rcParams["font.family"] = ["Microsoft JhengHei"]
5   area = ['大陸','東南亞','東北亞','美國','歐洲','澳紐']
6   people = [10000,12600,9600,7500,5100,4800]
7   exp = [0.0,0.0,0.1,0.0,0.0,0.1]
8   colors = ['aqua','g','pink','yellow','m','salmon']
9   plt.pie(people,labels=area,explode=exp,autopct="%1.2f%%",
10          colors=colors)
11  plt.title('五月份國外旅遊調查表',fontsize=16,color='b')
12  plt.show()
```

執行結果

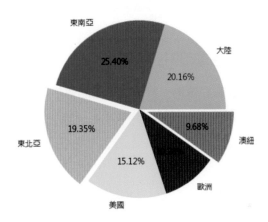

五月份國外旅遊調查表

　　色彩使用方式有許多，除了我們常用方式，也可以參考附錄 B，使用 16 進位方式，可以參考下列實例。

程式實例 ch15_7.py：使用 16 進位色彩設定圓餅圖，註：雖然程式內容與 ch15_6.py 相同，不過色彩是不一樣。

```
1   # ch15_7.py
2   import matplotlib.pyplot as plt
3
4   plt.rcParams["font.family"] = ["Microsoft JhengHei"]
5   area = ['大陸','東南亞','東北亞','美國','歐洲','澳紐']
6   people = [10000,12600,9600,7500,5100,4800]
7   exp = [0.0,0.0,0.1,0.0,0.0,0.1]
8   colors = ['#ff9999','#66b4ff','#99ff88','#ffcc99','#00ffff','#ff00ff']
9   plt.pie(people,labels=area,explode=exp,autopct="%1.2f%%",
10          colors=colors)
11  plt.title('五月份國外旅遊調查表',fontsize=16,color='b')
12  plt.show()
```

執行結果

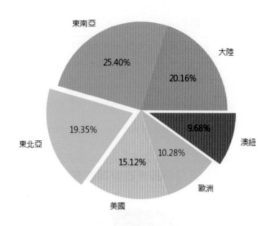

五月份國外旅遊調查表

15-3-2 圓餅圖標籤色彩的控制

調用 pie( ) 函數時有 3 個回傳值，其中第 2 個回傳值可以設定標籤色彩，預設標籤是使用黑色，整個調用函數回傳方式如下：

patches, texts, autotexts = pie(⋯)

或是使用下列方式：

patches = pie(⋯)

這時相當於產生下列結果。

patches[0] = patches
patches[1] = texts
patches[2] = autotexts

有了 texts 後，可以使用 set_color( ) 函數設定此標籤顏色。

程式實例 ch15_8.py：設定標籤顏色是 magenta 色彩，重新設計 ch15_6.py。

```
1  # ch15_8.py
2  import matplotlib.pyplot as plt
3
4  plt.rcParams["font.family"] = ["Microsoft JhengHei"]
5  area = ['大陸','東南亞','東北亞','美國','歐洲','澳紐']
6  people = [10000,12600,9600,7500,5100,4800]
7  exp = [0.0,0.0,0.1,0.0,0.0,0.1]
8  piecolors = ['aqua','g','pink','yellow','m','salmon']
9  patches, texts, autotexts = plt.pie(people,labels=area,
```

```
10            explode=exp,autopct="%1.2f%%",colors=piecolors)
11  for txt in texts:                 # 設定標籤顏色
12      txt.set_color('m')
```
```
13  plt.title('五月份國外旅遊調查表',fontsize=16,color='b')
14  plt.show()
```

執行結果

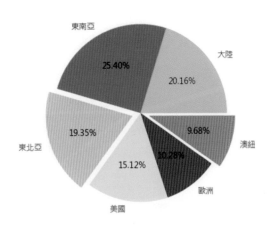

五月份國外旅遊調查表

15-3-3　圓餅圖內部百分比的色彩

調用 pie( ) 函數時有 3 個回傳值，其中第 3 個回傳值可以設定圓餅圖內部百分比色彩，預設百分比色彩是使用黑色，整個調用函數回傳方式如下：

　　patches, texts, autotexts = pie(…)

有了 autotexts 後，可以使用 set_color( ) 設定此百分比顏色。Matplotlib 預設的圓餅圖色彩顏色比較深，所以可以將百分比色彩設為淺色，讓百分比數字清晰。

程式實例 ch15_9.py：設定標籤顏色是 magenta，百分比顏色是 white 色彩，重新設計ch15_5.py。

```
1  # ch15_9.py
2  import matplotlib.pyplot as plt
3
4  plt.rcParams["font.family"] = ["Microsoft JhengHei"]
5  area = ['大陸','東南亞','東北亞','美國','歐洲','澳紐']
6  people = [10000,12600,9600,7500,5100,4800]
7  exp = [0.0,0.0,0.1,0.0,0.0,0.1]
8  patches, texts, autotexts = plt.pie(people,labels=area,
9          explode=exp,autopct="%1.2f%%")
10  for txt in texts:                 # 設定標籤顏色
```

```
11        txt.set_color('m')
12  for txt in autotexts:          # 設定百分比顏色
13        txt.set_color('w')
14  plt.title('五月份國外旅遊調查表',fontsize=16,color='b')
15  plt.show()
```

執行結果

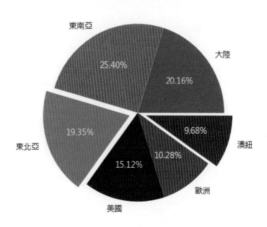

五月份國外旅遊調查表

15-3-4 標籤與百分比字型大小的控制

函數 set_size( ) 可以設定標籤與百分比字型大小。

程式實例 ch15_10.py：設定標籤與百分比字型大小分是 14 和 12，重新設計 ch15_9. py。

```
1   # ch15_10.py
2   import matplotlib.pyplot as plt
3
4   plt.rcParams["font.family"] = ["Microsoft JhengHei"]
5   area = ['大陸','東南亞','東北亞','美國','歐洲','澳紐']
6   people = [10000,12600,9600,7500,5100,4800]
7   exp = [0.0,0.0,0.1,0.0,0.0,0.1]
8   patches, texts, autotexts = plt.pie(people,labels=area,
9           explode=exp,autopct="%1.2f%%")
10  for txt in texts:              # 設定標籤
11        txt.set_color('m')       # 色彩設定
12        txt.set_size(14)         # 字型大小
13  for txt in autotexts:          # 設定百分比
14        txt.set_color('w')       # 色彩設定
15        txt.set_size(12)         # 字型大小
16  plt.title('五月份國外旅遊調查表',fontsize=16,color='b')
17  plt.show()
```

執行結果

五月份國外旅遊調查表

15-4 圓餅圖邊界線顏色與粗細

15-4-1 設定邊界顏色

先前我們使用 pie( ) 函數的回傳值是回傳 3 個元素，其實也可以使用一個 t 串列或元組當作回傳變數，未來在使用索引取得元素，可以參考下列語法。

patches = pie(⋯)

未來可以使用 patches 索引取得回傳值，其中第 0 個元素與邊界線顏色有關，可以使用 patches[0] 引用此物件，設定邊界顏色可以使用 set_edgecolor( ) 函數。

程式實例 ch15_11.py：重新設計 ch15_3.py，將圓餅的邊界線設為白色。

```
1  # ch15_11.py
2  import matplotlib.pyplot as plt
3
4  plt.rcParams["font.family"] = ["Microsoft JhengHei"]
5  area = ['大陸','東南亞','東北亞','美國','歐洲','澳紐']
6  people = [10000,12600,9600,7500,5100,4800]
7  patches = plt.pie(people,labels=area,autopct="%1.2f%%")
8  for edgecolor in patches[0]:
9      edgecolor.set_edgecolor('w')           # 設定圓餅邊界線是白色
10 plt.title('使用 set_edgecolor() 函數',fontsize=16,color='b')
11 plt.show()
```

執行結果　可以參考下方左圖。

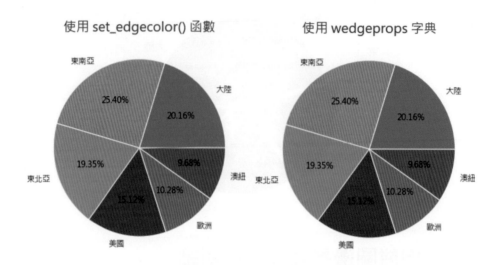

15-4-2　使用 wedgeprops 字典設定邊界顏色

函數 pie( ) 的 wedgeprops 字典也可以用 edgecolor(或是 ec) 元素設定邊界顏色。

程式實例 ch15_12.py：使用 wedgeprops 字典的 edgecolor 設定邊界顏色。

```
1  # ch15_12.py
2  import matplotlib.pyplot as plt
3
4  plt.rcParams["font.family"] = ["Microsoft JhengHei"]
5  area = ['大陸','東南亞','東北亞','美國','歐洲','澳紐']
6  people = [10000,12600,9600,7500,5100,4800]
7  plt.pie(people,labels=area,autopct="%1.2f%%",
8          wedgeprops={'edgecolor':'w'})
9  plt.title('使用 wedgeprops 字典',fontsize=16,color='b')
10 plt.show()
```

執行結果　可以參考上方右圖。

15-4-3　使用 wedgeprops 字典設定邊界粗細

函數 pie( ) 的 wedgeprops 字典也可以用 linewidth(或 lw) 元素設定邊界粗細。

程式實例 ch15_13.py：擴充 ch15_12.py，增加設定邊界粗細是 5。

```
1  # ch15_13.py
2  import matplotlib.pyplot as plt
3
4  plt.rcParams["font.family"] = ["Microsoft JhengHei"]
5  area = ['大陸','東南亞','東北亞','美國','歐洲','澳紐']
6  people = [10000,12600,9600,7500,5100,4800]
7  plt.pie(people,labels=area,autopct="%1.2f%%",
8          wedgeprops={'ec':'w','lw':5})
9  plt.title('使用 wedgeprops ec 和 lw',fontsize=16,color='b')
10 plt.show()
```

執行結果　可以參考下方左圖。

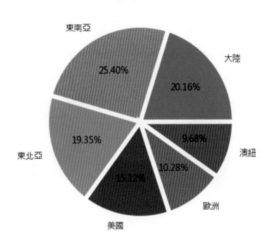

使用 wedgeprops ec 和 lw

15-5　使用 wedgeprops 字典設定圖表樣式

　　函數 pie( ) 的 wedgeprops 字典也可以用 patch 元素設定圓餅樣式，可以參考的邊界樣式有 '/'、'\'、'|'、'-'、'+'、'x'、'o'、'O'、'*'。

程式實例 ch15_14.py：設定圓餅圖表的樣式。

```
1  # ch15_14.py
2  import matplotlib.pyplot as plt
3
4  plt.rcParams["font.family"] = ["Microsoft JhengHei"]
5  area = ['大陸','東南亞','東北亞','美國','歐洲','澳紐']
6  people = [10000,12600,9600,7500,5100,4800]
```

```
 7
 8  fig, axs = plt.subplots(nrows=2, ncols=2)        # 建立 2 x 2 子圖
 9  # 建立 [0,0]子圖
10  axs[0,0].pie(people,labels=area,autopct="%1.2f%%",
11          wedgeprops={'ec':'w','hatch':'-'})
12  axs[0,0].set_title("hatch = '-'",color='m')
13  # 建立 [0,1]子圖
14  axs[0,1].pie(people,labels=area,autopct="%1.2f%%",
15          wedgeprops={'ec':'w','hatch':'+'})
16  axs[0,1].set_title("hatch = '+'",color='m')
17  # 建立 [1,0]子圖
18  axs[1,0].pie(people,labels=area,autopct="%1.2f%%",
19          wedgeprops={'ec':'w','hatch':'o'})
20  axs[1,0].set_title("hatch = 'o'",color='m')
21  # 建立 [1,1]子圖
22  axs[1,1].pie(people,labels=area,autopct="%1.2f%%",
23          wedgeprops={'ec':'w','hatch':'*'})
24  axs[1,1].set_title("hatch = '*'",color='m')
25  plt.suptitle('使用 wedgeprops 字典的 hatch 參數',fontsize=16,color='b')
26  fig.tight_layout()
27  plt.show()
```

執行結果

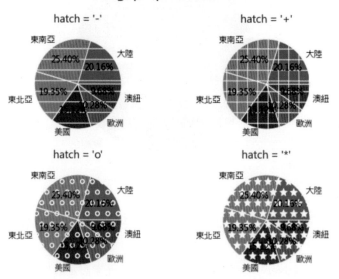

15-6 設定圓餅圖保持圓形

我們所建立的圓餅圖不一定是保持圓形，我們可以使用下列兩個方法讓圓餅圖保持圓形。

❑ 方法 1

直接調用 matplotlib.pyplot.axis( ) 函數,如下:

    plt.axis('equal')

❑ 方法 2

使用物件調用,如下:

    fig, ax = plt.subplots( )
    …
    ax.set(aspect='equal')

程式實例 ch15_15.py:使用方法 1,設定圓餅圖保持圓形。

```
1  # ch15_15.py
2  import matplotlib.pyplot as plt
3
4  plt.rcParams["font.family"] = ["Microsoft JhengHei"]
5  area = ['大陸','東南亞','東北亞','美國','歐洲','澳紐']
6  people = [10000,12600,9600,7500,5100,4800]
7  plt.pie(people,labels=area,autopct="%1.2f%%")
8  plt.title('使用 plt.axis() 函數',fontsize=16,color='b')
9  plt.axis('equal')              # 圓餅圖保持圓形
10 plt.show()
```

執行結果 可以參考下方左圖。

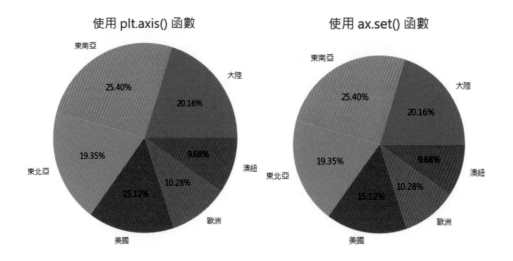

程式實例 ch15_16.py：使用方法 2，設定圓餅圖保持圓形。

```
1  # ch15_16.py
2  import matplotlib.pyplot as plt
3
4  plt.rcParams["font.family"] = ["Microsoft JhengHei"]
5  area = ['大陸','東南亞','東北亞','美國','歐洲','澳紐']
6  people = [10000,12600,9600,7500,5100,4800]
7  fig, ax = plt.subplots()
8  ax.pie(people,labels=area,autopct="%1.2f%%")
9  ax.set_title('使用 ax.set() 函數',fontsize=16,color='b')
10 ax.set(aspect='equal')              # 圓餅圖保持圓形
11 plt.show()
```

執行結果　可以參考上方右圖。

15-7 建立環圈圖

如果要建立環圈圖，相當於要多建立一個中空的環圈，這時可以使用下列方式建立數據。

> data = [1,0, … ,0]

然後設定中空的半徑，一般可以設定 0.6，同時設定顏色是白色，如下所示：

> plt.pie(data, radius=0.6, colors='w')

至於圓餅圖則是需要增加 pctdistance 參數設定，因為此參數預設值是 0.6，將造成百分比數字在中空的環圈，所以建議可以設定此參數為 0.8。

程式實例 ch15_17.py：統計個人花費的環圈圖設計。

```
1  # ch15_17.py
2  import matplotlib.pyplot as plt
3
4  plt.rcParams["font.family"] = ["Microsoft JhengHei"]
5  sorts = ["交通","娛樂","教育","交通","餐費"]
6  fee = [8000,2000,3000,5000,6000]
7  fee_no = [1,0,0,0]
8  plt.pie(fee,pctdistance=0.8,labels=sorts,autopct="%1.2f%%")
9  plt.pie(fee_no,radius=0.6,colors='w')
10 plt.title("統計個人花費的環圈圖設計",fontsize=16,color='b')
11 plt.show()
```

執行結果

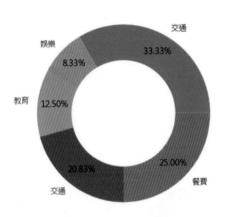

統計個人花費的環圈圖設計

15-8 多層圓餅圖的設計

設計圓餅圖時可以在圓餅圖內增加一層或多層圓餅圖設計,最主要是設定內層圓餅圖的半徑是否恰當,若是同時內層的標籤位置必須在圓餅圖內,我們可以設定 labeldistance 參數小於 1.0。

程式實例 ch15_18.py:調查 1220 位程式設計師,可以得到主要程式語言使用的人數如下:

Python:350 人

C:200 人

Java:250 人

C++:150 人

PHP:270 人

在上述資料中男性有 720 人,女性有 500 人,這個程式會設計兩層圓餅圖,外層是程式語言使用比例,內層是男女生比例。

```
1   # ch15_18.py
2   import matplotlib.pyplot as plt
3
4   plt.rcParams["font.family"] = ["Microsoft JhengHei"]
5   lang = ["Python","C","Java","C++","PHP"]        # 程式語言標籤
6   people = [350,200,250,150,270]                  # 人數
7   labelgender = ['男生','女生']                    # 性別標籤
```

```
8    gender = [720,500]                          # 性別人數
9    colors = ['lightyellow','lightgreen']       # 自定性別色彩
10   # 建立外層程式語言圓餅圖
11   plt.pie(people,pctdistance=0.8,labels=lang,autopct="%1.2f%%")
12   # 建立內層性別標籤
13   plt.pie(gender,radius=0.6,labels=labelgender,colors=colors,
14           autopct="%1.2f%%",labeldistance=0.2)
15   plt.title("程式語言調查表",fontsize=16,color='b')
16   plt.show()
```

執行結果　可以參考下方左圖。

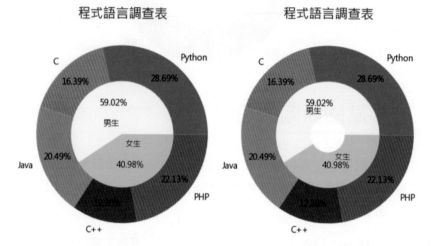

上述筆者設定內層半徑是 0.6，內層的 labeldistance 為 0.2。

程式實例 ch15_19.py：擴充設計 ch15_18.py，內部增加設計空的圓餅。

```
1    # ch15_19.py
2    import matplotlib.pyplot as plt
3
4    plt.rcParams["font.family"] = ["Microsoft JhengHei"]
5    lang = ["Python","C","Java","C++","PHP"]     # 程式語言標籤
6    people = [350,200,250,150,270]               # 人數
7    labelgender = ['男生','女生']                # 性別標籤
8    gender = [720,500]                           # 性別人數
9    colors = ['lightyellow','lightgreen']        # 自定性別色彩
10   data_no = [1,0,0,0]
11   # 建立外層程式語言圓餅圖
12   plt.pie(people,pctdistance=0.8,labels=lang,autopct="%1.2f%%")
13   # 建立內層性別標籤
14   plt.pie(gender,radius=0.6,labels=labelgender,colors=colors,
15           autopct="%1.2f%%",labeldistance=0.45)
16   plt.pie(data_no,radius=0.2,colors='w')       # 建立最內層空的圓餅
17   plt.title("程式語言調查表",fontsize=16,color='b')
18   plt.show()
```

執行結果 可以參考上方右圖。

15-9 圓餅圖的圖例

15-9-1 預設圓餅圖的圖例

若是用軸 (axes) 的觀念看圓餅圖，整個圓餅圖就是一個圖表的全部，因此我們使用預設的 legend( ) 函數，所獲得的圖例是和圓餅圖重疊。

程式實例 ch15_20.py：產品銷售分析，同時繪製圖例。

```
1   # ch15_20.py
2   import matplotlib.pyplot as plt
3
4   plt.rcParams["font.family"] = ["Microsoft JhengHei"]
5   product = ["家電","生活用品","圖書","保健","彩妝"]   # 產品標籤
6   revenue = [23000,18000,12000,15000,16000]          # 業績
7   plt.pie(revenue,labels=product,autopct="%1.2f%%")
8   plt.legend()
9   plt.title("銷售品項分析",fontsize=16,color='b')
10  plt.show()
```

執行結果 可以參考下方左圖。

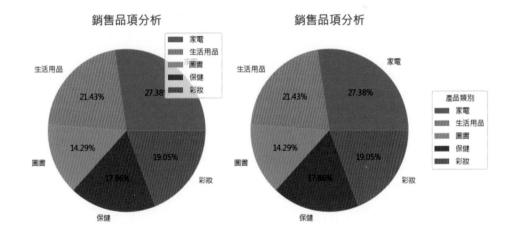

15-9-2 圖例設計

如果不想圖例與圓餅圖重疊，在 legend( ) 函數內需使用 bbox_to_anchor( ) 函數。

程式實例 ch15_21.py：將圖例安置在圖表右邊中間位置。

```
1  # ch15_21.py
2  import matplotlib.pyplot as plt
3
4  plt.rcParams["font.family"] = ["Microsoft JhengHei"]
5  product = ["家電","生活用品","圖書","保健","彩妝"]   # 產品標籤
6  revenue = [23000,18000,12000,15000,16000]        # 業績
7  patches = plt.pie(revenue,labels=product,autopct="%1.2f%%")
8  plt.legend(patches[0],product,loc='center left',
9            title="產品類別",
10           bbox_to_anchor=(1,0,0.5,1))
11 plt.title("銷售品項分析",fontsize=16,color='b')
12 plt.show()
```

執行結果 可以參考上方右圖。

　　上述 bbox_to_anchor(1,0,0.5,1) 是將圖例的座標軸定位在圓餅圖外側，同時座標軸從 (1,0) 跨越到 (1.5,1)，然後 loc='center left' 是將圖例放置在中間左邊。

15-10 圓餅圖的專案

15-10-1　建立燒仙草配料實例

程式實例 ch15_22.py：建立燒仙草的原料配製環圈圓餅圖。

```
1  # ch15_22.py
2  import matplotlib.pyplot as plt
3  import numpy as np
4
5  plt.rcParams["font.family"] = ["Microsoft JhengHei"]
6  fig, ax = plt.subplots(figsize=(6,3),subplot_kw=dict(aspect="equal"))
7  recipe = ["100 毫升純水",                    # 原料成分
8            "90 公克黑糖",
9            "120 毫升仙草",
10           "100 毫升牛奶",
11           "50 黑珍珠"]
12 data = [100, 90, 120, 100, 50]              # 原料份量
13 wedges, texts = ax.pie(data,wedgeprops=dict(width=0.5),startangle=15)
14 # 箭頭格式
15 kw = dict(arrowprops=dict(arrowstyle="->",color='b'),
16           bbox=dict(boxstyle='square',
17                     ec='w',
18                     fc='yellow'),
19           va="center")
20 # 建立箭頭和註解文字
21 for i, p in enumerate(wedges):
22     ang = (p.theta2 - p.theta1)/2. + p.theta1  # 箭頭指向角度
23     x = np.cos(np.deg2rad(ang))                # 箭頭 x 位置
```

```
24      y = np.sin(np.deg2rad(ang))                      # 箭頭 y 位置
25      horizontalalignment = {-1:"right",1:"left"}[int(np.sign(x))]
26      connectionstyle = "angle,angleA=0,angleB={}".format(ang)
27      kw["arrowprops"].update({"connectionstyle": connectionstyle})
28      ax.annotate(recipe[i],xy=(x,y),xytext=(1.35*np.sign(x),1.4*y),
29                  horizontalalignment=horizontalalignment,**kw)
30  ax.set_title("製作燒仙草環圈圖")
31  plt.show()
```

執行結果

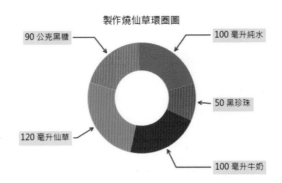

上述程式第 22 列的 theta1 是回傳圓餅區塊的第一角度，theta2 是回傳圓餅區塊的第二角度，所以第 22 列是計算箭頭指向的角度。然後由箭頭指向的角度可以計算箭頭指的位置，可以參考第 23 列和 24 列。

15-10-2　程式語言使用調查表

我們也可以建立不同大小的圓餅圖，小圓餅圖只要將半徑設為小於 1.0 即可。

程式實例 ch15_23.py：建立一大一小的圓餅圖，大的圓餅圖敘述各種程式語言使用人數，大的圓餅圖半徑是 1。小的圓餅圖敘述男生與女生人數，小的圓餅圖半徑是 0.7。

```
1   # ch15_23.py
2   import matplotlib.pyplot as plt
3
4   plt.rcParams["font.family"] = ["Microsoft JhengHei"]
5   fig = plt.figure()
6   ax1 = fig.add_subplot(121)
7   ax2 = fig.add_subplot(122)
8   fig.subplots_adjust()
9   # 定義程式語言人數
10  lang = ['Python','C','Java', 'C++','PHP']
11  people = [350,200,250,150,270]
12  # 定義男女生人數
13  labelgender = ['男生', '女生']
14  gender = [720,500]
15  # 繪製程式語言人數圓餅圖
16  ax1.pie(people,autopct='%1.1f%%',startangle=20,labels=lang)
17  ax1.set_title("程式語言使用調查表",color='b')
```

```
18  # 繪製男女生圓餅圖
19  ax2.pie(gender,autopct='%1.1f%%',startangle=70,labels=labelgender,
20          radius=0.7,colors=['lightgreen','yellow'])
21  ax2.set_title("男女生比例調查表",color='b')
22  plt.show()
```

執行結果

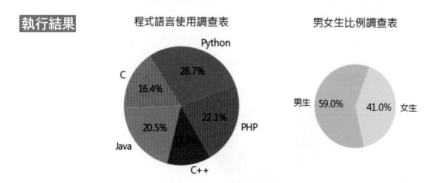

15-10-3 建立圓餅圖的關聯

圓餅圖使用中常會將大小圓餅圖連接，這樣就可以建立兩個圓餅圖的關聯，兩個圓餅圖存在時，其實是在不同的軸 (axes)，圓餅圖軸座標觀念如下：

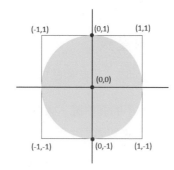

如果我們要建立兩個圓餅圖的關聯，可以將程式語言調查表的圓餅圖上方點與男女生比例調查表的上方點連接，同時將可以將程式語言調查表的圓餅圖下方點與男女生比例調查表的下方點連接。

程式實例 ch15_24.py：建立兩個圓餅圖的關聯。

```
1  # ch15_24.py
2  import matplotlib.pyplot as plt
3  from matplotlib.patches import ConnectionPatch
4
5  plt.rcParams["font.family"] = ["Microsoft JhengHei"]
```

```
 6  fig = plt.figure()
 7  ax1 = fig.add_subplot(121)
 8  ax2 = fig.add_subplot(122)
 9  fig.subplots_adjust()
10  # 定義程式語言人數
11  lang = ['Python','C','Java', 'C++','PHP']
12  people = [350,200,250,150,270]
13  # 定義男女生人數
14  labelgender = ['男生', '女生']
15  gender = [720,500]
16  # 繪製程式語言人數圓餅圖
17  ax1.pie(people,autopct='%1.1f%%',startangle=20,labels=lang)
18  ax1.set_title("程式語言使用調查表",color='b')
19  # 繪製男女生圓餅圖
20  ax2.pie(gender,autopct='%1.1f%%',startangle=70,labels=labelgender,
21          radius=0.7,colors=['lightgreen','yellow'])
22  ax2.set_title("男女生比例調查表",color='b')
23  # 建立上方線條
24  con_a = ConnectionPatch(xyA=(0,1), xyB=(0,0.7),
25                          coordsA=ax1.transData,
26                          coordsB=ax2.transData,
27                          axesA=ax1, axesB=ax2
28                          )
29  # 建立下方線條
30  con_b = ConnectionPatch(xyA=(0,-1), xyB=(0,-0.7),
31                          coordsA=ax1.transData,
32                          coordsB=ax2.transData,
33                          axesA=ax1, axesB=ax2
34                          )
35  # 線條連接
36  for con in [con_a, con_b]:
37      ax2.add_artist(con)
38  plt.show()
```

執行結果

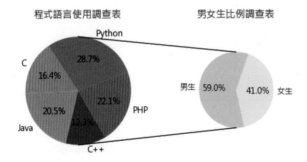

上述要執行兩個圓餅物件的線條連接須使用 ConnectionPatch( ) 函數，這個函數幾個參數意義如下：

❑ xyA：點 A 連接線的點。

❑ xyB：點 B 連接線的點。

❑ coordsA：A 點的座標。

❑ coordsB：B 點的座標。

❑ axesA：A 軸。

❑ axesB：B 軸。

上述程式設定 ax1 是程式語言調查表的圓餅圖物件，ax2 是男女生比例調查表的圓餅圖物件，因為 ax2 物件的半徑是 0.7，所以上方頂端座標點是 (0,0.7)，下方頂端座標點是 (0,-0.7)。當建立好座標連線後，需參考程式第 37 列使用 add_artist( ) 函數將此連線加入繪圖空間。

15-10-4 軸的轉換

上述程式 ch15_24.py 第 24- 28 列，以及第 30- 34 列，下列以建立上方線條作解說，第 24 – 28 列 ConnectionPatch( ) 函數的內容如下：

```
xyA = (0, 1), xyB = (0, 0.7)
coordsA = ax1.transData
coordsB = ax2.transData
axesA = ax1, axesB = ax2
```

其中 ax1.transData 和 ax2.transData 是設定所使用的軸，在這一實例可以使用下列方式解說所使用的軸。

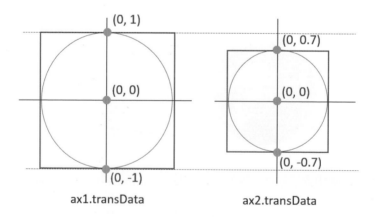

ax1.transData   ax2.transData

下列是 matplotlib 模組所提供相關軸轉換的說明。

軸系統	轉換物件	說明
"data"	ax.transData	座標系統由 xlim 和 ylim 控制。
"axes"	ax.transAxes	座標系統 (0,0) 是左下角，(1,1) 是右上角。
"subfigure"	subfigure.transSubfigure	Subfigure 座標系，(0,0) 是子圖左下角，(1,1) 是子圖右上角，如果沒有子圖則和 transFigure 相同。
"figure"	fig.transFigure	figure 座標系，(0,0) 是左下角，(1,1) 是右上角。
"figure-inches"	fig.dipi_scale_trans	英寸為單位的座標系統，(0,0) 是座標左下角，(width,height) 是圖的右上角。
"display"	None 或 IdentityTransform	視窗的座標系統，(0,0) 是視窗左下角，(width,height) 是視窗的右上角。
"xaxis" "yaxis"	ax.get_xaxis_transform( ) ax_get_yaxis_transform( )	混合座標，一個使用 data 座標，一個使用 axes 座標。

第十六章

箱線圖

　　箱線圖 (boxplot) 是一個統計圖表，主要是可以了解數據分佈，檢查是否偏斜以及是否存在異常值。箱線圖的應用非常廣泛，例如：可以用於比較班級間考試成績，或是產品測試前後性能比較等。

16-1 認識箱線圖定義

16-1-1　基礎定義

　　在箱線圖中有 5 個關鍵數字會自動產生，觀念如下：

1： 最小值，可用 Q1 − 1.5 * IQR 表示，IQR 英文是 Interquartile Range，下面會解釋IQR。

2： 第 1 個四分位數 (25% 的數字)，也可用 Q1 表示，也可稱下四分位數。

3： 中位數，也是第 2 個四分位數 (50% 的數字)。

4： 第 3 個四分位數 (75% 的數字)，也可用 Q3 表示，也可稱上四分位數。

5： 最大值，可用 Q3 + 1.5 * IQR 表示。

註 最大值與最小值不是原始數據資料的最小與最大值。

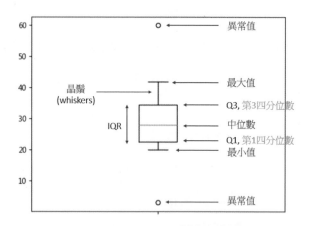

　　上述 Q1 和 Q3 之間形成一個盒子，這個盒子的範圍稱四分位距 (Interquartile Range，簡稱 IQR)，IQR = Q3 − Q1。從這個盒子上下之延伸的線稱晶鬚 (whiskers，讀者也可以想成是鬍鬚)，小於最小值或是大於最大值的點稱異常值 (outliers)，不過matplotlib 模組使用英文 fliers 稱呼此異常值。有了上述觀念，我們可以使用箱線圖了解下列觀念：

❑ 辨識異常數據。

❑ 確定數據是否有偏差。

❑ 了解數據分佈。

16-1-2 認識中位數

所謂的中位數是指一組數據的中間數字,也就是有一半的數據會大於中位數,另有一半的數據是小於中位數。

在手動計算中位數過程,可以先將數據由小到大排列,如果數據是奇數個,則中位數是最中間的數字。如果數據是偶數個,則中位數是最中間2個數值的平均值。例如:下列左邊是有奇數個數據,下列右邊是有偶數個數據,中位數觀念如下:

16-1-3 使用 Numpy 列出關鍵數字

Numpy 模組的 percentile( ) 函數可以回傳任意百分比位數的值,其基本語法如下:

numpy.percentile(x, q)

上述 x 是數據序列,q 是要回傳的百分比位數。

程式實例 ch16_0.py:為一個數據序列回傳最小值、Q1、mean、Q3 和最大值。

```
1  # ch16_0.py
2  import numpy as np
3
4  x = [9, 12, 30, 31, 31, 32, 33, 33, 35, 35,
5       38, 38, 41, 42, 43, 46, 46, 48, 52, 70]
6  rtn = np.percentile(x,np.arange(0,100,25))
7  Q1 = rtn[1]
8  mean = rtn[2]
9  Q3 = rtn[3]
10 IQR = Q3 - Q1
11 print(f"回傳值 = {rtn}")
12 print(f"最小值 = {Q1-1.5*IQR}")
13 print(f"  Q1   = {Q1}")
14 print(f" mean  = {mean}")
15 print(f"  Q3   = {Q3}")
16 print(f"最大值 = {Q3+1.5*IQR}")
```

執行結果

```
================= RESTART: D:/matplotlib/ch16/ch16_0.py =================
回傳值 = [ 9.    31.75 36.5  43.75]
最小值 = 13.75
   Q1  = 31.75
  mean = 36.5
   Q3  = 43.75
最大值 = 61.75
```

16-2　箱線圖的語法

箱線圖的函數是 boxplot( )，這個函數的語法如下：

> plt.boxplot(x, notch=None, sym=None, vert=None, whis=None, position=None,
> widths=None, patch_artist=None, bootstrap=None, usermedians=None,
> conf_intervals=None, meanLine=None, showmeans=None, showcaps=None,
> showbox=Nonw, showfliers=None, boxprops=None, labels=None,
> filerprops=None, medianprops=None, meanprops=None, capprops=None,
> whiskerprops=None, mange_ticks=True, autorange=False)

上述各參數意義如下：

- ❑ x：組成箱線圖的數據。
- ❑ notch：可以決定繪製缺口箱線圖還是繪製矩形箱線圖，預設是 False，也就是繪製矩形箱線圖。
- ❑ sym：異常點的表示方式，預設是 'o'，如果要隱藏異常點可以設定空字串。
- ❑ vert：預設是 True，表示繪製垂直箱線圖。如果設 False，表示繪製水平箱線圖。
- ❑ whis：決定晶鬚位置，預設是 1.5。
- ❑ position：可設定箱線圖的位置。
- ❑ widths：可設定箱線圖的寬度，預設是 0.5。
- ❑ patch_artist：預設是 False，如果設為 True 可以設計填充箱線圖顏色。
- ❑ meanLine：預設是 False，表示不顯示均值線。
- ❑ showmeans：是否顯示平均值，預設是 False。
- ❑ showcaps：是否顯示箱線圖頂端和末端的兩條線，預設是 True。
- ❑ showbox：是否顯示箱體，預設是 True。
- ❑ showfliers：是否顯示異常值，預設是 True。

❑ boxprops：可用字典設定箱體的樣式，預設是無。

❑ labels：為每個數據集設定標籤。

❑ fliterprops：可用字典設定異常值的樣式，預設是無。

❑ medianprops：可用字典設定中位數的屬性，例如：線的樣式和顏色。

❑ meanprops：可用字典設定均值的屬性，例如：大小和顏色。

❑ whiskerprops：可用字典設定晶鬚線。

❑ capprops：可用字典設定箱線圖頂端和末端的兩條線的屬性，例如：線的樣式和顏色。

❑ manage_ticks：可調整刻度位置和標籤。

16-3 箱線圖基礎實例

16-3-1　簡單的實例解說

程式實例 ch16_1.py：簡單的設定一個數列，然後繪製此數列的箱線圖。

```
1   # ch16_1.py
2   import matplotlib.pyplot as plt
3
4   plt.rcParams["font.family"] = ["Microsoft JhengHei"]
5   x = [9, 12, 30, 31, 31, 32, 33, 33, 35, 35,
6        38, 38, 41, 42, 43, 46, 46, 48, 52, 70]
7
8   plt.boxplot(x)
9   plt.title("使用Boxplot函數")
10  plt.show()
```

執行結果

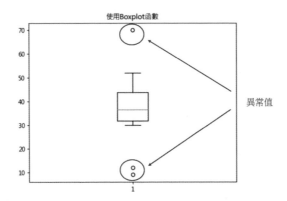

上述我們建立了一個箱線圖，同時異常值用小圈圈表示。

16-3-2　增加建立標籤

如果沒有特別說明，標籤會依阿拉伯數字 1, 2, …方式編號，我們可以使用 labels
參數設定標籤。

程式實例 ch16_2.py：將標籤設為 x_value。

```
7  labels = ["x_label"]
8  plt.boxplot(x, labels=labels)
```

執行結果 可以參考下方左圖。

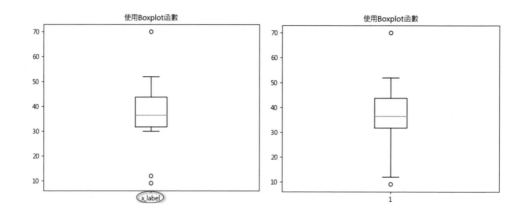

16-3-3　whis 值設定

前面筆者有說明 boxplot( ) 函數繪製箱線圖時，預設的 whis 值是 1.5，如果更改此
值將直接影響最小值與最大值，所以會直接影響晶鬚的長度。

程式實例 ch16_2_1.py：將 whis 設為 1.8 認識此值的影響。

```
1  # ch16_2_1.py
2  import matplotlib.pyplot as plt
3
4  plt.rcParams["font.family"] = ["Microsoft JhengHei"]
5  x = [9, 12, 30, 31, 31, 32, 33, 33, 35, 35,
6      38, 38, 41, 42, 43, 46, 46, 48, 52, 70]
7
8  plt.boxplot(x,whis=1.8)
9  plt.title("使用Boxplot函數")
10 plt.show()
```

執行結果 可以參考上方右圖。

16-4 建立多組數據

16-4-1 基礎實例

　　理論上我們是用實驗數據當作箱線圖的來源，為了簡化本書使用隨機數產生箱線圖。

程式實例 ch16_3.py：使用隨機數建立 5 組箱線圖。

```
1  # ch16_3.py
2  import matplotlib.pyplot as plt
3  import numpy as np
4
5  plt.rcParams["font.family"] = ["Microsoft JhengHei"]
6  plt.rcParams["axes.unicode_minus"] = False
7  np.random.seed(10)
8  data1 = np.random.normal(80, 30, 250)
9  data2 = np.random.normal(90, 50, 250)
10 data3 = np.random.normal(100, 20, 250)
11 data4 = np.random.normal(75, 40, 250)
12 data5 = np.random.normal(60, 35, 250)
13 data = [data1, data2, data3, data4, data5]
14 labels = ['data1','data2','data3','data4','data5']
15 plt.boxplot(data,labels=labels)
16 plt.title("5 組數據的箱線圖",fontsize=16,color='b')
17 plt.show()
```

執行結果　可以參考下方左圖。

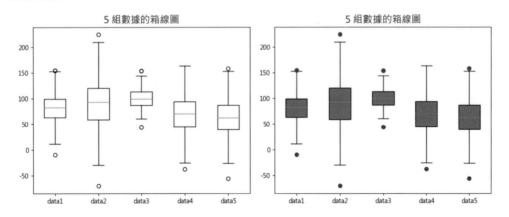

16-4-2 異常值標記與箱線圖的設計

　　預設異常值是使用 'o' 標記，箱線圖是白色底，sym 可以更新異常值標記，flierprops 可以執行更多異常值的設計，patch_artist 可以設為 True 更改預設。

程式實例 ch16_4.py：增加 sym 和 patch_artist 參數設定，重新設計 ch16_3.py。

```
15  plt.boxplot(data,labels=labels,sym='b',patch_artist=True)
```

執行結果　可以參考上方右圖。

16-5　使用 flierprops 參數設計異常值標記

　　異常值可以使用 flierprops 參數以字典方式設定，常用的元素有 markerfacecolor 可以設定內部顏色，預設是白色。markeredgecolor 可以設定標記輪廓顏色，預設的 markeredgecolor 是藍色，marker 可以設定標記 (更多標記的用法可以參考 2-6 節)，下列將用實例解說。

程式實例 ch16_5.py：標記異常值的設計。

```
1   # ch16_5.py
2   import matplotlib.pyplot as plt
3   import numpy as np
4
5   plt.rcParams["font.family"] = ["Microsoft JhengHei"]
6   plt.rcParams["axes.unicode_minus"] = False
7   np.random.seed(10)
8   data1 = np.random.normal(80, 30, 250)
9   data2 = np.random.normal(90, 50, 250)
10  data3 = np.random.normal(100, 20, 250)
11  data4 = np.random.normal(75, 40, 250)
12  data5 = np.random.normal(60, 35, 250)
13  data = [data1, data2, data3, data4, data5]
14  labels = ['data1','data2','data3','data4','data5']
15  my_mark = dict(markerfacecolor='r',marker='o')
16  plt.boxplot(data,labels=labels,flierprops=my_mark)
17  plt.title("5 組數據的箱線圖",fontsize=16,color='b')
18  plt.show()
```

執行結果　可以參考下方左圖。

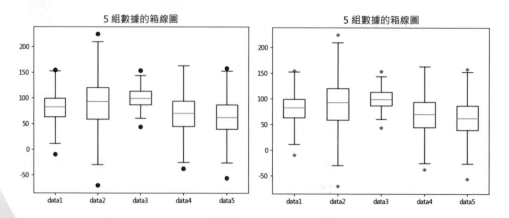

程式實例 ch16_6.py:使用綠色設計星狀的異常值標記,重新設計 ch16_5.py。

```
15  my_mark = dict(markeredgecolor='g',markerfacecolor='g',marker='*')
```

執行結果 可以參考上方右圖。

16-6 水平箱線圖設計

要建立水平箱線圖只要將 boxplot( ) 函數的 vert 設為 False 就可以了。

程式實例 ch16_7.py:設計水平箱線圖。

```
1  # ch16_7.py
2  import matplotlib.pyplot as plt
3  import numpy as np
4
5  plt.rcParams["font.family"] = ["Microsoft JhengHei"]
6  plt.rcParams["axes.unicode_minus"] = False
7  np.random.seed(10)
8  data = np.random.randn(500)
9  labels = ['data']
10 plt.boxplot(data,labels=labels,vert=False)
11 plt.title("隨機數據的水平箱線圖",fontsize=16,color='b')
12 plt.show()
```

執行結果

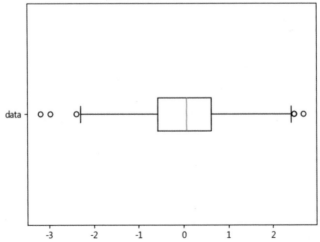

16-9

16-7 顯示與設計均值

16-7-1 顯示均值

參數 showmeans 預設是 False，如果設為 True，可以顯示均值。

程式實例 ch16_8.py：增加設定 showmeans=True，擴充設計 ch16_7.py。

```
10  plt.boxplot(data,labels=labels,vert=False,showmeans=True)
```

執行結果 可以參考下方左圖。

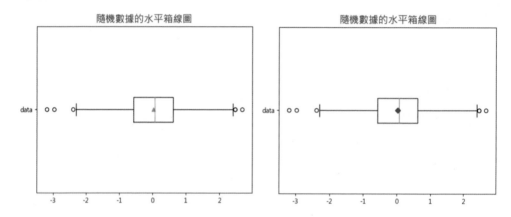

16-7-2 設計均值

將參數 meanprops 以字典方式設定，可以設計均值標記，均值標記預設是綠色，有關均值標記的外型與參數與 16-5 節的異常值標記設定相同。

程式實例 ch16_9.py：使用鑽石外型和藍色設計均值標記，重新設計 ch16_8.py。

```
10  mean_mark = dict(markerfacecolor='b',
11                   markeredgecolor='b',
12                   marker='D')
13  plt.boxplot(data,labels=labels,vert=False,
14              showmeans=True,meanprops=mean_mark)
```

執行結果 可以參考上方右圖。

16-7-3 meanline 參數

預設是 False，表示不顯示均值線，如果將此設為 True，則可以顯示均值線。

16-8 設計中位數線

設計中位數線可以使用 medianprops 參數，使用字典方式設計，常用的元素有 linestyle 可以設計線條樣式，linewidth 可以設計線條寬度，color 可以設計顏色，這些參數的用法與繪製線條 plot( ) 函數的參數相同。

程式實例 ch16_10.py：設計寬度 2.5 的綠色虛線當作中位數線。

```
1  # ch16_10.py
2  import matplotlib.pyplot as plt
3  import numpy as np
4
5  plt.rcParams["font.family"] = ["Microsoft JhengHei"]
6  plt.rcParams["axes.unicode_minus"] = False
7  np.random.seed(10)
8  data = np.random.randn(500)
9  labels = ['data']
10 median_line = dict(linestyle='--',
11                    linewidth=2.5,
12                    color='g')
13 plt.boxplot(data,labels=labels,vert=False,medianprops=median_line)
14 plt.title("設計水平箱線圖的中位數線",fontsize=16,color='b')
15 plt.show()
```

執行結果

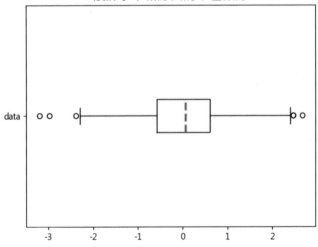

16-11

16-9 設計晶鬚線 (whiskers)

設計晶鬚線可以使用 whiskerprops 參數，使用字典方式設計，常用的元素有 linestyle 可以設計線條樣式，linewidth 可以設計線條寬度，color 可以設計顏色，這些參數的用法與繪製線條 plot( ) 函數的參數相同。

程式實例 ch16_11.py：設計寬度 2.5 的品紅色虛線當作晶鬚線。

```
1  # ch16_11.py
2  import matplotlib.pyplot as plt
3  import numpy as np
4
5  plt.rcParams["font.family"] = ["Microsoft JhengHei"]
6  plt.rcParams["axes.unicode_minus"] = False
7  np.random.seed(10)
8  data = np.random.randn(500)
9  labels = ['data']
10 whisker_line = dict(linestyle='--',
11                     linewidth=2.5,
12                     color='m')
13 plt.boxplot(data,labels=labels,vert=False,whiskerprops=whisker_line)
14 plt.title("設計水平箱線圖的晶鬚線",fontsize=16,color='b')
15 plt.show()
```

執行結果

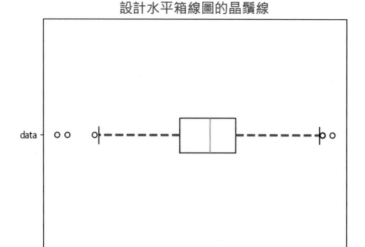

16-10 隱藏異常值

實務上有時候異常值不是太重要，這時可以設定 showfliers 為 False，隱藏異常值。

程式實例 ch16_12.py：隱藏異常值。

```
1   # ch16_12.py
2   import matplotlib.pyplot as plt
3   import numpy as np
4
5   plt.rcParams["font.family"] = ["Microsoft JhengHei"]
6   plt.rcParams["axes.unicode_minus"] = False
7   np.random.seed(10)
8   data = np.random.randn(500)
9   labels = ['data']
10  plt.boxplot(data,labels=labels,showfliers=False)
11  plt.title("隱藏箱線圖的異常值",fontsize=16,color='b')
12  plt.show()
```

執行結果

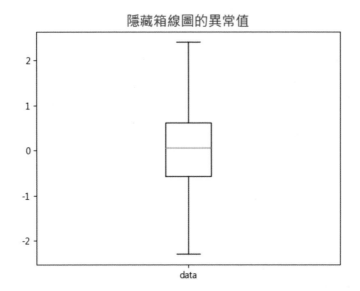

16-11 箱線圖的 caps 設計

箱線圖上下端的線條英文稱 caps，中文翻譯是帽子。可以用 capprops 參數，使用字典方式設計，常用的元素有 linestyle 可以設計線條樣式，linewidth 可以設計線條寬度，color 可以設計顏色，這些參數的用法與繪製線條 plot( ) 函數的參數相同。

程式實例 ch16_13.py：設計寬度 2.5 的藍色虛線當作 caps 線。

```
1   # ch16_13.py
2   import matplotlib.pyplot as plt
3   import numpy as np
4
5   plt.rcParams["font.family"] = ["Microsoft JhengHei"]
6   plt.rcParams["axes.unicode_minus"] = False
7   np.random.seed(10)
8   data = np.random.randn(500)
9   labels = ['data']
10  caps_line = dict(linestyle='--',
11                   linewidth=2.5,
12                   color='b')
13  plt.boxplot(data,labels=labels,vert=False,capprops=caps_line)
14  plt.title("設計水平箱線圖的caps",fontsize=16,color='b')
15  plt.show()
```

執行結果

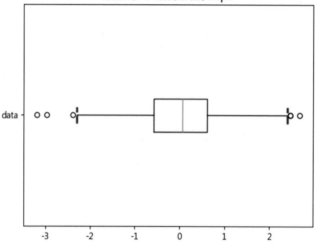

設計水平箱線圖的caps

16-12 箱線圖盒子設計

16-12-1 設計有缺口的箱線圖盒子

設定參數 notch 為 True，則可以建立有缺口的箱線圖盒子。

程式實例 ch16_14.py：建立有缺口的箱線圖盒子。

```
1   # ch16_14.py
2   import matplotlib.pyplot as plt
```

```
3   import numpy as np
4
5   plt.rcParams["font.family"] = ["Microsoft JhengHei"]
6   plt.rcParams["axes.unicode_minus"] = False
7   np.random.seed(10)
8   data1 = np.random.randn(1000)
9   data2 = np.random.randn(1000)
10  data3 = np.random.randn(1000)
11  data = [data1, data2, data3]
12  labels = ['data1','data2','data3']
13  plt.boxplot(data,labels=labels,notch=True)
14  plt.title("notch=True 的箱線圖",fontsize=16,color='b')
15  plt.show()
```

執行結果

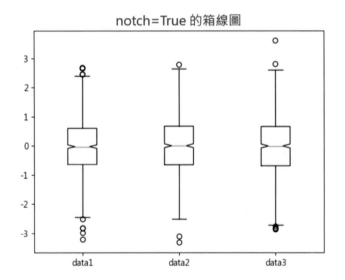

16-12-2　建立不同顏色的箱線圖盒子

　　程式實例 ch16_4.py 有說明將參數 patch_artist 設為 True 可以設定箱線圖盒子顯示預設的藍色。如果設定 showbox 參數為 False 則可以不顯示箱線圖盒子，下列將以物件方式，配合使用 set_facecolor( ) 函數處理箱線圖有不同的顏色。

程式實例 ch16_15.py：建立 2 個子視窗與 3 組數據，第 1 個子視窗顯示正常的箱線圖盒子，第 2 個子視窗顯示有缺口的箱線圖盒子，然後 3 組數據顯示不同的盒子顏色。

```
1   # ch16_15.py
2   import matplotlib.pyplot as plt
3   import numpy as np
4
5   plt.rcParams["font.family"] = ["Microsoft JhengHei"]
6   plt.rcParams["axes.unicode_minus"] = False
7   np.random.seed(10)
```

```
 8  # 建立 3 組數據
 9  data = [np.random.randn(1000) for x in range(1,4)]
10  labels = ['x1','x2','x3']
11  # 建立子圖
12  fig, ax = plt.subplots(nrows=1,ncols=2,figsize=(9,5))
13  # 建立正常的箱形圖盒子
14  box1 = ax[0].boxplot(data,
15                       patch_artist=True, # 含顏色
16                       labels=labels)     # x 軸標記
17  ax[0].set_title('預設箱線圖盒子')
18  # 建立缺口箱線圖盒子
19  box2 = ax[1].boxplot(data,
20                       notch=True,        # 缺口
21                       patch_artist=True, # 含顏色
22                       labels=labels)     # x 軸標記
23  ax[1].set_title('缺口箱線圖盒子')
24  # 箱線盒填上顏色
25  colors = ['lightgreen', 'yellow', 'aqua']
26  for box in (box1,box2):
27      for patch, color in zip(box['boxes'], colors):
28          patch.set_facecolor(color)
29  # 建立水平軸線
30  for ax in [ax[0], ax[1]]:
31      ax.yaxis.grid(True)
32      ax.set_xlabel('3 組數據')
33      ax.set_ylabel('觀察值')
34  plt.show()
```

執行結果

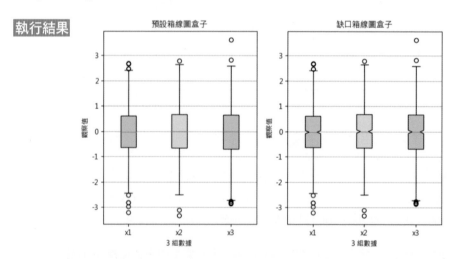

上述程式的關鍵在於調用 boxplot( ) 函數時有回傳物件，例如第 14 列是回傳給 box1，第 27 列引用 box['boxes'] 時，所回傳的 patch 就是箱線圖盒子，然後第 28 列指令可以設定箱線圖顏色。

    patch.set_facecolor(color)

這個實例第 31 列同時加上水平軸線，因為有了水平軸線可以比較方便觀察最小值、Q1、mean、Q3 和最大值。

16-13 boxplot( ) 函數的回傳值解析

程式實例 ch16_15.py 我們第一次使用了回傳值觀念，假設有一個建立箱線圖的指令如下：

    bp = plt.boxplot(x, showmeans=True)

上述 bp 就是回傳值物件，在程式實例 ch16_15.py 我們使用此物件為箱線圖盒子建立不同顏色，我們也可以使用此物件取得建立箱線圖的關鍵資料，例如：異常值、盒子、中位數、均值、晶鬚和帽子。雖然我們可以從圖表看到數據概況，這些數據卻可以讓我們獲得更精確的結果。利用回傳物件的索引，我們可以使用下列方式取得精確的數值：

bp['fliers']：異常值。

bp['boxes']：盒子。

bp['median']：中位數。

bp['means']：均值。

bp['whiskers']：晶鬚。

bp['caps']：帽子值。

有了上述觀念，可以使用 get_ydata( ) 函數獲得數據。

程式實例 ch16_16.py：列出數據序列的分析結果。

```
1  # ch16_16.py
2  import matplotlib.pyplot as plt
3
4  x = [9, 12, 30, 31, 31, 32, 33, 33, 35, 35,
5       38, 38, 41, 42, 43, 46, 46, 48, 52, 70]
6
7  bp = plt.boxplot(x,showmeans=True)
8  outliers = [y.get_ydata() for y in bp["fliers"]]
9  boxes = [y.get_ydata() for y in bp["boxes"]]
10 medians = [y.get_ydata() for y in bp["medians"]]
11 means = [y.get_ydata() for y in bp["means"]]
12 whiskers = [y.get_ydata() for y in bp["whiskers"]]
```

```
13   caps = [y.get_ydata() for y in bp["caps"]]
14   print(f"異常值Outliers : {outliers}")
15   print(f"盒  子Boxes     : {boxes}")
16   print(f"中位數Medians    : {medians}")
17   print(f"均  值Means      : {means}")
18   print(f"晶  鬚Whiskers   : {whiskers}")
19   print(f"帽  子caps       : {caps}")
20   plt.show()
```

執行結果　這是 ch16_1.py 所使用的數據，再列出一次是方便讀者比對數據。

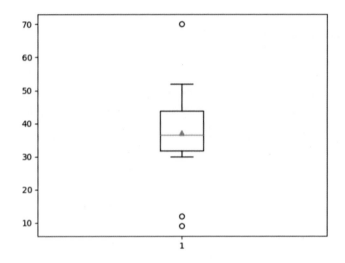

上述回傳的是陣列，由此陣列我們已經了解數據概況，也可以使用下列方式獲得更精確的數值，例如：Q1、Q3、極大值和極小值。

程式實例 ch16_17.py：擴充設計 ch16_16.py，解析 Q1、Q3、極大值和極小值。

```
1   # ch16_17.py
2   import matplotlib.pyplot as plt
3
4   x = [9, 12, 30, 31, 31, 32, 33, 33, 35, 35,
5        38, 38, 41, 42, 43, 46, 46, 48, 52, 70]
6
7   bp = plt.boxplot(x,showmeans=True)
8   outliers = [y.get_ydata() for y in bp["fliers"]]
9   Q1 = [min(y.get_ydata()) for y in bp["boxes"]]
10  Q3 = [max(y.get_ydata()) for y in bp["boxes"]]
```

```
11   medians = [y.get_ydata()[0] for y in bp["medians"]]
12   means = [y.get_ydata()[0] for y in bp["means"]]
13   whiskers = [y.get_ydata() for y in bp["whiskers"]]
14   minimum = [y.get_ydata()[0] for y in bp["caps"][::2]]
15   maximum = [y.get_ydata()[0] for y in bp["caps"][1::2]]
16   print(f"異常值Outliers : {outliers}")
17   print(f"      Q1        : {Q1[0]}")
18   print(f"      Q3        : {Q3[0]}")
19   print(f"中位數Medians  : {medians[0]}")
20   print(f"均  值Means     : {means[0]}")
21   print(f"晶  鬚Whiskers  : {whiskers}")
22   print(f"極小值mimimums  : {minimum[0]}")
23   print(f"極大值maximums  : {maximum[0]}")
24   plt.show()
```

執行結果

```
=================== RESTART: D:/matplotlib/ch16/ch16_17.py ===================
異常值Outliers : [array([ 9, 12, 70])]
      Q1        : 31.75
      Q3        : 43.75
中位數Medians  : 36.5
均  值Means     : 37.25
晶  鬚Whiskers  : [array([31.75, 30.  ]), array([43.75, 52.  ])]
極小值mimimums  : 30.0
極大值maximums  : 52.0
```

16-14 使用回傳物件重新編輯箱線圖各元件樣式

前面各節當我們要更改箱線圖各元件時是使用字典，我們也可以使用回傳物件調用 set( ) 函數完成箱線圖各元件的編輯，可以參考下列實例。

程式實例 ch16_18.py：建立 4 組數據，使用回傳物件編輯各元件樣式。

```
1   # ch16_18.py
2   import matplotlib.pyplot as plt
3   import numpy as np
4
5   plt.rcParams["font.family"] = ["Microsoft JhengHei"]
6   plt.rcParams["axes.unicode_minus"] = False
7   np.random.seed(20)
8   x1 = np.random.randn(1000)
9   x2 = np.random.randn(1000)
10   x3 = np.random.randn(1000)
11   x4 = np.random.randn(1000)
12   x = [x1, x2, x3, x4]
13   # 建立箱線圖
14   bp = plt.boxplot(x,patch_artist=True,notch ='True')
15   colors = ['green','m','yellow','b']
16   # 設定盒子
17   for patch, color in zip(bp['boxes'],colors):
18       patch.set_facecolor(color)
19   # 更改晶鬚樣式
20   for whisker in bp['whiskers']:
```

```
21        whisker.set(color ='g',linewidth=2,linestyle =":")
22   # 更改帽子樣式
23   for cap in bp['caps']:
24        cap.set(color ='b', linewidth = 2)
25   # 更改中位數樣式
26   for median in bp['medians']:
27        median.set(color ='g', linewidth = 3)
28   # 更改異常值樣式
29   for flier in bp['fliers']:
30        flier.set(marker='D',markerfacecolor='g',markeredgecolor='g')
31   plt.title("使用回傳物件更新樣式")
32   plt.show()
```

執行結果

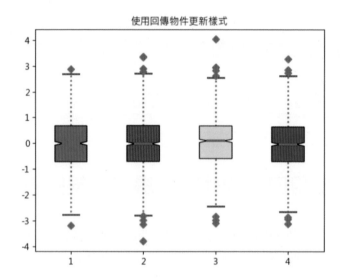

第十七章

極座標繪圖

在 6-10 節筆者介紹了 plot( ) 繪圖，然後投影到極座標。13-9 節筆者介紹了 bar( ) 繪圖，然後投影到極座標。這一章則完全解說 matplotlib 模組所提供的 polar( ) 函數，執行極座標繪極線圖。

17-1 認識極座標

有一個圓形圖如下：

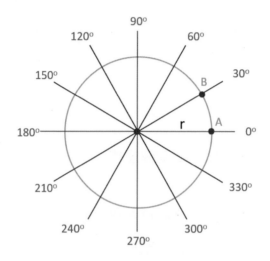

A 點和 B 點與原點的距離是 r，A 點是位於水平軸角度為 0 度的射線（也稱極軸），我們可以用下列公式代表 A 點和 B 點。

A 點：$r\theta$，$\theta = 0$ 度。

B 點：$r\theta$，$\theta = 30$ 度。

17-2 極座標繪圖函數

這個函數的語法如下：

```
plt.polar(theta, r, **kwargs)
```

上述函數語法如下：

- ❏ theta：每個標記依照逆時針方向與 0 度射線 (極軸) 的角度。
- ❏ r：每個標記到原點的距離。
- ❏ **kwargs：2D 線條參數。

17-3 基礎極座標繪圖實例

程式實例 ch17_1.py：0度 (含) 到360度 (不含) 每隔30度建立一個極座標點，然後連線。

```
1   # ch17_1.py
2   import matplotlib.pyplot as plt
3   import numpy as np
4
5   pts = 12
6   theta = np.linspace(0,2*np.pi,pts,endpoint=False)
7   r = 50*np.random.rand(pts)
8   plt.polar(theta,r)
9   plt.show()
```

執行結果 可以參考下方左圖。

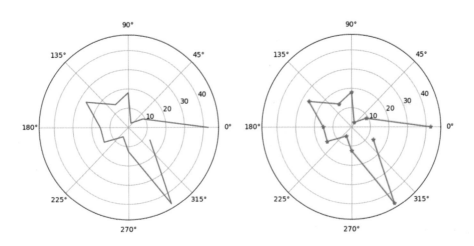

程式實例 ch17_2.py：將極座標的點改為星號，同時使用綠色連線。

```
9   plt.polar(theta,r,'-',marker='*',color='g')
```

執行結果 可以參考上方右圖。

程式實例 ch17_3.py：將極座標點改為鑽石符號，同時用虛線連接。

```
9  plt.polar(theta,r,'--',marker='D',color='m')
```

執行結果 　可以參考下方左圖。

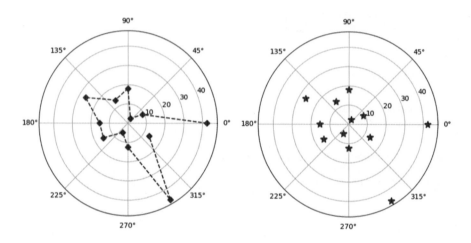

程式實例 ch17_4.py：繪製大小是 10 的星號。

```
9  plt.polar(theta,r,'*',color='b',markersize=10)
```

執行結果 　可以參考上方右圖。

17-4 幾何圖形的繪製

17-4-1 繪製圓形

程式實例 ch17_5.py：繪半徑為 1 和 2 的藍色圓。

```
1  # ch17_5.py
2  import matplotlib.pyplot as plt
3  import numpy as np
4
5  radian = np.arange(0, (2 * np.pi), 0.01)
6  for r in range(1,3):
7      for rad in radian:
8          plt.polar(rad,r,'b.')
9  plt.show()
```

執行結果 可以參考下方左圖。

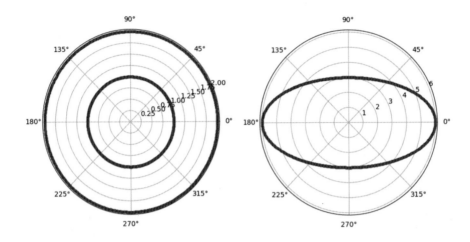

17-4-2　繪製橢圓

極座標的橢圓形公式如下：

$$r = \frac{a * b}{\sqrt{(a * sin\theta)^2 + (b * cos\theta)^2}}$$

上述 a 代表主軸 (major axis) 橢圓半徑，b 代表次軸 (minor axis) 橢圓半徑。

程式實例 ch17_6.py：繪製橢圓。

```
1   # ch17_6.py
2   import matplotlib.pyplot as plt
3   import numpy as np
4
5   a = 6            # 主軸半徑
6   b = 3            # 次軸半徑
7
8   radian = np.arange(0, (2 * np.pi), 0.01)
9   for rad in radian:
10      r = (a*b)/np.sqrt((a*np.sin(rad))**2 + (b*np.cos(rad))**2)
11      plt.polar(rad,r,'b.')
12  plt.show()
```

執行結果 可以參考上方右圖。

17-4-3 阿基米德螺線

阿基米德螺線 (Archimedean spiral) 又稱等速螺線，當一個點 P 沿著射線以等速率運動時，這射線又以等角速度繞中心點旋轉，點 P 的軌跡稱阿基米德螺線。

程式實例 ch17_7.py：設計轉 3 圈的阿基米德螺線。

```
1  # ch17_7.py
2  import matplotlib.pyplot as plt
3  import numpy as np
4
5  radian = np.arange(0,(6 * np.pi),0.01)
6  for rad in radian:
7      r = rad
8      plt.polar(rad,r,'b.')
9  plt.show()
```

執行結果

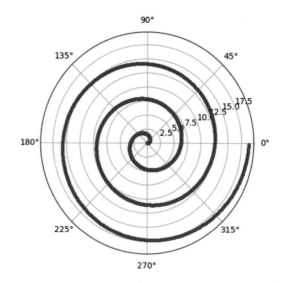

17-4-4 心臟線

心臟線 (Cardioid) 是只有一個尖點的外擺線，也可以說一個圓沿著另一個半徑相同的圓滾動時，圓上一個點的軌跡。有 4 個數學公式可以繪製 4 種外型的心臟線圖，如下：

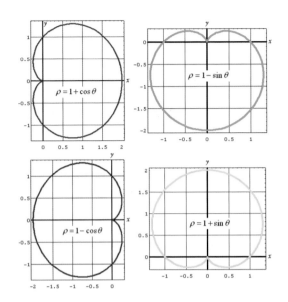

上述圖片取材自下列網址

https://zh.wikipedia.org/wiki/%E5%BF%83%E8%84%8F%E7%BA%BF#/media/
File:CardioidsLabeled.PNG

上述從左到右、從上到下可以看到下列公式可以建立心臟線圖。

$$r = 1 + cos\theta$$
$$r = 1 - sin\theta$$
$$r = 1 - cos\theta$$
$$r = 1 + sin\theta$$

程式實例 ch17_8.py：使用上述公式 $r = 1 + cos\theta$ 繪製一種心臟線圖。

```
1  # ch17_8.py
2  import matplotlib.pyplot as plt
3  import numpy as np
4
5  a = 1
6  radian = np.arange(0,(6 * np.pi),0.01)
7  for rad in radian:
8      r =  a + (a*np.cos(rad))
9      plt.polar(rad,r,'r.')
10 plt.show()
```

執行結果 可以參考下方左圖。

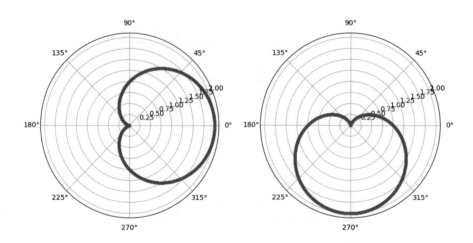

程式實例 ch17_9.py：使用上述公式 $r = 1 - sin\theta$ 繪製一種心臟線圖。

```
7   for rad in radian:
8       r = a - (a*np.sin(rad))
9       plt.polar(rad,r,'r.')
```

執行結果　可以參考上方右圖。

第十八章
堆疊折線圖

　　堆疊折線圖 (stackplot) 是統計圖形的一種，可以將每個部分的數據堆疊，然後我們可以從此看到完整數據和堆疊呈現的結果圖形。

18-1 堆疊折線圖的語法

　　堆疊折線圖的函數是 stackplot( )，這個函數的語法如下：

　　plt.stackplot(x, *args, label=( ), colors=None, baseline='zero', **kwargs)

上述各參數意義如下：

❑ x, y：x 是用在 x 軸的陣列。y 是 y 軸的資料，可以使用下列方式建立堆疊折線圖。

stackplot(x, y)
stackplot(x, y1, y2, y3)

❑ label：標籤。

❑ baseline：可以有 'zero'、'sym'、'wiggle'、'weighted_wiggle'，這是設定基線，預設是使用使用 zero，各選項意義如下：

zero：0 是基線。

sym：0 值上下對稱，有時也稱主題河域圖 (ThemeRiver)。

wiggle：所有序列的最小平方和。

weighted_wiggle：類似 wiggle，但是要考慮每一層的權重，所繪的圖稱流圖 (streamgraph)，細節可以參考下列網址。

http://leebyron.com/streamgraph/

❑ colors：應用在堆疊折線圖的色彩串列。

❑ **kwargs：其他可以應用的關鍵字。

18-2 堆疊折線圖基礎實例

18-2-1 繪製一週工作和玩手機的時間

程式實例 ch18_1.py：繪製一週工作和玩手機的時間。

```
1   # ch18_1.py
2   import matplotlib.pyplot as plt
3
4   plt.rcParams["font.family"] = ["Microsoft JhengHei"]
5   days = [1,2,3,4,5,6,7]                      # 設定日期
6   working = [5,4,6,5,8,4,3]                   # 設定每天工作時間
7   playing =  [2,5,3,4,5,8,6]                  # 設定每天玩手機的時間
8   labels = ['工作','玩手機']
9   xlabels = ['星期一','星期二','星期三','星期四',
10            '星期五','星期六','星期日']
11  # 繪製堆疊折線圖
12  plt.stackplot(days,working,playing,labels=labels)
13  plt.xlabel('日期',fontsize=12,color='b')
14  plt.ylabel('時數',fontsize=12,color='b')
15  plt.title('繪製一週工作和玩手機的時間',fontsize=16,color='b')
16  plt.xticks(days,xlabels)
17  plt.legend(loc='upper left')
18  plt.show()
```

執行結果

18-2-2　繪製一週時間分配圖

程式實例 ch18_2.py：繪製一週時間分配圖，這個程式同時使用自定的色彩。

```
1   # ch18_2.py
2   import matplotlib.pyplot as plt
3
4   plt.rcParams["font.family"] = ["Microsoft JhengHei"]
5   days = [1,2,3,4,5,6,7]                    # 設定日期
6   working = [8,8,9,8,8,2,2]                 # 設定每天工作時間
7   playing = [4,5,3,8,6,12,10]               # 設定每天玩手機的時間
8   eating = [2,2,3,2,3,4,4]                  # 設定每天吃飯時間
9   sleeping = [10,9,9,6,7,6,8]               # 設定每天睡眠時間
10  labels = ['工作','玩手機','吃飯','睡眠']
11  xlabels = ['星期一','星期二','星期三','星期四',
12              '星期五','星期六','星期日']
13  colors = ['orange','lightgreen','yellow','lightblue']
14  # 繪製堆疊折線圖
15  plt.stackplot(days,working,playing,eating,sleeping,
16                labels=labels,colors=colors)
17  plt.xlabel('日期',fontsize=12,color='b')
18  plt.ylabel('時數',fontsize=12,color='b')
19  plt.title('繪製一週時間分配圖',fontsize=16,color='b')
20  plt.xticks(days,xlabels)
21  plt.legend()
22  plt.show()
```

執行結果

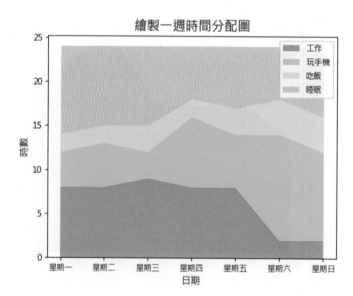

18-2-3 基礎數學公式的堆疊

程式實例 ch18_3.py：建立 3 個數學公式，執行堆疊然後輸出。

```
1   # ch18_3.py
2   import matplotlib.pyplot as plt
3   import numpy as np
4
5   plt.rcParams["font.family"] = ["Microsoft JhengHei"]
6   x = np.linspace(0, 10, 10)
7   y1 = x
8   y2 = 1.5 * x + 1.5
9   y3 = 2.0 * x + 2
10  plt.stackplot(x, y1, y2, y3)
11  plt.xlim((0, 10))
12  plt.ylim((0, 60))
13  plt.title('基礎數學公式的堆疊',fontsize=16,color='b')
14  plt.show()
```

執行結果

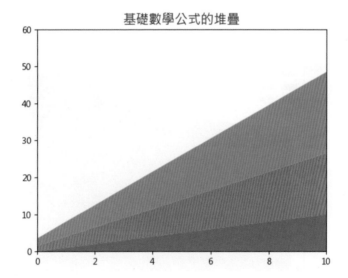

18-3 統計世界人口數

　　這一節將講解世界人口統計，筆者所使用的數據是虛構的，詳細的世界人口統計資料可以參考下列聯合國網頁。

　　https://population.un.org/wpp

　　這一節的實例主要是使用字典儲存資料，讀者可以學習不同資料儲存方式。

程式實例 ch18_4.py：使用字典儲存世界人口資料，然後繪製堆疊折線圖。

```
1   # ch18_4.py
2   import matplotlib.pyplot as plt
3   import numpy as np
4
5   plt.rcParams["font.family"] = ["Microsoft JhengHei"]
6   population = {
7       '非洲':[180, 200, 210, 230, 280],
8       '歐洲':[300, 310, 340, 370, 410],
9       '美洲':[290, 330, 350, 365, 380],
10      '亞洲':[1200, 1250, 1300, 1600, 1900],
11      '大洋洲':[88, 95, 110, 130, 150]
12  }
13  year = ['1980','1990','2000','2010','2020']
14  plt.stackplot(year,population.values(),labels=population.keys())
15  plt.legend(loc='upper left')
16  plt.xlabel('年度',color='b')
17  plt.ylabel('百萬人',color='b')
18  plt.title('世界人口統計',fontsize=16,color='b')
19  plt.show()
```

執行結果

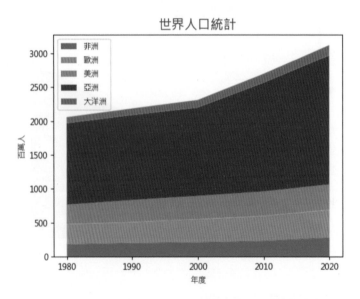

18-4 堆疊折線圖 baseline 參數的應用

　　這一節將使用傳染病的病例數作解說，這個數據主要是包含過去一週的數據，此數據有 3 個重點：

1： suspected：疑似病例數。

2： cured：康復病例數。

3： death：往生病例數。

18-4-1　baseline 參數是使用預設的 zero

程式實例 ch18_5.py：傳染病的病例數據統計，使用 baseline='zero'。

```
1  # ch18_5.py
2  import matplotlib.pyplot as plt
3
4  plt.rcParams["font.family"] = ["Microsoft JhengHei"]
5  plt.rcParams["axes.unicode_minus"] = False
6  days = [x for x in range(0, 7)]                    # 一週時間
7  suspected = [22, 25, 45, 58, 69, 82, 95]           # 疑似病例
8  cured = [8, 12, 16, 25, 43, 56, 68]                # 康原病例
9  deaths = [2, 2, 6, 7, 10, 12, 13]                  # 往生人數
10 colors = ['orange','green','red']
11 labels = ['疑似病例','康原病例','往生人數']
12 xlabels = ['星期一','星期二','星期三','星期四',
13            '星期五','星期六','星期日']
14 # 建立堆疊折線圖
15 plt.stackplot(days, suspected,cured,deaths,colors=colors,
16          labels=labels,baseline ='zero')
17 plt.legend(loc='upper left')
18 plt.title('病例數據統計資料',fontsize=16,color='b')
19 plt.xlabel('一週時間',fontsize=12,color='b')
20 plt.ylabel('全部病例數',fontsize=12,color='b')
21 plt.xticks(days,xlabels)
22 plt.show()
```

執行結果　可以參考下方左圖。

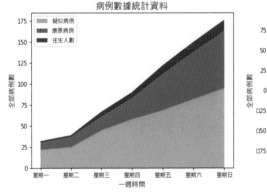
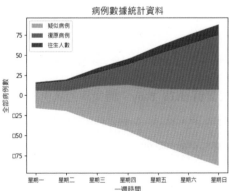

18-4-2　baseline 參數是使用預設的 zero

程式實例 ch18_6.py：傳染病的病例數據統計，使用 baseline='sym'。

```
15  plt.stackplot(days, suspected,cured,deaths,colors=colors,
16          labels=labels,baseline ='sym')
```

執行結果　可以參考上方右圖。

18-4-3　baseline 參數是使用預設的 wiggle

程式實例 ch18_7.py：傳染病的病例數據統計，使用 baseline='wiggle'。

```
15  plt.stackplot(days, suspected,cured,deaths,colors=colors,
16          labels=labels,baseline ='wiggle')
```

執行結果　可以參考下方左圖。

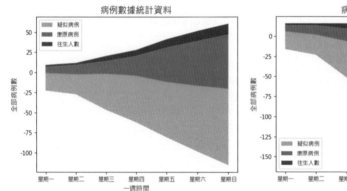
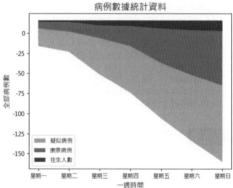

18-4-4　baseline 參數是使用預設的 weighted_wiggle

程式實例 ch18_8.py：傳染病的病例數據統計，使用 baseline='weighted_wiggle'。

```
15  plt.stackplot(days, suspected,cured,deaths,colors=colors,
16          labels=labels,baseline ='weighted_wiggle')
17  plt.legend(loc='lower left')
```

執行結果　可以參考上方右圖。

18-5 居家費用的應用

居家費用的應用也非常適合應用在堆疊折線圖，其實設計觀念是一樣，這一節將使用圖表物件，呼叫 OO API 觀念設計居家費用，讀者可以瞭解各種不同設計方式。

程式實例 ch18_9.py：統計整年度居家費用支出。

```
1   # ch18_9.py
2   import matplotlib.pyplot as plt
3   import numpy as np
4
5   plt.rcParams["font.family"] = ["Microsoft JhengHei"]
6   months= ['1月','2月','3月','4月','5月','6月',
7            '7月','8月','9月','10月','11月','12月']
8
9   cost = {
10      '房屋貸款':[32000,31500,31000,30500,30000,29500,
11                 29000,28500,28000,27500,27000,26500],
12      '餐飲支出':[20000,18000,21000,23000,25000,30000,
13                 24000,25000,28000,26000,21000,22000],
14      '水電費用':[8500,8000,8500,9500,10000,11000,
15                 10500,10000,8800,8900,9300,9200],
16      '保險支出':[6000,6200,5500,5800,5900,6100,
17                 4800,5200,6100,5900,4800,7000]
18  }
19  fig, ax = plt.subplots()
20  ax.set_title("家庭開銷統計",fontsize=16,color='b')
21  ax.set_xlabel("月份",fontsize=14,color='b')
22  ax.set_ylabel("費用",fontsize=14,color='b')
23  # 繪製家庭開銷堆疊折線圖
24  ax.stackplot(months,cost.values(),labels=cost.keys())
25  ax.legend()
26  plt.tight_layout()
27  plt.show()
```

執行結果

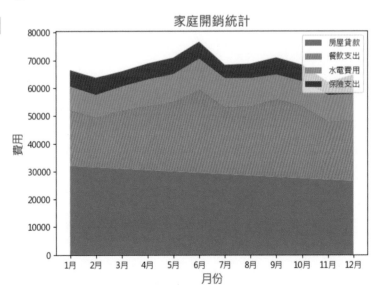

第十九章

階梯圖

函數 step( ) 可以將圖形設計為具有水平基線，數據點是使用垂直方式連接到該基線，我們稱此為階梯圖，這個圖對於分析 x 軸哪一個點發生 y 軸值變化非常有幫助，特別是在做離散分析。

19-1 階梯圖語法

階梯圖的函數是 step( )，這個函數的語法如下：

```
plt.step(x, y, [fmt], *args, where='pre', **kwarg)
```

上述各參數意義如下：

☐ x：x 軸陣列數據，一般假設是均勻遞增。

☐ y：y 軸陣列數據。

☐ where：決定垂直線的位置，可以有 'pre'、'post'、'mid'，預設是 'pre'，這幾個參數意義如下：

  ● pre：y 值從每個 x 位置一直向左延伸，也就是 (x[i-1],x[i]) 的值是 y[i]。

  ● post：y 值從每個 x 位置一直向右延伸，也就是 (x[i],x[i+1]) 的值是 y[i]。

  ● mid：步驟出現在 x 位置的中間。

☐ fmt：格式字串，matplotlib 官方手冊建立只設定顏色。

☐ **kwarg：參數與 plot( ) 相同，例如：'g' 表示綠色。

19-2 階梯圖基礎實例

19-2-1　plot( ) 和 step( ) 函數對相同數據的輸出比較

從前一節的語法可以看到 step( ) 函數和 plot( ) 函數用法類似，這一節實例將從簡單的 plot( ) 和 step( ) 函數比較實例說起。

程式實例 ch19_1.py：由簡單的數據分別使用 plot( ) 和 step( ) 函數繪製，然後我們可以比較此結果。

```
1  # ch19_1.py
2  import matplotlib.pyplot as plt
3
```

```
4  x = [1, 3, 5, 7, 9]
5  y = [1, 9, 25, 49, 81]
6  plt.plot(x,y,'o--',color='grey',alpha=0.4)
7  plt.step(x,y)
8  plt.show()
```

執行結果 可以參考下方左圖。

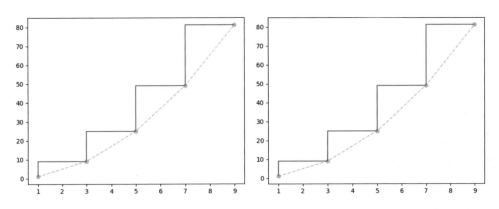

上述第 7 列語法如下：

plt.step(x, y)

當使用上述語法時，沒有使用 where 參數，這是使用預設的 pre。

19-2-2 設定 where='pre' 參數

程式實例 ch19_2.py：使用 where='pre'，同時將線條改為綠色，重新設計 ch19_1.py。

```
7  plt.step(x,y,'g',where='pre')
```

執行結果 請參考上方右圖。

19-2-3 設定 where='post' 參數

程式實例 ch19_3.py：設定 where='post' 參數重新設計 ch19_2.py。

```
1  # ch19_3.py
2  import matplotlib.pyplot as plt
3
4  x = [1, 3, 5, 7, 9]
5  y = [1, 9, 25, 49, 81]
6  plt.plot(x,y,'o--',color='grey',alpha=0.4)
7  plt.step(x,y,'g',where='post')
8  plt.show()
```

執行結果 可以參考下方左圖。

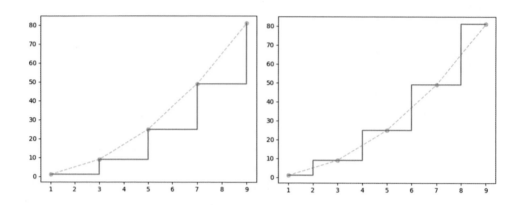

19-2-4　設定 where='mid' 參數

程式實例 ch19_4.py：設定 where='mid' 參數重新設計 ch19_3.py。

```
7  plt.step(x,y,'g',where='mid')
```

執行結果 可以參考上方右圖。

19-3 階梯圖與長條圖

前一小節筆者使用階梯圖與折線圖的結合，階梯圖可以和其他圖表結合使用。

程式實例 ch19_5.py：將階梯圖與長條圖的結合使用。

```
1  # ch19_5.py
2  import matplotlib.pyplot as plt
3  import numpy as np
4
5  x = [1, 3, 5, 7, 9]
6  y = [1, 9, 25, 49, 81]
7  plt.bar(x,y,color='yellow')
8  plt.step(x,y,'*-',where='pre',color='g')
9  plt.xticks(np.arange(0,10,step=1))
10 plt.show()
```

執行結果

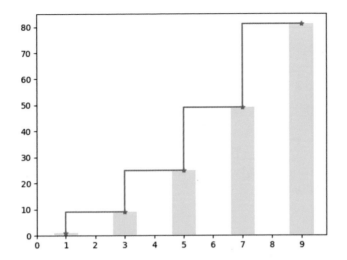

19-4 多組數據的混合使用

程式實例 ch19_6.py:建立 3 組數據,然後分別使用 where 等於 'pre'、'mid'、'post',
最後列出 plot( ) 函數和 step( ) 函數的繪製結果。

```python
1   # ch19_6.py
2   import matplotlib.pyplot as plt
3   import numpy as np
4
5   plt.rcParams["font.family"] = ["Microsoft JhengHei"]
6   plt.rcParams["axes.unicode_minus"] = False
7   x = np.arange(14)
8   y = np.sin(x/3)
9   fig, ax = plt.subplots()
10  ax.set_title('step() - pre,post,mid參數的使用')
11  # 繪製階梯圖
12  ax.step(x,y+2,where='pre')
13  ax.step(x,y+1,where='mid')
14  ax.step(x,y,where='post')
15  # 繪製直線圖
16  ax.plot(x,y+2,'D--',color='m',alpha=0.3)
17  ax.plot(x,y+1,'D--',color='m',alpha=0.3)
18  ax.plot(x,y,'D--',color='m',alpha=0.3)
19  labels = ['pre','mid','post']
20  ax.legend(title='參數 where', labels=labels)
21  plt.show()
```

執行結果

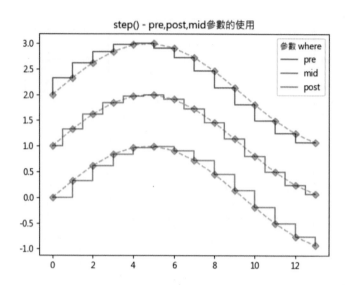

19-5　plot( ) 函數的 drawstyle 參數

使用 plot( ) 函數時，也可以使用 drawstyle 參數完成階梯函數的設定，觀念如下：

```
drawstyle='steps'            # 類似 step( ) 函數的 where='pre'
drawstyle='steps-mid'        # 類似 step( ) 函數的 where='mid'
drawstyle='steps-post'       # 類似 step( ) 函數的 where='post'
```

程式實例 ch19_7.py：使用 plot( ) 函數取代 step( ) 函數，重新設計 ch19_6.py。

```
1   # ch19_7.py
2   import matplotlib.pyplot as plt
3   import numpy as np
4
5   plt.rcParams["font.family"] = ["Microsoft JhengHei"]
6   plt.rcParams["axes.unicode_minus"] = False
7   x = np.arange(14)
8   y = np.sin(x/3)
9   fig, ax = plt.subplots()
10  ax.set_title('plot() - drawstyle參數的使用')
11  # 繪製階梯圖
12  ax.plot(x,y+2,drawstyle='steps')
13  ax.plot(x,y+1,drawstyle='steps-mid')
14  ax.plot(x,y,drawstyle='steps-post')
15  # 繪製直線圖
16  ax.plot(x,y+2,'D--',color='m',alpha=0.3)
17  ax.plot(x,y+1,'D--',color='m',alpha=0.3)
18  ax.plot(x,y,'D--',color='m',alpha=0.3)
19  labels = ['steps','steps-mid','steps-post']
```

```
20  ax.legend(title='參數 drawstyle', labels=labels)
21  plt.show()
```

執行結果

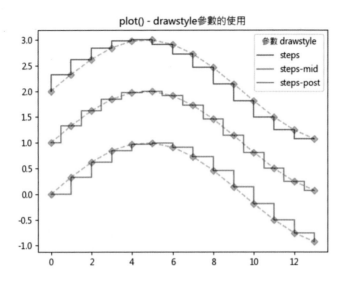

第二十章
棉棒圖

棉棒圖 (stem) 是一個俗稱，其正式名稱是離散視圖，基礎觀念是此圖會從基線到頭 (y 值) 的每一個位置繪製純值的線，然後可以放置標記。如果是垂直 (預設) 的棉棒圖，位置是 x 軸位置，頭部是 y 值。如果是水平的棉棒圖，位置是 y，頭部是 x 值。

20-1　棉棒圖語法

棉棒圖的函數是 stem( )，這個函數的語法如下：

    plt.stem([x,] y, linefmt=None, markerfmt=None, basefmt=None, bottom=0,
    label=None, use_line_collection=True, orientation='vertical')

上述各參數意義如下：

❑ x：這是選項，棉棒圖的 x 位置，預設是 (0, 1, …, len(y)-1)

❑ y：這是必要，棉棒圖的頭，頭的值，也是 y 值。

❑ linefmt：定義棉棒線的屬性，有關線條樣式的字串定義如下：

● '-'：實線。

● '--'：虛線。

● '-.'：虛點線。

● ':'：點線。

　　預設是 'C0-'，'C0' 是色彩循環的第 1 種顏色，有 C0 – C9 等 10 種顏色，此外也可以使用 2-4-1 節的 8 種基礎顏色，這個觀念可以應用在其他參數。

❑ markerfmt：定義棉棒線的標記，可以參考 2-6 節。預設是 'C0o'，'C0' 是色彩循環的第 1 種顏色，'o' 則是圓點。

❑ basefmt：定義基線的屬性，預設是 'C3-'。傳統模式預設是 'C2-'。

❑ bottom：定義基線的 y 位置，預設是 0。

❑ label：棉棒線的標籤。

❑ orientation：預設是 'vertical' 也就是垂直線，如果改為 'horizontal' 則是水平線。

❑ use_line_collection：預設是 True，將棉棒線儲存和繪製為 Linecollection，而不是單獨的線，建議使用此預設。如果是 False，則使用 Line2D 物件，不過未來可能會棄用此參數。

20-2 棉棒圖的基礎實例

20-2-1 只有 y 值的棉棒圖

如果省略 x，stem( ) 函數會預設 x 是 (0, 1, …, len(y)-1)。

程式實例 ch20_1.py：最基礎的棉棒圖繪製。

```
1  # ch20_1.py
2  import matplotlib.pyplot as plt
3
4  y = [1, 3, 5, 7, 6, 4, 2]
5  plt.stem(y)
6  plt.show()
```

執行結果 可以參考下方左圖。

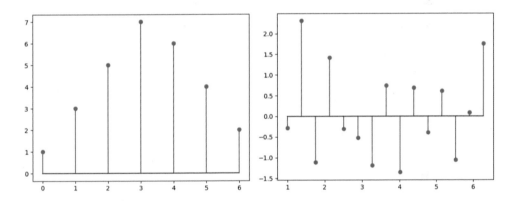

20-2-2 有 x 和 y 的棉棒圖

程式實例 ch20_2.py：繪製有 x 和 y 的棉棒圖。

```
1  # ch20_2.py
2  import matplotlib.pyplot as plt
3  import numpy as np
4
5  pts = 15
6  x = np.linspace(1, 2*np.pi, pts)
7  y = np.random.randn(pts)
8  plt.stem(x,y)
9  plt.show()
```

執行結果 可以參考上方右圖。

20-3 棉棒圖線條樣式

線條樣式預設是藍色實線，但是可以使用 linefmt 參數修改設定。

20-3-1　繪製虛線的棉棒圖

程式實例 ch20_3.py：繪製虛線的棉棒圖。

```
1  # ch20_3.py
2  import matplotlib.pyplot as plt
3  import numpy as np
4
5  np.random.seed(10)
6  pts = 30
7  x = np.linspace(1, 2*np.pi, pts)
8  y = np.exp(np.sin(x))
9  plt.stem(x,y,linefmt='--')
10 plt.show()
```

執行結果 可以參考下方左圖。

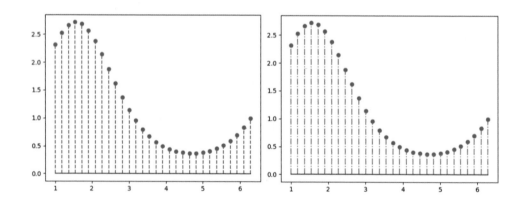

20-3-2　繪製虛線的棉棒圖

程式實例 ch20_4.py：繪製 'C2-.' 虛點線的棉棒圖，重新設計 ch20_3.py。

```
9  plt.stem(x,y,linefmt='C2-.')
```

執行結果 可以參考上方右圖。

20-4 棉棒圖的標記

棉棒圖的標記預設是藍色圓點，但是可以使用 markerfmt 參數更改，此外，也可以捨棄 'C0' 之色彩循環，直接定義顏色。

程式實例 ch20_5.py：繪製綠色鑽石形的棉棒圖標記。

```
1  # ch20_5.py
2  import matplotlib.pyplot as plt
3  import numpy as np
4
5  np.random.seed(10)
6  pts = 30
7  x = np.linspace(1, 2*np.pi, pts)
8  y = np.exp(np.sin(x))
9  plt.stem(x,y,linefmt='m',markerfmt='gD')
10 plt.show()
```

執行結果 可以參考下方左圖。

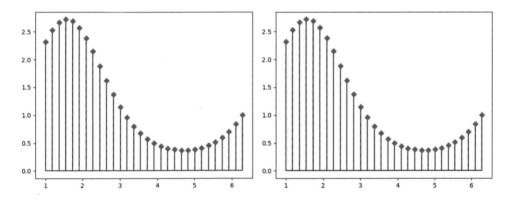

20-5 定義基線

棉棒圖的基線預設是紅色，但是可以使用 basefmt 參數更改，此外，也可以捨棄 'C0' 之色彩循環，直接定義顏色。

程式實例 ch20_6.py：將基線設為藍色，重新設計 ch20_5.py。

```
9  plt.stem(x,y,linefmt='m',markerfmt='gD',basefmt='b-')
```

執行結果 可以參考上方右圖。

20-6 標籤的使用

當我們在 stem( ) 函數內設定標籤後，就可以使用 legend( ) 建立圖例。

程式實例 ch20_7.py：使用標籤和建立圖例。

```
1   # ch20_7.py
2   import matplotlib.pyplot as plt
3   import numpy as np
4
5   np.random.seed(10)
6   pts = 30
7   x = np.linspace(1, 2*np.pi, pts)
8   y = np.exp(np.sin(x))
9   plt.stem(x,y,linefmt='m',markerfmt='gD',basefmt='b-',label='stem()')
10  plt.legend()
11  plt.show()
```

執行結果

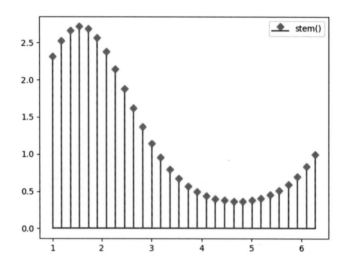

20-7 定義基線 y 的位置

基線 y 的預設位置是 0，我們可以使用 bottom 參數更改此位置。

程式實例 ch20_8.py：將基線改為 1.2。

```
1   # ch20_8.py
2   import matplotlib.pyplot as plt
3   import numpy as np
4
```

```
5   np.random.seed(10)
6   pts = 30
7   x = np.linspace(1, 2*np.pi, pts)
8   y = np.exp(np.sin(x))
9   plt.stem(x,y,markerfmt='g*',basefmt='b-',label='stem()',bottom=1.2)
10  plt.legend()
11  plt.show()
```

執行結果

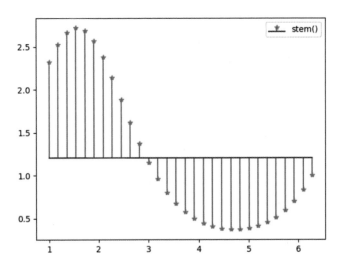

第二十一章
間斷長條圖

間斷長條圖 (broken_barh) 是以長條圖為基礎的圖表，表面上是指繪製水平序列的矩形 (rectangles)。假設 x 軸是時間，可以從間斷長條圖了解不同時間點數據之變化。

21-1 間斷長條圖語法

間斷長條圖的函數是 broken_barh( )，這個函數的語法如下：

plt.broken_barh(xrange, yrange, *, **kwarg)

上述各參數意義如下：

❑ xrange：這是元組序列，資料是 (xmin, xwidth)，對於每個元組 (xmin, xwidth)，從 xmin 到 xmin+xwidth 繪製一個矩形。

❑ yrange：這是元組序列，資料是 (ymin, yheight)，這會擴展到所有矩形。

21-2 間斷長條圖的基礎實例

21-2-1 單一間斷長條圖的實例

最簡單的間斷長條圖就是設定 x 區間和 y 區間，其他使用預設。

程式實例 ch21_1.py：單一間斷長條圖的實例。

```
1   # ch21_1.py
2   import matplotlib.pyplot as plt
3
4   fig, ax = plt.subplots()
5   ax.broken_barh([(50, 30), (100, 20)],
6                  (10, 5))
7   ax.set_xlabel('x-value')
8   ax.set_ylabel('y-value')
9   ax.grid(True)
10  ax.set_title('Broken_barh()',fontsize=16,color='b')
11  plt.show()
```

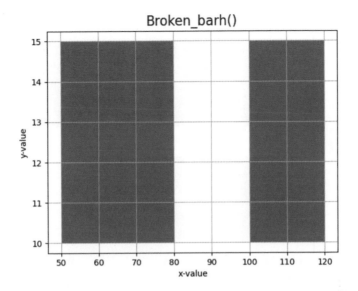

上述第 5 列 xrange 第 1 個元組是 (50, 30)，表示第 1 個矩形長條圖的左下角 x 軸是 50，寬度是 30，所以第 1 個矩形寬是 x 軸從 30 到 80。yrange 內容是 (10,5)，表示 y 軸長度是從 10 開始，長度有 5，所以長度是從 10 到 15。

第 5 列 xrange 第 2 個元組是 (100, 20)，表示第 2 個矩形長條圖的左下角是 x 軸是 100，寬度是 20，所以第 2 個矩形寬是 x 軸從 100 到 120。

21-2-2 多個間斷長條圖實例

程式實例 ch21_2.py：繪製 2 組間斷長條圖的實例，同時使用 facecolors 更改預設顏色。

```
1  # ch21_2.py
2  import matplotlib.pyplot as plt
3
4  # 事先定義間斷長條圖數據 1
5  x_1 = [(2, 4), (9, 6)]
6  y_1 = (2, 3)
7  # 繪製間斷長條圖 1
8  plt.broken_barh(x_1, y_1, facecolors ='m')
9  # 事先定義間斷長條圖數據 2
10 x_2 = [(5, 1), (8, 3), (12, 6)]
11 y_2 = (6, 3)
12 # 繪製間斷長條圖 2
13 plt.broken_barh(x_2, y_2, facecolors ='g')
14 plt.xlabel('x-label')
15 plt.ylabel('y-label')
16 plt.title('Broken_barh()',fontsize=16,color='b')
17 plt.show()
```

執行結果

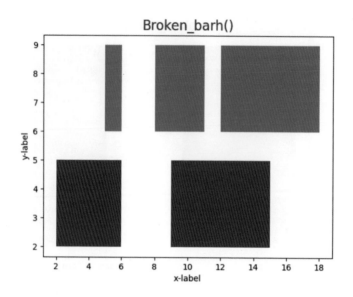

21-3　繪製每天不同時段行車速度表

　　我們可以使用間斷長條圖紀錄每天不同時間點的行車速度，這時可以將 x 軸視為時間 (單位是小時)，y 軸視為行車速度。

程式實例 ch21_3.py：繪製每天不同時段的行車速度。

```
1  # ch21_3.py
2  import matplotlib.pyplot as plt
3  import numpy as np
4
5  plt.rcParams["font.family"] = ["Microsoft JhengHei"]
6  # 定義間斷長條圖數據 1
7  x_1 = [(0, 7), (20, 4)]          # 定義時間
8  y_1 = (90, 30)                   # 定義車速
9  plt.broken_barh(x_1, y_1, facecolors ='g')
10 # 定義間斷長條圖數據 2
11 x_2 = [(7, 3), (17, 3)]          # 定義時間
12 y_2 = (40, 20)                   # 定義車速
13 plt.broken_barh(x_2, y_2, facecolors ='r')
14 # 定義間斷長條圖數據 3
15 x_3 = [(10, 7)]                  # 定義時間
16 y_3 = (60, 30)                   # 定義車速
17 plt.broken_barh(x_3, y_3, facecolors ='b')
18 plt.xlabel('時間',fontsize=14,color='b')
19 plt.xticks(np.arange(0,25,step=4))
20 plt.ylabel('車速',fontsize=14,color='b')
21 plt.title('每天不同時段行車速度表',fontsize=16,color='b')
22 plt.show()
```

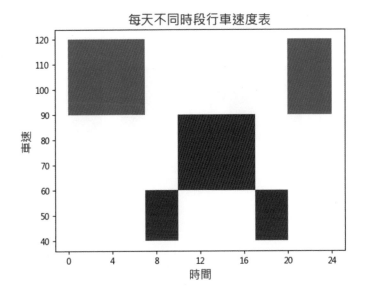

21-4 繪製學習觀察表

程式實例 ch21_4.py：繪製 2 個人的學習觀察表。

```
1   # ch21_4.py
2   import matplotlib.pyplot as plt
3   import numpy as np
4
5   plt.rcParams["font.family"] = ["Microsoft JhengHei"]
6   fig, ax = plt.subplots()
7   ax.broken_barh([(60, 40), (130, 20)],
8                  (7, 10),
9                  facecolors='cyan')
10  ax.broken_barh([(10, 40), (90, 20), (120, 20)],
11                 (20, 10),
12                 facecolors=('m','g','b'))
13  ax.annotate('學習中斷', (50, 25),
14              xytext=(0.6, 0.92), textcoords='axes fraction',
15              arrowprops=dict(fc='r', ec='r', shrink=0.05),
16              fontsize=14, color='r',
17              horizontalalignment='right', verticalalignment='top')
18  ax.set_ylim(5, 35)
19  ax.set_xlim(0, 160)
20  ax.set_xlabel('時間 : 單位秒',color='b')
21  ax.set_yticks([12, 25])
22  ax.set_yticklabels(labels=['雨星', '冰雨'],color='b')
23  ax.grid(True)
24  ax.set_title('學習觀察表',fontsize=16,color='b')
25  plt.show()
```

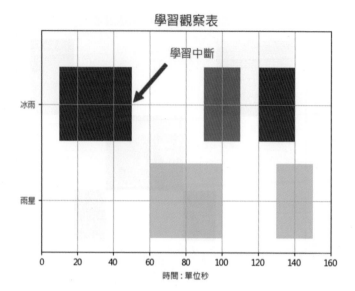

第二十二章

小提琴圖

小提琴圖 (violin Plots) 是一種繪製數據的方法，它的功能與箱線圖類似，不過小提琴方法多了可以顯示數據在不同值的機率密度，同時沒有異常值。

22-1 小提琴圖的定義

小提琴圖與箱線圖類似，下列是此圖的定義。

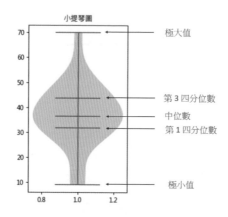

小提琴圖因為不處理異常值，所以最上端的線是極大值，最下端的線是極小值。

22-2 小提琴圖的語法

小提琴圖的函數是 violinplot( )，這個函數的語法如下：

```
axes.violinplot(dataset, positions=None, vert=True, widths=0.5,
showmeans=False, showextrema=True, showmedians=False, quantiles=None,
points=100, bw_method=None, *)
```

上述各參數意義如下：

❑ dataset：數據集，陣列資料序列。

❑ positions：這是陣列資料，可以設定小提琴的位置，刻度和極值會自動匹配，預設值是 range(1, N+1)。

❑ vert：預設是 True，表示繪製垂直的小提琴。若是設為 False，則繪製水平的小提琴。

❑ widths：可以是純量或是向量，這是指小提琴的寬度，預設是 0.5，表示使用約一半的水平空間。

❑ showmeans：是否顯示均值，預設是 False，表示不顯示。

❑ showextrema：是否顯示極值，預設是 True，表示顯示。

❑ showmedians：是否顯示中位數，預設是 False，表示不顯示。

❑ quantiles：指定分位數的位置，資料類型是字典，元素要求值是 [0,1]，預設是 False。

❑ points：估計高斯機率密度點的數量，預設是 100。

❑ bw_method：用於估算頻寬 (bandwidth) 的方法，可以是 'scott'、'silverman'。預設是 'scott'。

上述函數的回傳值是字典，此字典內有下列資料。

● bodies：包含每個小提琴的填充區域。

● cmeans：每個小提琴的均值。

● cmins：每個小提琴的最小值 (底部)。

● cmaxes：每個小提琴的最大值 (頂部)。

● cbars：每個小提琴分佈中心。

● cmedians：每個小提琴分佈的平均值。

22-3 小提琴圖的基礎實例

22-3-1 小提琴圖和箱線圖的比較

程式實例 ch22_1.py：使用預設環境繪製小提琴圖和箱線圖，然後比較。

```
1  # ch22_1.py
2  import matplotlib.pyplot as plt
3
4  plt.rcParams["font.family"] = ["Microsoft JhengHei"]
5  x = [9, 12, 30, 31, 31, 32, 33, 33, 35, 35,
6       38, 38, 41, 42, 43, 46, 46, 48, 52, 70]
7  fig, ax = plt.subplots(nrows=1, ncols=2)
8  ax[0].set_title("小提琴圖")
9  ax[0].violinplot(x)
10 ax[1].set_title("箱線圖")
11 ax[1].boxplot(x)
12 plt.show()
```

執行結果

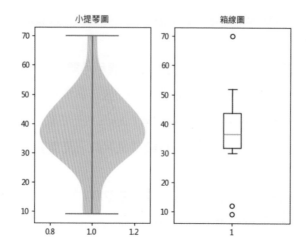

上述小提琴寬度是使用預設的 0.5，所以最左寬度位置是約 0.75，最右寬度位置是約 1.25，1.25 − 0.75 = 0.5。

程式實例 ch22_2.py：顯示小提琴圖的中位數，同時兩個圖表共用 y 軸，重新設計 ch22_1.py。

```
1   # ch22_2.py
2   import matplotlib.pyplot as plt
3
4   plt.rcParams["font.family"] = ["Microsoft JhengHei"]
5   x = [9, 12, 30, 31, 31, 32, 33, 33, 35, 35,
6        38, 38, 41, 42, 43, 46, 46, 48, 52, 70]
7   fig, ax = plt.subplots(nrows=1, ncols=2, sharey=True)
8   ax[0].set_title("小提琴圖")
9   ax[0].violinplot(x, showmedians=True)
10  ax[1].set_title("箱線圖")
11  ax[1].boxplot(x)
12  plt.show()
```

執行結果

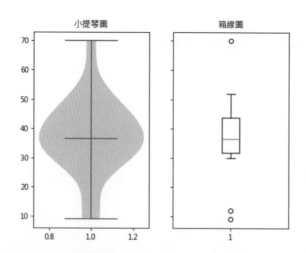

從上圖可以看到小提琴圖也有中位數線了。

22-3-2　常態分佈與均勻分佈小提琴的比較

對於箱線圖而言，常態分佈與均勻分佈感覺不出差異，但是對於小提琴圖則可以看到明顯的差異。

程式實例 ch22_3.py：常態分佈與均勻分佈小提琴的比較。

```
1  # ch22_3.py
2  import matplotlib.pyplot as plt
3  import numpy as np
4
5  plt.rcParams["font.family"] = ["Microsoft JhengHei"]
6  plt.rcParams["axes.unicode_minus"] = False
7  np.random.seed(10)
8  # 建立 200 個均勻分佈的隨機數
9  uniform = np.arange(-100, 100)
10 fig, ax = plt.subplots(nrows=1,ncols=2,figsize =(8,4),sharey=True)
11 ax[0].set_title('均勻分佈')
12 ax[0].set_ylabel('觀察值')
13 ax[0].violinplot(uniform,showmedians=True)
14 # 建立 200 個常態分佈的隨機數
15 normal = np.random.normal(size = 200)*35
16 ax[1].set_title('常態分佈')
17 ax[1].violinplot(normal,showmedians=True)
18
19 plt.show()
```

執行結果

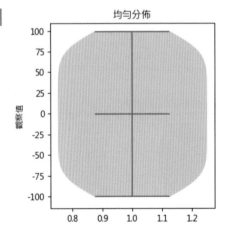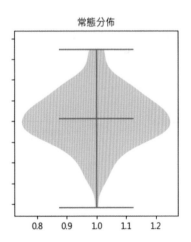

22-4　繪製多組數據

一個圖表內可以有多組數據，這時可以將數據用串列打包方式組織起來，例如：假設有 data1、data2 和 data3 數據，可以將串列打包成 data，這個 data 就可以當作 dataset 處理。

>   data = [data1, data2, data3]

程式實例 ch23_4.py：在圖表內使用 np.random.randint( ) 建立 3 組均勻分佈的數據，將這 3 組數據用小提琴圖表達，同時將小提琴內部顏色改為 cyan，小提琴的邊緣線顏色改為 magenta。

```python
1   # ch22_4.py
2   import matplotlib.pyplot as plt
3   import numpy as np
4
5   plt.rcParams["font.family"] = ["Microsoft JhengHei"]
6   np.random.seed(10)
7   # 建立 3 組隨機數
8   data1 = np.random.randint(1, 100, size=100)
9   data2 = np.random.randint(1, 100, size=100)
10  data3 = np.random.randint(1, 100, size=100)
11  dataset = [data1, data2, data3]       # 3 組數據組成 dataset
12  # 建立圖表物件
13  fig = plt.figure()
14  ax = fig.gca()                        # 獲得目前圖表物件
15  vio = plt.violinplot(dataset)         # 建立小提琴圖
16  for body in vio['bodies']:            # 小提琴圖區塊
17      body.set_facecolor('cyan')        # 內部顏色是 cyan
18      body.set_edgecolor('m')           # 邊線顏色是 magenta
19      body.set_alpha(0.8)               # 透明度 0.8
20  ax.set_title('3 組均勻分布的小提琴圖',fontsize=16,color='b')
21  plt.show()
```

執行結果

3 組均勻分布的小提琴圖

上述關鍵是第 13 – 19 列，這些列的意義如下：

第 13 列：建立 Figure 物件或是啟動現存在的 Figure 物件。

第 14 列：fig.gca( ) 可以取得當前的圖表物件。

第 15 列：使用預設建立小提琴圖，回傳 vio 物件。

第 16 列：回傳的 vio['bodies']，代表所有小提琴圖填充區塊，所以這是遍歷所有小提琴圖填充區塊。

第 17 列：設定小提琴圖填充區塊的顏色是 cyan。

第 18 列：設定小提琴圖的邊緣線顏色是 magenta。

第 19 列：設定顏色透明度是 0.8。

22-5 小提琴圖的系列參數設定

程式實例 ch22_5.py：系列參數設定，這一個實例將設定下列參數：

1： ax[0,0]：使用預設。

2： ax[0,1]：重新定義寬度是 0.2，widths=[0.2]。

3： ax[0,2]：設計水平小提琴圖，vert=False。

4： ax[0,3]：重新定義位置，positions=[3]。

5： ax[1,0]：隱藏極值，showextrema=False。

6： ax[1,1]：顯示均值，showmeans=True。

7： ax[1,2]：顯示中位數，showmedians=True。

8： ax[1,3]：顯示四分位數，quantiles=[0.25,0.5,0.75]。

```
1  # ch22_5.py
2  import matplotlib.pyplot as plt
3  import numpy as np
4
5  plt.rcParams["font.family"] = ["Microsoft JhengHei"]
6  plt.rcParams["axes.unicode_minus"] = False
7  np.random.seed(10)
8  # 建立 1 組隨機數
9  data = np.random.normal(size=1000)
10 fig, ax = plt.subplots(nrows=2, ncols=4)
11 # 建立小提琴圖
12 ax[0,0].violinplot(data)
```

```
13   ax[0,0].set_title('預設小提琴圖',color='m')
14   ax[0,1].violinplot(data, widths=[0.2])
15   ax[0,1].set_title('重新定義寬度',color='m')
16   ax[0,2].violinplot(data, vert=False)
17   ax[0,2].set_title('水平小提琴圖',color='m')
18   ax[0,3].violinplot(data, positions=[3])
19   ax[0,3].set_title('重新定義位置',color='m')
20   ax[1,0].violinplot(data,showextrema=False)
21   ax[1,0].set_title('隱藏極值',color='m')
22   ax[1,1].violinplot(data,showmeans=True)
23   ax[1,1].set_title('顯示均值',color='m')
24   ax[1,2].violinplot(data,showmedians=True)
25   ax[1,2].set_title('顯示中位數',color='m')
26   ax[1,3].violinplot(data,quantiles=[0.25,0.5,0.75])
27   ax[1,3].set_title('顯示分位數',color='m')
28   plt.suptitle('8 組均勻分布的小提琴圖',fontsize=16,color='b')
29   plt.tight_layout()
30   plt.show()
```

執行結果

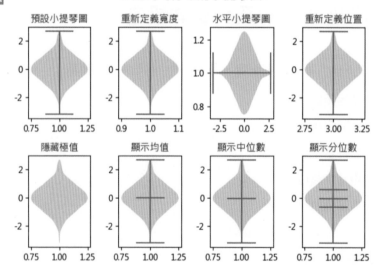

22-6 綜合實作

　　這一節主要是使用小提琴圖物件的 'cmaxes' 和 'cmin' 索引取得小提琴圖最大值 y 座標和最小值 y 座標，所搭配使用的函數是 get_segments( )，然後自行設計連線。此外，在中位數位置繪製白色星號，在第 1 四分位數 (Q1) 和第 3 四分位數 (Q3) 也執行寬度是 5 的連線。

下列程式會使用 vlines( ) 函數繪製垂直線，這個函數常用語法如下：

plt.vlines(x, ymin, ymax, color=None, linestyle='solid', lw=1)

上述各參數意義如下：

❏ x：繪製垂直線的 x 座標。

❏ ymin：y 軸的最小值。

❏ ymax：y 軸的最大值。

❏ color：線條顏色。

❏ linestyle：線條樣式。

❏ lw：線條寬度。

程式實例 ch22_6.py：小提琴圖的設計。

```
1   # ch22_6.py
2   import matplotlib.pyplot as plt
3   import numpy as np
4   plt.rcParams["font.family"] = ["Microsoft JhengHei"]
5   plt.rcParams["axes.unicode_minus"] = False
6   # 建立測試資料
7   np.random.seed(10)
8   data = [sorted(np.random.normal(0, std, 100)) for std in range(1, 5)]
9   # 建立子圖
10  fig, axes = plt.subplots()
11  axes.set_title('設計小提琴圖',fontsize=16,color='b')
12  parts = axes.violinplot(
13          data, showmeans=False, showmedians=False)
14  # 建立小提琴圖
15  for p in parts['bodies']:
16      p.set_facecolor('red')
17      p.set_edgecolor('black')
18      p.set_alpha(1)
19  # 獲得小提琴圖最大值
20  wseg = parts['cmaxes'].get_segments()      # 小提琴圖最大值線段
21  w_max = []                                 # 設定最大值串列
22  for i in range(len(wseg)):
23      upper_array = wseg[i]
24      for j in range(0,len(upper_array),2):
25          w_max.append(upper_array[j][1])    # 取得最大值 y 軸值
26  # 獲得小提琴圖最小值
27  wseg = parts['cmins'].get_segments()       # 小提琴圖最大值線段
28  c_min = []                                 # 設定最大值串列
29  for i in range(len(wseg)):
30      lower_array = wseg[i]
31      for j in range(0,len(lower_array),2):
32          c_min.append(lower_array[j][1])    # 取得最小值 y 軸值
33  # 繪製小提琴內部
34  quartile1,medians,quartile3=np.percentile(data,[25,50,75],axis=1)
35  inds = np.arange(1, len(medians) + 1)
36  axes.scatter(inds,medians,marker='*',color='white',s=30,zorder=3)
37  axes.vlines(inds,quartile1,quartile3,color='b', linestyle='-',lw=5)
38  axes.vlines(inds,c_min,w_max,color='b',linestyle='-',lw=1)
```

```
39  # 設定 x 軸
40  labels = ['A', 'B', 'C', 'D']
41  axes.set_xticks(np.arange(1, len(labels) + 1))
42  axes.set_xticklabels(labels=labels)
43  axes.set_xlim(0.25, len(labels) + 0.75)
44  axes.set_xlabel('數據樣本',fontsize=12,color='b')
45  plt.show()
```

執行結果

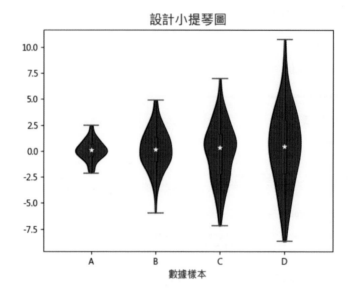

第二十三章

誤差條

所謂的誤差條 (errorbar) 主要是將 y 和 x 繪製帶有誤差的條和標記。

23-1 誤差條的語法

誤差條的函數是 errorbar( )，這個函數的常用語法如下：

> plt.errorbar(x, y, yerr=None, xerr=None, fmt=' ', ecolor=None, elinewidth=None, capsize=None, barsabove=False, lolims=False, uplims=False, xlolims=False, xuplims=False, errorevery=1, capthick=None)

上述各參數意義如下：

❑ x, y：數據點的座標。

❑ xerr, yerr：數據點的誤差範圍，也可以使用串列，這時可以設定上下有不一樣的誤差。

❑ fmt：數據點的標記樣式和連線的樣式。

❑ ecolor：誤差條的顏色。

❑ elinewidth：誤差條的線條寬度，預設是 None。

❑ capsize：誤差條邊界橫條的長度，預設是 0.0。

❑ capthick：誤差條邊界橫條的厚度，預設是 None。

❑ barsabove：是否在繪圖符號上方繪製誤差條，預設是 False。

❑ lolims, uplims, xlolims, xuplims：這些參數是布林值，指定上限與下限。

❑ errorevery：在數據子集上繪製誤差條。

23-2 誤差條的基礎實例

23-2-1 使用預設的誤差條

程式實例 ch23_1.py：使用預設環境在 x 軸是 0 – 10 間繪製 sin( ) 函數線條，誤差條的基礎是 dy = 0.5。

```
1  # ch23_1.py
2  import matplotlib.pyplot as plt
3  import numpy as np
```

```
4
5  x = np.linspace(0, 10, 20)
6  y = np.sin(x) * 2
7  dy = 0.5
8  plt.errorbar(x, y, yerr=dy)
9  plt.show()
```

執行結果 可以參考下方左圖。

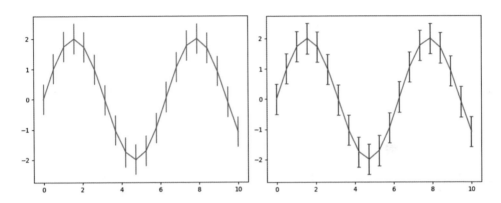

23-2-2 誤差條的設定

參數 ecolor 可以設定誤差條的顏色，capsize 可以設定誤差條的長度，elinewidth 可以設定誤差條的寬度。

程式實例 ch23_2.py：擴充設計 ch23_1.py，將誤差條改為紅色，誤差條的長度改為 3。

```
8  plt.errorbar(x,y,yerr=dy,ecolor='r',capsize=3)
```

執行結果 可以參考上方右圖。

23-2-3 橫向的誤差條設定

參數 yerr 可以設定直向誤差，xerr 則可以設定橫向的誤差。

程式實例 ch23_3.py：擴充設計 ch23_2.py，增加橫向誤差，此誤差值是 0.2。

```
1  # ch23_3.py
2  import matplotlib.pyplot as plt
3  import numpy as np
4
5  x = np.linspace(0, 10, 20)
```

```
6  y = np.sin(x) * 2
7  dy = 0.5
8  dx = 0.2
9  plt.errorbar(x,y,xerr=dx,yerr=dy,ecolor='r',capsize=3)
10 plt.show()
```

執行結果

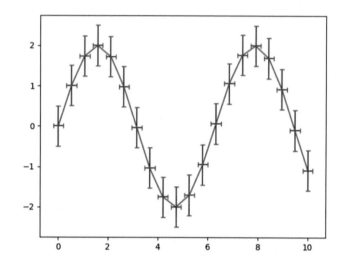

23-3 線條樣式

　　參數 fmt 是指線條樣式，讀者可以參考 2-5 節，可以使用 color 參數設定線條色彩可以參考 2-4 節。

程式實例 ch23_4.py：繪製線條樣式。

```
1  # ch23_4.py
2  import matplotlib.pyplot as plt
3  import numpy as np
4
5  x = np.linspace(0, 10, 20)
6  y = np.sin(x) * 2
7  dy = 0.5
8  plt.errorbar(x,y,fmt='o',yerr=dy,ecolor='r',color='b',capsize=3)
9  plt.show()
```

執行結果 可以參考下方左圖。

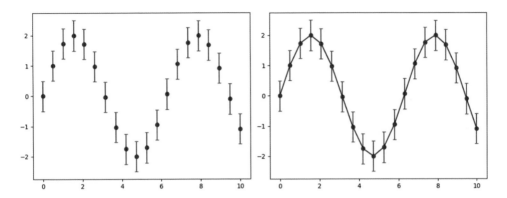

程式實例 **ch23_5.py**：擴充設計 ch23_4.py，讓數據增加線條。

```
8  plt.errorbar(x,y,fmt='o-',yerr=dy,ecolor='r',color='b',capsize=3)
```

執行結果 可以參考上方右圖，

23-4 指定上限與下限

23-4-1 基礎實作

參數 uplims 和 lolims 可以設定上限與下限，預設是 False。其中 xlolims 和 xuplims 則是用在水平誤差條。

程式實例 **ch23_6.py**：設定 uplims = True，並觀察執行結果。

```
1   # ch23_6.py
2   import matplotlib.pyplot as plt
3   import numpy as np
4
5   x = np.linspace(0, 10, 20)
6   y = np.sin(x) * 2
7   dy = 0.5
8   plt.errorbar(x,y,fmt='o-',yerr=dy,ecolor='r',color='b',
9               uplims=True,capsize=3)
10  plt.title('uplims = True',color='b')
11  plt.show()
```

執行結果 可以參考下方左圖。

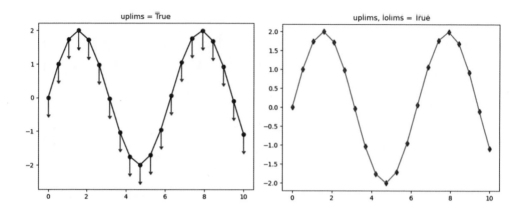

程式實例 ch23_7.py：重新設計 ch23_6.py，增加 lolims = True，為了方便讀者瞭解此參數，原先線條的原點取消。

```
8   plt.errorbar(x,y,yerr=dy,ecolor='r',uplims=True,lolims=True)
9   plt.title('uplims, lolims = True',color='b')
```

執行結果 　可以參考上方右圖。

23-4-2 將串列觀念應用上限與下限

參數 uplims 和 lolims 也可以使用串列表示，這時可以設計具有穿插效果的誤差條。

程式實例 ch23_8.py：建立上下限穿插的誤差條。

```
1   # ch23_8.py
2   import matplotlib.pyplot as plt
3   import numpy as np
4
5   x = np.linspace(0, 10, 20)
6   y = np.sin(x) * 2
7   dy = 0.5
8   up = [True,False] * 10        # 上限串列
9   lo = [False,True] * 10        # 下限串列
10  plt.errorbar(x,y,yerr=dy,uplims=up,lolims=lo,ecolor='r')
11  plt.show()
```

執行結果

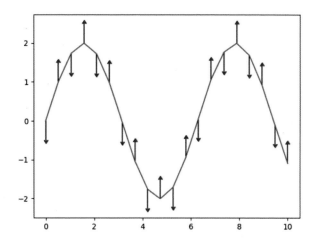

23-5　上方與下方誤差不一致

前面所有實例上下誤差皆一致，如果想要有誤差不一致，可以設 yerr 的值是串列，此串列第一個元素是設定下方誤差，第二個元素是設定上方誤差。

程式實例 ch23_9.py：設計上方與下方誤差不一致。

```
1  # ch23_9.py
2  import matplotlib.pyplot as plt
3  import numpy as np
4
5  x = np.linspace(0, 10, 20)
6  y = np.sin(x) * 2
7  dy = 0.2 + 0.01 * x
8  dy_range = [dy*0.5,dy]        # (下方誤差, 上方誤差)
9  plt.errorbar(x,y,fmt='o-',yerr=dy_range,ecolor='r',color='b',capsize=3)
10 plt.show()
```

執行結果

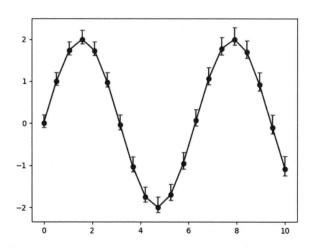

23-6 綜合應用

　　一張圖表可以有多個含誤差條的線，下列個別觀念已經有實例解說，只是將這些實例組織起來。

程式實例 ch23_10.py：繪製多個含誤差條的線。

```
1   # ch23_10.py
2   import matplotlib.pyplot as plt
3   import numpy as np
4
5   plt.rcParams["font.family"] = ["Microsoft JhengHei"]
6   plt.rcParams["axes.unicode_minus"] = False
7   fig = plt.figure()
8   x = np.arange(10)
9   y = 3 * np.cos(x / 20 * np.pi)
10  yerr = np.linspace(0.05, 0.2, 10)
11
12  plt.errorbar(x,y + 3,yerr=yerr,label='誤差條使用預設')
13  plt.errorbar(x,y + 2,yerr=yerr,uplims=True,label='uplims=True')
14  plt.errorbar(x,y + 1,yerr=yerr,uplims=True,lolims=True,
15               label='uplims, lolims = True')
16  upperlimits = [True, False] * 5
17  lowerlimits = [False, True] * 5
18  plt.errorbar(x,y,yerr=yerr,uplims=upperlimits,lolims=lowerlimits,
19               label='同時有uplims和lolims = True')
20  plt.legend(loc='lower left')
21  plt.xticks(np.arange(0,10))
22  plt.title('誤差條的綜和應用',fontsize=16,color='b')
23  plt.show()
```

執行結果

第二十四章
輪廓圖

輪廓圖 (Contour) 也稱作水平圖，這是一種在二維平面上顯示三維曲面的方法，基本觀念是要有 x, y 和 z 等 3 個值，x 和 y 是座標，z 則是深度。這類圖常用在氣象部門、高山地圖、顯示密度應用。

註 許多文章也將輪廓圖稱等高圖。

24-1 輪廓圖的語法

輪廓圖函數有 2 個，兩個函數的語法相同：

plt.contour( )：可以繪製輪廓線。

plt.contourf( )：可以填充輪廓。

輪廓圖函數 contour( ) 的語法如下：

> plt.contour([X, Y,], Z, [levels], **kwargs)

上述各參數意義如下：

❑ X, Y：如果 X 和 Y 皆是二維，則與 Z 有相同的外形。如果 X 和 Y 皆是一維，則 len(X) 是 Z 的行數，len(Y) 是 Z 的列數。

❑ Z：繪製輪廓的高度。

❑ levels：用於確認輪廓線 / 區域的數量和位置。

❑ linewidths：可以設定輪廓線寬度，預設是 1.5。

❑ linestyles：可以設定輪廓線樣式，預設是 solid，可以選擇 'dashed'、'dashdot'、'dotted' 等。

24-2 輪廓圖的基礎實例

實務上我們常常使用 x 和 y 兩個一維數據，然後使用 Numpy 的 meshgrid( ) 產生 X 和 Y 數據，有關 meshgrid( ) 函數的用法讀者可以參考 12-7-1 節。

24-2-1 從簡單的實例說起

程式實例 ch24_1.py：繪製簡單的輪廓圖，然後了解 contour( ) 和 contourf( ) 函數。

```python
1  # ch24_1.py
2  import matplotlib.pyplot as plt
3  import numpy as np
4
5  plt.rcParams["font.family"] = ["Microsoft JhengHei"]
6  x = range(5)
7  y = range(5)
8  X, Y = np.meshgrid(x, y)
9  Z = [[0,0,0,0,0],
10      [0,1,1,1,0],
11      [0,1,2,2,0],
12      [0,1,1,1,0],
13      [0,0,0,0,0]]
14 fig = plt.figure(figsize=(10,4.5))
15 fig.add_subplot(121)
16 plt.contour(X, Y, Z)
17 plt.title('使用contour函數',fontsize=16,color='b')
18
19 fig.add_subplot(122)
20 plt.contourf(X, Y, Z)
21 plt.title('使用contourf函數',fontsize=16,color='b')
22 plt.show()
```

執行結果

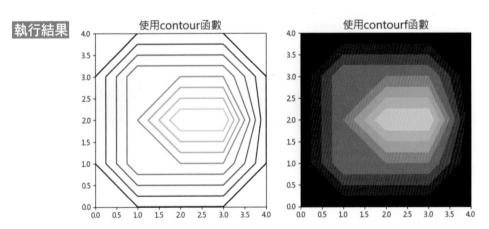

上述繪輪廓線與填充輪廓圖是使用預設色彩，色彩的應用觀念與先前章節相同，未來程式實例將以 confourf( ) 函數為主。

24-2-2 色彩映射

色彩映射有提供許多色彩，可以讓整個輪廓圖看起來更精彩。

程式實例 ch24_2.py：使用 cmap 參數設定不同的色彩，這一個分別使用 PuRd 和 YlOrBr 色彩映射。

```python
1   # ch24_2.py
2   import matplotlib.pyplot as plt
3   import numpy as np
4
5   plt.rcParams["font.family"] = ["Microsoft JhengHei"]
6   x = range(5)
7   y = range(5)
8   X, Y = np.meshgrid(x, y)
9   Z = [[0,0,0,0,0],
10       [0,1,1,1,0],
11       [0,1,2,2,0],
12       [0,1,1,1,0],
13       [0,0,0,0,0]]
14  fig = plt.figure(figsize=(10,4.5))
15  fig.add_subplot(121)
16  plt.contourf(X, Y, Z, cmap='PuRd')
17  plt.title('contourf函數, cmap=PuRd',fontsize=16,color='b')
18
19  fig.add_subplot(122)
20  plt.contourf(X, Y, Z, cmap='YlOrBr')
21  plt.title('contourf函數, cmap=YlOrBr',fontsize=16,color='b')
22  plt.show()
```

執行結果

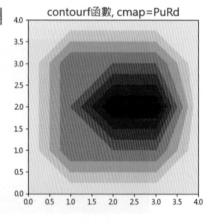
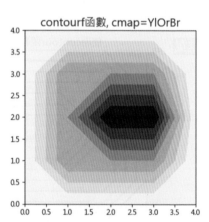

24-3 定義高度函數

如果將 X 和 Y 當作代表兩個維度的資料，則 Z 就是代表高度，觀念如下：

$$Z = f(X, Y)$$

上述 Z 函數也可稱高度函數，其實輪廓圖的高度函數需要三角函數、指數函數等公式，建議可以複習這些數學主題。

程式實例 ch24_3.py：假設 x 和 y 數據如下：

```
x = range(5)
y = range(5)
X, Y = np.meshgrid(x, y)
```

Z = f(X, Y)，此函數內容如下：

```
Z = np.sin(X)**5 +np.cos(5 + y)*np.cos(x)
```

請分別繪製輪廓線和填滿輪廓。

```
1   # ch24_3.py
2   import matplotlib.pyplot as plt
3   import numpy as np
4
5   def f(x, y):
6       return np.sin(x)**5 + np.cos(5 + y) * np.cos(x)
7
8   plt.rcParams["font.family"] = ["Microsoft JhengHei"]
9   x = np.linspace(0, 5, 30)
10  y = np.linspace(0, 5, 20)
11  X, Y = np.meshgrid(x, y)
12  Z = f(X, Y)
13  fig = plt.figure(figsize=(10,4.5))
14  fig.add_subplot(121)
15  plt.contour(X, Y, Z)
16  plt.title('contour函數',fontsize=16,color='b')
17
18  fig.add_subplot(122)
19  plt.contourf(X, Y, Z, cmap='Oranges')
20  plt.title('contourf函數, cmap=Oranges',fontsize=16,color='b')
21  plt.show()
```

執行結果

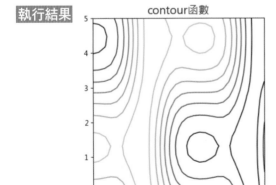 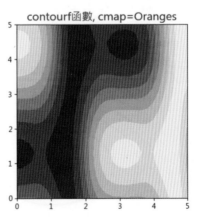

上述程式的重點是第 5 – 6 列的 f(x, y) 函數，不同的函數將有完全不一樣的結果。

24-4 色彩條與輪廓圖

上一小節的高度函數筆者是隨意使用一個函數，在讀者的真實應用中，一個有意義的函數輪廓圖將顯得更有價值。這一小節將使用橢圓公式建立高度函數，假設橢圓平面公式如下：

$$Z = (X**2)/4 + (Y**2)/8$$

此外，也可以在輪廓圖右邊增加色彩條，這對於標記高度會有幫助。

程式實例 ch24_4.py：建立橢圓高度的輪廓圖。

```python
1  # ch24_4.py
2  import matplotlib.pyplot as plt
3  import numpy as np
4
5  def f(x, y):
6      return (x**2)/10 + (y**2)/4
7
8  plt.rcParams["font.family"] = ["Microsoft JhengHei"]
9  plt.rcParams["axes.unicode_minus"] = False
10 x = np.linspace(-10, 10, 100)
11 y = np.linspace(-10, 10, 100)
12 X, Y = np.meshgrid(x, y)
13 Z = f(X, Y)
14 fig = plt.figure(figsize=(10,4.5))
15 fig.add_subplot(121)
16 plt.contour(X, Y, Z)
17 plt.title('contour() 橢圓輪廓平面',fontsize=16,color='b')
18
19 fig.add_subplot(122)
20 plt.contourf(X, Y, Z, cmap='GnBu')
21 plt.title('contourf() 填充橢圓輪廓圓平面',fontsize=16,color='b')
22 plt.colorbar()                    # 色彩條
23 plt.show()
```

執行結果

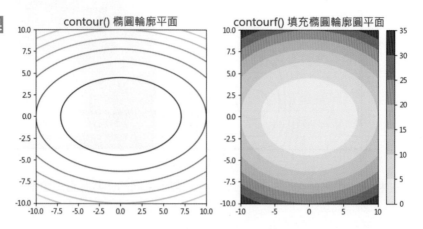

24-5 輪廓圖上標記高度值

輪廓圖 contour( ) 函數可以增加繪製輪廓線，前面已經介紹過 Z 陣列其實就是高度陣列，我們可以使用 clabel( ) 函數標記，此函數基本用法如下：

```
plt.clabel(CS, colors=None)
```

上述 CS 是輪廓圖物件，colors 則可以設定顏色。

程式實例 ch24_5.py：繪製圓形輪廓圖的數字標記，本程式第 6 列回傳負號，主要目的是讓中間數值比較高。

```
1   # ch24_5.py
2   import matplotlib.pyplot as plt
3   import numpy as np
4
5   def f(x, y):
6       return -(x**2 + y**2)
7
8   plt.rcParams["font.family"] = ["Microsoft JhengHei"]
9   plt.rcParams["axes.unicode_minus"] = False
10  x = np.linspace(-10, 10, 100)
11  y = np.linspace(-10, 10, 100)
12  X, Y = np.meshgrid(x, y)
13  Z = f(X, Y)
14  plt.contourf(X, Y, Z)                 # 填充輪廓圖
15  plt.colorbar()                        # 色彩條
16  oval = plt.contour(X, Y, Z)           # 輪廓圖
17  plt.clabel(oval,colors='b')           # 增加高度標記
18  plt.title('有高度標記的輪廓圖',fontsize=16,color='b')
19  plt.show()
```

執行結果

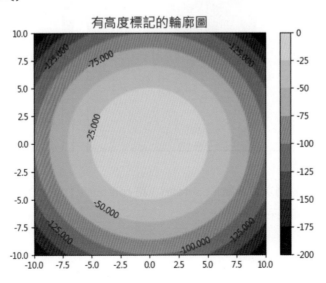

24-6 指數函數應用在輪廓圖

適度應用指數函數可以建立一些實質有意義的輪廓圖。

程式實例 ch24_6.py：指數函數應用在輪廓線，這個程式同時將標註高度。

```python
1  # ch24_6.py
2  import matplotlib.pyplot as plt
3  import numpy as np
4
5  def f(x, y):
6      return (1.2-x**2+y**5)*np.exp(-x**2-y**2)
7
8  plt.rcParams["font.family"] = ["Microsoft JhengHei"]
9  plt.rcParams["axes.unicode_minus"] = False
10 x = np.linspace(-2.5, 2.5, 100)
11 y = np.linspace(-2.5, 2.5, 100)
12 X, Y = np.meshgrid(x, y)
13 Z = f(X, Y)
14 plt.contourf(X,Y,Z,cmap='Greens')        # 填充輪廓圖
15 plt.colorbar()                           # 色彩條
16 oval = plt.contour(X,Y,Z,colors='b')     # 輪廓圖
17 plt.clabel(oval,colors='b')              # 增加高度標記
18 plt.title('指數函數的輪廓圖',fontsize=16,color='b')
19 plt.show()
```

執行結果

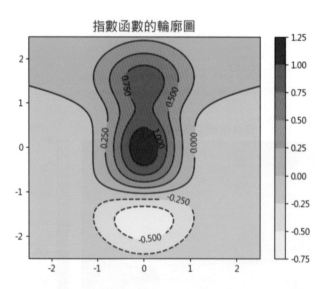

如果現在仔細看色彩層次有 8 層，contour( ) 和 contourf( ) 函數內有 levels 參數，這格參數可以設定輪廓和色彩層次。

程式實例 ch24_7.py：設定色彩層次有 12 層，重新設計 ch24_6.py。

```
1  # ch24_7.py
2  import matplotlib.pyplot as plt
3  import numpy as np
4
5  def f(x, y):
6      return (1.2-x**2+y**5)*np.exp(-x**2-y**2)
7
8  plt.rcParams["font.family"] = ["Microsoft JhengHei"]
9  plt.rcParams["axes.unicode_minus"] = False
10 x = np.linspace(-2.5, 2.5, 100)
11 y = np.linspace(-2.5, 2.5, 100)
12 X, Y = np.meshgrid(x, y)
13 Z = f(X, Y)
14 plt.contourf(X,Y,Z,12,cmap='Greens')        # 填充輪廓圖
15 plt.colorbar()                              # 色彩條
16 oval = plt.contour(X,Y,Z,12,colors='b')     # 輪廓圖
17 plt.clabel(oval,colors='b')                 # 增加高度標記
18 plt.title('指數函數的輪廓圖,levels=12',fontsize=16,color='b')
19 plt.show()
```

執行結果

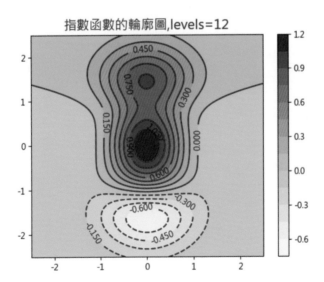

第二十五章
箭袋圖

學習線性代數向量扮演重要的角色，這一章所介紹的 quiver( ) 函數，主要是繪製箭袋 (quiver) 圖，劍袋圖觀念是要知道箭頭的位置 (X, Y)，此外要知道箭頭的方向 (U, V)，箭頭的分量就是向量。

25-1　箭袋的語法

箭袋圖的函數是 quiver( )，這個函數的基本語法如下：

```
plt.quiver([X, Y], U, V, [C], **kw)
```

上述各參數意義如下：

❑ X, Y：定義箭頭 x, y 的座標位置。

❑ U, V：定義箭頭 x, y 的方向分量，必須有相同數量的元素。

❑ C：C 的大小必須與箭頭數量相同，這個數值會被轉換成色彩，有了 C 就可以使用自定 norm 和 cmap 設定顏色。

❑ color：顯性直接定義箭頭色彩。

❑ units：單位，可以是 'width'、'height'、'dots'、'inches'、'x'、'y'、'xy'，預設是 width。其中 'width' 和 'hieght' 代表軸的寬度與高度，'dot' 和 'inches' 代表像素或英寸。'x'、'y' 和 xy($\sqrt{X^2 + Y^2}$) 是依據此軸的圖表的單位。

❑ scale_units：可以設定箭頭向量的長度，可以是 'width'、'height'、 'dots'、'inches'、'x'、'y'、'xy'，如果要與 X 和 Y 軸有相同的單位，可以使用下列語法：

```
angles = 'xy'
scale_units = 'xy'
scale = 1
```

❑ width：箭頭軸的寬度。

❑ headwidth：箭頭的寬度，這是軸寬的倍數，預設是 3。

❑ headlength：箭頭交界處的長度，這是軸寬的倍數，預設是 5。

❑ headaxislength：軸交叉處的頭長，預設是 4.5。

❑ minshaft：低於箭頭刻度的長度，這是以頭長為單位，預設是 1。

❏ minlength：最小長度是軸寬的倍數，如果箭頭寬度小於此值，則改為繪製此直徑的點 (六邊形)。

❏ pivot：錨碇到 X、Y 網格的點，箭頭圍繞該點旋轉。

25-2 箭袋的基礎實例

25-2-1 繪製單一箭頭

程式實例 ch25_1.py：繪製單一箭頭。

```
1  # ch25_1.py
2  import matplotlib.pyplot as plt
3
4  plt.rcParams["font.family"] = ["Microsoft JhengHei"]
5  plt.rcParams["axes.unicode_minus"] = False
6  x_pos = 0
7  y_pos = 0
8  x_direct = 1
9  y_direct = 1
10 plt.quiver(x_pos, y_pos, x_direct, y_direct)
11 plt.title('Quiver()函數繪製單一箭頭')
12 plt.show()
```

執行結果 可以參考下方左圖。

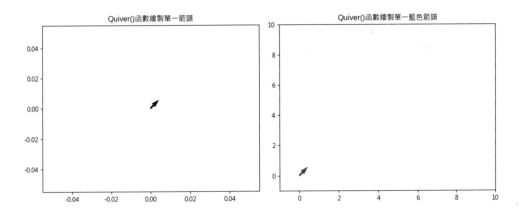

在繪製箭頭時，原點 (0, 0) 是在圖表中央。也可以使用 xlim( ) 和 ylim( ) 函數調整箭頭的位置。

程式實例 ch25_2.py：將箭頭改為藍色，同時調整箭頭的位置在左下方。

```
1  # ch25_2.py
2  import matplotlib.pyplot as plt
3
4  plt.rcParams["font.family"] = ["Microsoft JhengHei"]
5  plt.rcParams["axes.unicode_minus"] = False
6  x_pos = 0
7  y_pos = 0
8  x_direct = 1
9  y_direct = 1
10 plt.quiver(x_pos,y_pos,x_direct,y_direct,color='b')
11 plt.title('Quiver()函數繪製單一藍色箭頭')
12 plt.xlim([-1,10])
13 plt.ylim([-1,10])
14 plt.show()
```

執行結果　可以參考上方右圖。

25-2-2　使用不同顏色繪製兩個箭頭

上述使用了 xlim( ) 和 ylim( ) 函數設定圖表大小，也可以使用 axis( ) 函數設定圖表大小。此外，也可以使用顏色串列設定箭頭有不一樣的顏色。

程式實例 ch25_3.py：建立不同顏色的箭頭，這個程式使用串列儲存多個箭頭的起點、方向和顏色。

```
1  # ch25_3.py
2  import matplotlib.pyplot as plt
3
4  plt.rcParams["font.family"] = ["Microsoft JhengHei"]
5  plt.rcParams["axes.unicode_minus"] = False
6  x_pos = [0,0]
7  y_pos = [0,0]
8  x_direct = [1,1]
9  y_direct = [1,-1]
10 plt.quiver(x_pos,y_pos,x_direct,y_direct,color=['b','g'])
11 plt.title('Quiver()函數繪製藍色和綠色箭頭')
12 plt.axis([-2,2,-2,2])
13 plt.show()
```

執行結果　可以參考下方左圖。

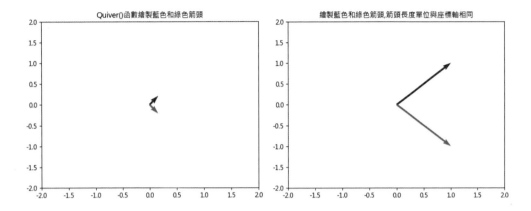

25-2-3　設計箭頭長度單位與 X 和 Y 軸單位相同

程式實例 ch25_4.py：設計箭頭長度單位與 X 和 Y 軸單位相同。

```
1  # ch25_4.py
2  import matplotlib.pyplot as plt
3
4  plt.rcParams["font.family"] = ["Microsoft JhengHei"]
5  plt.rcParams["axes.unicode_minus"] = False
6  x_pos = [0,0]
7  y_pos = [0,0]
8  x_direct = [1,1]
9  y_direct = [1,-1]
10 plt.quiver(x_pos,y_pos,x_direct,y_direct,color=['b','g'],
11            angles='xy',scale_units='xy', scale=1)
12 plt.title('繪製藍色和綠色箭頭,箭頭長度單位與座標軸相同')
13 plt.axis([-2,2,-2,2])
14 plt.show()
```

執行結果　可以參考上方右圖。

25-3 使用網格繪製箭袋圖

25-3-1　基礎實作箭袋圖

　　前面 2 節是使用簡單 x_pos、 y_pos,、x_direct、y_direct，建立箭頭，雖然可行但是太慢，要建立完整的二維箭袋需使用 Numpy 的 meshgrid( ) 函數。使用網格時我們可以用 X, Y 定義箭頭起始位置，用 U, V 定義箭頭的方向分量，整個 U, V 的方向分量定義則是繪製箭袋的重點。

程式實例 ch25_5.py：使用網格繪製箭袋，下列 X 和 Y 是 1D 陣列，U 和 V 是 2D 陣列，X 和 Y 會被自動擴展維度為 2D。

```
1   # ch25_5.py
2   import matplotlib.pyplot as plt
3   import numpy as np
4
5   plt.rcParams["font.family"] = ["Microsoft JhengHei"]
6   plt.rcParams["axes.unicode_minus"] = False
7   x = np.arange(-10, 11)
8   y = np.arange(-10, 11)
9   X, Y = np.meshgrid(x, y)
10  U, V = X, Y
11  plt.quiver(X, Y, U, V)
12  plt.title('箭袋 Quiver',fontsize=14,color='b')
13  plt.show()
```

執行結果　可以參考下方左圖。

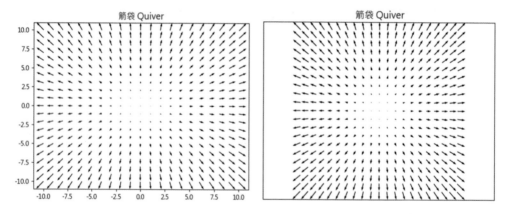

　　設計上述箭頭向量圖時，建議可以讓 x 軸和 y 軸刻度單位長度相同，這時可以使用下列指令。

　　　plt.axis('equal')

　　如果想要隱藏刻度，可以使用下列指令。

　　　plt.xticks([ ])
　　　plt.yticks([ ])

程式實例 **ch25_6.py**：讓 x 軸和 y 軸刻度單位長度相同，重新設計 ch25_5.py。

```
1   # ch25_6.py
2   import matplotlib.pyplot as plt
3   import numpy as np
4
5   plt.rcParams["font.family"] = ["Microsoft JhengHei"]
6   plt.rcParams["axes.unicode_minus"] = False
7   x = np.arange(-10, 11)
8   y = np.arange(-10, 11)
9   X, Y = np.meshgrid(x, y)
10  U, V = X, Y
11  plt.quiver(X, Y, U, V)
12  plt.title('箭袋 Quiver',fontsize=14,color='b')
13  plt.axis('equal')
14  plt.xticks([])
15  plt.yticks([])
16  plt.show()
```

執行結果 可以參考上方右圖。

25-3-2 使用 OO API 重新設計 ch25_6.py

許多人也喜歡使用 OO API 方式設計箭袋，下列是幾個關鍵函數的用法。

ax.xaxis.set_ticks([ ])	# 假設 ax 是軸物件，隱藏 x 軸刻度
ax.yaxis.set_ticks([ ])	# 假設 ax 是軸物件，隱藏 y 軸刻度
ax.set_aspect('equal')	# 假設 ax 是軸物件，x 和 y 軸單位長度相同

程式實例 **ch25_7.py**：使用 OO API 方式重新設計 ch25_6.py。

```
1   # ch25_7.py
2   import matplotlib.pyplot as plt
3   import numpy as np
4
5   plt.rcParams["font.family"] = ["Microsoft JhengHei"]
6   plt.rcParams["axes.unicode_minus"] = False
7   x = np.arange(-10, 11)
8   y = np.arange(-10, 11)
9   X, Y = np.meshgrid(x, y)
10  U, V = X, Y
11  fig, ax = plt.subplots()
12  ax.quiver(X, Y, U, V)
13  ax.set_title('箭袋 Quiver',fontsize=14,color='b')
14  ax.set_aspect('equal')
15  ax.xaxis.set_ticks([])
16  ax.yaxis.set_ticks([])
17  plt.show()
```

執行結果

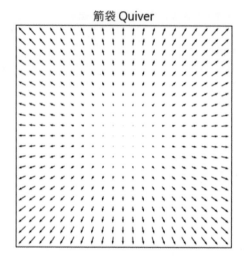

箭袋 Quiver

25-4 設計箭袋圖的箭頭方向

設計箭袋最關鍵的是箭頭方向，也就是 U 和 V，這一節筆者將使用三角函數和梯度函數為例解說，未來讀者可以依照自己的專業設計相關的應用。

25-4-1 使用三角函數

設計箭袋最關鍵的是箭頭方向，也就是 U 和 V，下列將使用三角函數設計箭頭方向。

程式實例 ch25_8.py：使用三角函數設計箭袋圖的箭頭風向，讀者可以參考第 10 和 11 列的設計。

```python
1   # ch25_8.py
2   import matplotlib.pyplot as plt
3   import numpy as np
4
5   plt.rcParams["font.family"] = ["Microsoft JhengHei"]
6   plt.rcParams["axes.unicode_minus"] = False
7   x = np.arange(-3, 3.5, 0.5)
8   y = np.arange(-3, 3.5, 0.5)
9   X, Y = np.meshgrid(x, y)
10  U = np.sin(X) * Y
11  V = np.cos(X) * X
12  fig, ax = plt.subplots()
13  ax.quiver(X, Y, U, V)
```

```
14  ax.set_title('箭袋 Quiver',fontsize=14,color='b')
15  ax.set_aspect('equal')
16  plt.show()
```

執行結果

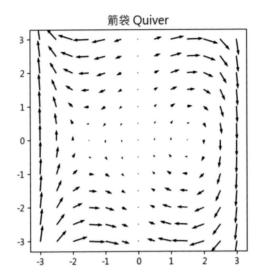

25-4-2 使用梯度函數

Numpy 的梯度函數 gradient( ) 也可以用於產生箭袋圖。

程式實例 ch25_9.py：使用梯度函數 gradient( ) 建立箭袋圖。

```
1  # ch25_9.py
2  import matplotlib.pyplot as plt
3  import numpy as np
4
5  plt.rcParams["font.family"] = ["Microsoft JhengHei"]
6  plt.rcParams["axes.unicode_minus"] = False
7  x = np.arange(-2, 2.2, 0.2)
8  y = np.arange(-2, 2.2, 0.2)
9  X, Y = np.meshgrid(x, y)
10 Z = X**2 + Y**2
11 U, V = np.gradient(Z)
12 fig, ax = plt.subplots()
13 ax.quiver(X, Y, U, V)
14 ax.set_title('箭袋 Quiver',fontsize=14,color='b')
15 ax.set_aspect('equal')
16 plt.show()
```

執行結果

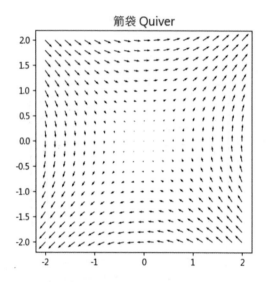

25-5 設計彩色的箭袋圖

如果要設計箭袋圖的箭頭是單一顏色，可以直接使用 color 參數，例如：設定箭頭是藍色，可以使用下列指令。

ax.quiver(X, Y, U, V, color='b')

如果要定義每個箭頭色彩，所定義的色彩數量必須與箭頭數量相同，當定義 C 參數後，就可以使用 cmap 參數定義色彩映射。。

程式實例 ch25_10.py：繪製預設的彩色箭袋圖，下列第 12 列可以定義色彩的走向。

```
1   # ch25_10.py
2   import matplotlib.pyplot as plt
3   import numpy as np
4
5   plt.rcParams["font.family"] = ["Microsoft JhengHei"]
6   plt.rcParams["axes.unicode_minus"] = False
7   x = np.arange(-2, 2.2, 0.2)
8   y = np.arange(-2, 2.2, 0.2)
9   X, Y = np.meshgrid(x, y)              # 建立 X, Y
10  Z = X**2 + Y**2
11  U, V = np.gradient(Z)                 # 建立 U, V
12  C = U + V                             # 定義箭頭顏色的數據
13  fig, ax = plt.subplots()
14  ax.quiver(X, Y, U, V, C)              # 繪製預設的彩色箭袋
15  ax.set_title('箭袋 Quiver',fontsize=14,color='b')
16  ax.set_aspect('equal')
17  plt.show()
```

執行結果 可以參考下方左圖。

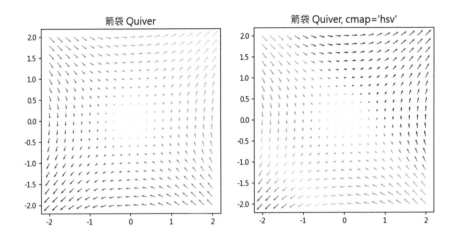

程式實例 ch25_11.py：使用 cmap='hsv' 重新設計 ch25_10.py。

```
15  ax.set_title("箭袋 Quiver, cmap='hsv'",fontsize=14,color='b')
```

執行結果 可以參考上方右圖。

第二十六章

流線圖

流線圖 (streamplot) 是一種 2D 的圖，主要是顯示流體流動和二維向量場。

26-1 流線圖的語法

流線圖的函數是 streamplot( )，這個函數的基本語法如下：

plt.streamplot(X, Y, U, V, density=1, linewidth=None, color=None, cmap=None, norm=None, arrowsize=1, arrowstyle='-1')

上述各參數意義如下：

❑ X, Y：定義均勻間隔的網格。

❑ U, V：定義 x, y 的方向分量，分量一般是指速度，必須與網格有相同數量的元素。

❑ density：控制流線的密度，預設是 1，也可以使用串列控制不同方向的密度。

❑ linewidth：線條寬度。

❑ color：color 的大小必須與數量相同，這個數值會被轉換成色彩，有了 color 就可以使用自定 norm 和 cmap 設定顏色。

❑ cmap：設定色彩映射圖。

❑ norm：標準化色彩數據，將數據縮放到 0 和 1 之間。

❑ arrowsize：箭頭大小。

❑ arrowstyle：箭頭外形。

26-2 流線圖的基礎實例

程式實例 ch26_1.py：在 5 x 5 的網格上建立往右的流線圖。

```
1   # ch26_1.py
2   import matplotlib.pyplot as plt
3   import numpy as np
4
5   plt.rcParams["font.family"] = ["Microsoft JhengHei"]
6   x = np.arange(0, 5)
7   y = np.arange(0, 5)
8   X, Y = np.meshgrid(x, y)              # 建立 X, Y
9   U = np.ones((5,5))                    # 建立 U
10  V = np.zeros((5,5))                   # 建立 V
11  plt.streamplot(X, Y, U, V, density=0.5)
12  plt.title("流線圖",fontsize=14,color='b')
13  plt.show()
```

執行結果

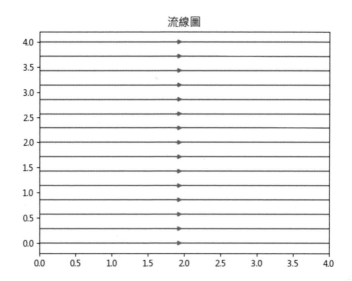

26-3 自定義流線圖的速度

流線圖的走向取決於 U 和 V 的速度定義，下列是 U 和 V 的示範公式，未來讀者可以依自己的需要自定公式。

U = -1 + X**2 - Y

V = 1 - X + Y**2

程式實例 ch26_2.py：自定義流線圖的速度，然後繪製流線圖。

```python
1   # ch26_2.py
2   import matplotlib.pyplot as plt
3   import numpy as np
4
5   plt.rcParams["font.family"] = ["Microsoft JhengHei"]
6   plt.rcParams["axes.unicode_minus"] = False
7   x = np.arange(-3, 3)
8   y = np.arange(-3, 3)
9   X, Y = np.meshgrid(x, y)                    # 建立 X, Y
10  U = -1 + X**2 - Y                           # 定義速度 U
11  V = 1 - X + Y**2                            # 定義速度 V
12  plt.streamplot(X, Y, U, V, density = 1)
13  plt.title("流線圖",fontsize=14,color='b')
14  plt.show()
```

執行結果

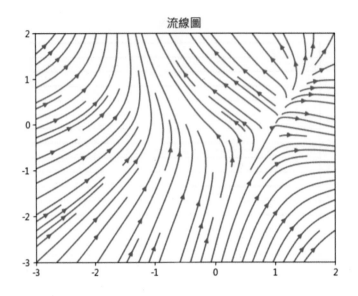

26-4 綜合實例

這一節的綜合實例講解了下列觀念：

1： 使用 linewidth 參數建立固定寬度的流線圖。

2： 依據速度建立不同寬度的流線圖。

3： 使用 color 參數，建立固定顏色的流線圖。

4： 使用 color 和 cmap，建立 cmap 色彩映射的流線圖。

5： 使用 density 參數，建立 x 和 y 軸密度不同的流線圖。

程式實例 ch26_3.py：使用不同的參數建立流線圖。

```
1  # ch26_3.py
2  import numpy as np
3  import matplotlib.pyplot as plt
4  import matplotlib.gridspec as gridspec
5
6  plt.rcParams["font.family"] = ["Microsoft JhengHei"]
7  plt.rcParams["axes.unicode_minus"] = False
8  x = np.arange(-3, 3)
9  y = np.arange(-3, 3)
10 X, Y = np.meshgrid(x, y)                    # 建立 X, Y
11 U = -1 + X**2 - Y                           # 定義速度 U
12 V = 1 - X + Y**2                            # 定義速度 V
```

```
13  speed = np.sqrt(U**2 + V**2)
14  # 建立圖表網格物件
15  fig = plt.figure()
16  gs = gridspec.GridSpec(nrows=2, ncols=2)
17  # 使用預設環境建立流線圖
18  ax0 = fig.add_subplot(gs[0, 0])
19  ax0.streamplot(X, Y, U, V)
20  ax0.set_title('使用預設環境建立流線圖')
21  # 流線圖 1, 使用 cmap='spring' 色彩映射
22  ax1 = fig.add_subplot(gs[0, 1])
23  strobj = ax1.streamplot(X,Y,U,V,color=U,linewidth=2,cmap='spring')
24  fig.colorbar(strobj.lines)            # 建立資料條
25  ax1.set_title("使用 cmap='spring' 色彩映射")
26  # 流線圖 2, x 和 y 軸密度不同, 使用黑色流線
27  ax2 = fig.add_subplot(gs[1, 0])
28  ax2.streamplot(X, Y, U, V, color='k', density=[0.5, 1])
29  ax2.set_title('使用黑色流線, x 和 y 軸密度不同')
30  # 流線圖 3, 沿著速度線變更線條寬度, 同時更改密度為 0.6
31  ax3 = fig.add_subplot(gs[1, 1])
32  lw = 5*speed / speed.max()
33  strobj = ax3.streamplot(X,Y,U,V,density=0.6,color=U,
34                        cmap='summer',linewidth=lw)
35  fig.colorbar(strobj.lines)                # 建立資料條
36  ax3.set_title('沿著速度線變更線條寬度')
37  plt.tight_layout()
38  plt.show()
```

執行結果

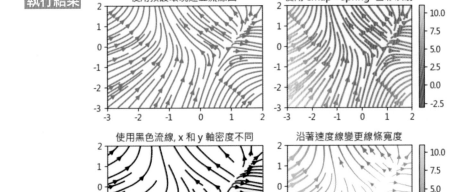

　　上述程式對於讀者需要注意的是第 23 和 24 列，第 23 列是設定 streamplot( ) 函數的回傳物件 strobj，第 24 列使用下列方式加上色彩條。

fig.colorbar(strobj.lines)

對於 colorbar( ) 也是 OO API，須使用 fig 調用，然後參數需指定 strobj.lines，也就是 strobj 需增加 lines 屬性才可以調用此物件的色彩條。

第二十七章

繪製幾何圖形

　　幾何圖形的模組是 patches，在此模組下可以繪製許多圖形，可以參考下列官方網站的圖說。

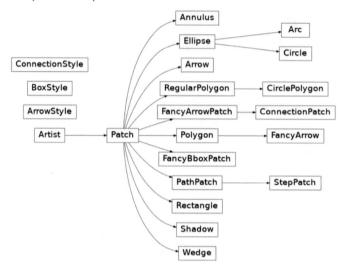

　　上述 ConnectionPatch 有在 15-10-3 節以實例解說，下列將針對常用的圖形作解說，當讀者瞭解建立幾何圖形物件的方法後，未來可以搭配 add_artist( ) 函數，將所建立的幾何圖形物件加入圖表物件。

註　上述圖表物件中，除了 Circle、Rectangle 和 Polygon 這 3 個類別可以使用 plt(pyplot) 或 patches 模組調用，其他皆需要使用 patches 模組調用。

27-1　圓形 Circle( )

27-1-1　Circle( ) 語法解說

　　這是繪製圓形的函數，其語法如下：

```
matplotlib.patches.Circle(xy, radius=5, **kwargs)
```

　　上述各參數與常用的參數意義如下：

❑　xy：相當於 (x, y)，代表圓的中心。

❑　radius：預設半徑是 5。

- ❑ fill：填滿，預設是 True，若是設為 False 則是繪製圓框。

- ❑ facecolor 或 fc：圓形內部顏色，如果是無色則設定 None。

- ❑ edgecolor 或 ec：圓形的邊緣顏色。

- ❑ color：內部和邊框顏色。

- ❑ linewidth：圓的線條寬度。

- ❑ linestyle：圓的線條樣式。

- ❑ alpha：透明度。

27-1-2　簡單實例

程式實例 ch27_1.py：繪製中心點在 (0.5,0.5)，半徑是 0.4 圓實例。

```
1  # ch27_1.py
2  import matplotlib.pyplot as plt
3
4  figure, axes = plt.subplots()          # 建立子圖物件
5  circle = plt.Circle((0.5,0.5), 0.4)    # 繪製圓
6  axes.set_aspect('equal')               # 設定座標單位長度相同
7  axes.add_artist(circle)                # 將物件加入圖表物件
8  plt.show()
```

執行結果　可以參考下方左圖。

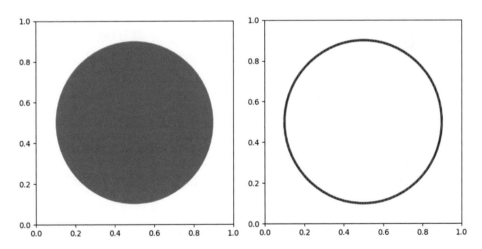

上述實例筆者使用先前有介紹的 add_artist( ) 函數將圓物件插入子圖表，有時候也可以看到有的程式設計師使用 gcf( ).gca( ) 函數將圓物件插入子圖表，如下所示：

　　plt.gcf( ).gca( ).add_artist( )

上述 gcf( ) 函數的 gcf 英文全名是 get current figure，表示取得目前圖表 (Figure) 物件。gca( ) 函數的 gca 英文全名是 get current axes，是得到當前的子圖表 (axes)。

程式實例 ch27_2.py：繪製寬度是 3，顏色是品紅色 (m) 的空心圓。

```
1  # ch27_2.py
2  import matplotlib.pyplot as plt
3
4  figure, axes = plt.subplots()              # 建立子圖物件
5  circle = plt.Circle((0.5,0.5), 0.4, fill=False,
6                       linewidth=3, edgecolor='m') # 繪製圓
7  axes.set_aspect('equal')                   # 設定座標單位長度相同
8  plt.gcf().gca().add_artist(circle)         # 將物件加入圖表物件
9  plt.show()
```

執行結果 可以參考上方右圖。

因為上述只有一個 Figure 物件，所以其實上述第 8 列省略 gcf( ) 也可以。

程式實例 ch27_3.py：省略 gcf( )，重新設計 ch27_2.py。

```
8  plt.gca().add_artist(circle)                # 將物件加入圖表物件
```

執行結果 可以參考 ch27_2.py。

27-1-3 將圓繪製在軸物件內

本章一開始就用使用手冊的類別圖介紹了 Patch 物件，建立幾何物件的方法有許多，這一節將用實例解說先建立 patch 物件，再將物件加入 axex 軸物件 (子圖表)。建立 patch 物件的方法如下：

ax[0,0].patch(xx)   # 在 axes 內建立 patch 物件

上述使用 ax[0,0].add_patch(xx) 將 xx 物件加入 axex 軸物件 (子圖表)。

程式實例 ch27_4.py：建立 4 個軸物件 (子圖表)，然後在每個軸物件內繪製圓。

```
1  # ch27_4.py
2  import matplotlib.pyplot as plt
3  from matplotlib.patches import Circle
4  import numpy as np
5
6  plt.rcParams["font.family"] = ["Microsoft JhengHei"]
7  fig,ax = plt.subplots(2,2)
8  # 建立 ax[0,0] 內容
9  circle = Circle((2.5,2.5),radius=2,facecolor="w",edgecolor="r")
```

```
10  ax[0,0].add_patch(circle)              # 將circle物件加入ax[0,1]軸物件
11  ax[0,0].set_xlim(0,5)
12  ax[0,0].set_ylim(0,5)
13  ax[0,0].set_title('繪製圓')
14  # 建立 ax[0,1] 內容
15  rect = ax[0,1].patch                    # 建立patch物件
16  rect.set_facecolor("m")                 # 設定patch物件內部顏色是品紅色
17  circle = Circle((2.5,2.5),radius=2,facecolor="lightyellow",edgecolor="r")
18  ax[0,1].add_patch(circle)               # 將circle物件加入ax[0,1]軸物件
19  ax[0,1].set_xlim(0,5)
20  ax[0,1].set_ylim(0,5)
21  ax[0,1].set_aspect("equal")
22  ax[0,1].set_title('繪製圓 + 矩形框, 軸長度單位相同\n自定義軸長度')
23  # 建立 ax[1,0] 內容
24  rect = ax[1,0].patch                    # 建立patch物件
25  rect.set_facecolor("g")                 # 設定patch物件內部顏色是綠色
26  circle = Circle((2.5,2.5),radius=2,facecolor="lightyellow",edgecolor="r")
27  ax[1,0].add_patch(circle)               # 將circle物件加入ax[0,1]軸物件
28  ax[1,0].axis("equal")
29  ax[1,0].set_title('繪製圓 + 矩形框, 軸長度單位相同\n矩形框內部是綠色')
30  # 建立 ax[1,1] 內容
31  rect = ax[1,1].patch                    # 建立patch物件
32  rect.set_facecolor("b")                 # 設定patch物件內部顏色是藍色
33  circle = Circle((2.5,2.5),radius=2,facecolor="lightyellow",edgecolor="r")
34  ax[1,1].add_patch(circle)               # 將circle物件加入ax[0,1]軸物件
35  ax[1,1].axis("equal")
36  ax[1,1].set_title('繪製圓 + 矩形框, 軸長度單位相同\n矩形框內部是藍色')
37  plt.tight_layout()
38  plt.show()
```

執行結果

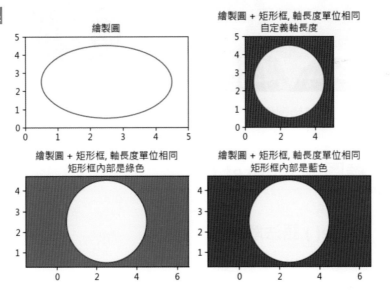

27-1-4　使用 Circle( ) 函數剪輯影像

我們也可以用 Circle( ) 函數定義圓形的剪輯模式，然後搭配 set_clip_path( ) 函數實際執行圖片剪輯。

程式實例 ch27_5.py：將圖像 jk.jpg 剪輯成圓形只顯示頭部。

```
1   # ch27_5.py
2   import matplotlib.pyplot as plt
3   from matplotlib.patches import Circle
4   import matplotlib.image as img
5
6   jk = img.imread('jk.jpg')                        # 讀取原始圖像
7   fig, ax = plt.subplots()                         # 建立 axes 軸物件
8   im = ax.imshow(jk)                               # 顯示 jk 影像物件
9   # 建立剪輯模式
10  patch = Circle((160,160),radius=150,transform=ax.transData)
11  im.set_clip_path(patch)                          # 建立剪輯結果
12  ax.axis('off')                                   # 關閉軸標記與刻度
13  plt.show()
```

執行結果

原始圖像　　　　　　　　　　　　　　　　裁剪結果圖像

27-2　橢圓形 Ellipse( )

27-2-1　Ellipse( ) 語法解說

這是繪製橢圓形的函數，其語法如下：

matplotlib.patches.Ellipse(xy, width, height, angle=0, **kwargs)

上述各參數與常用的參數意義如下：

❑ xy：相當於 (x, y)，代表橢圓的中心。

❑ width：水平軸的直徑。

❑ height：垂直軸的直徑。

❑ angle：逆時針旋轉角度，預設是 0 度。

❑ fill：填滿，預設是 True，若是設為 False 則是繪製圓框。

❑ facecolor 或 fc：橢圓內部顏色，如果是無色則設定 None。

❑ edgecolor 或 ec：橢圓形的邊緣顏色。

❑ color：內部和邊框顏色。

❑ linewidth：橢圓的線條寬度。

❑ linestyle：橢圓線條樣式。

❑ alpha：透明度。

27-2-2　簡單橢圓實例

程式實例 ch27_6.py：繪製中心點在 (0.5,0.5)，水平軸直徑是 4，垂直軸直徑是 2 的橢圓實例。

```
1  # ch27_6.py
2  import matplotlib.pyplot as plt
3  from matplotlib.patches import Ellipse
4
5  # 建立軸單位長度相同的 axes 軸物件
6  figure, axes = plt.subplots(subplot_kw={'aspect':'equal'})
7  center = (0,0)                        # 橢圓中心
8  width = 4                             # 橢圓水平軸直徑
9  height = 2                            # 橢圓垂直軸直徑
10 ellip = Ellipse(xy=center,
11               width=width,
12               height=height)          # 繪製橢圓
13 axes.add_artist(ellip)                # 將物件加入軸物件
14 axes.set_xlim(-3,3)
15 axes.set_ylim(-2,2)
16 plt.show()
```

執行結果

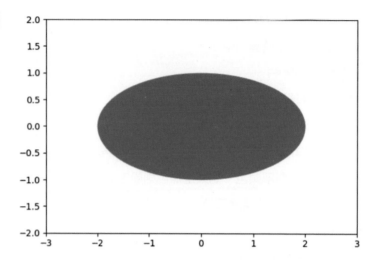

　　上述程式第 6 列，在建立軸物件時，也可以使用 subplot_kw 參數直接定義軸單位長度是相同。

27-2-3　建立系列橢圓實例

程式實例 ch27_7.py：使用連續旋轉 30 度的方式，繪製系列橢圓，這個程式也使用與前一個程式不一樣的地方，主要是要讓讀者了解對於參數的應用，有許多方法，未來讀者閱讀別人所寫的程式看到不一樣的設計也可以了解。

```python
1  # ch27_7.py
2  import matplotlib.pyplot as plt
3  from matplotlib.patches import Ellipse
4  import numpy as np
5
6  angle = 30                             # 炫轉角度
7  angles = np.arange(0, 180, angle)      # 建立角度陣列
8  # 建立軸單位長度相同的 axes 軸物件
9  fig, axes = plt.subplots(subplot_kw={'aspect': 'equal'})
10 center = (0,0)                         # 橢圓中心
11 width = 4                              # 橢圓水平軸直徑
12 height = 2                             # 橢圓垂直軸直徑
13 for angle in angles:                   # 繪製系列橢圓
14     ellip = Ellipse(center,width,height,angle,
15                     facecolor='g',alpha=0.2)
16     axes.add_artist(ellip)             # 加入ellip物件
17 axes.set_xlim(-2.2, 2.2)
18 axes.set_ylim(-2.2, 2.2)
19 plt.show()
```

執行結果

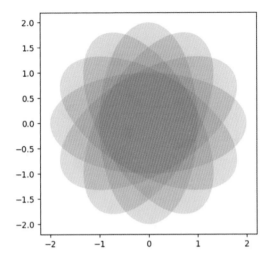

　　上述程式是在建立橢圓當下，隨即加入子圖表，我們也可以先建立橢圓圖，然後使用迴圈分別編輯與加入子圖表。

27-2-4 建立與編輯橢圓物件

程式實例 ch27_8.py：這個程式會先建立系列橢圓，然後再加入子圖表。

```python
1   # ch27_8.py
2   import matplotlib.pyplot as plt
3   from matplotlib.patches import Ellipse
4   import numpy as np
5
6   np.random.seed(10)                              # 隨機數種子
7   num = 100                                       # 建立 100 個橢圓
8   ells = [Ellipse(xy=np.random.rand(2) * 10,      # 隨機數產生橢圓中心xy
9                   width=np.random.rand(),         # 隨機數產生水平軸直徑
10                  height=np.random.rand(),        # 隨機數產生垂直軸直徑
11                  angle=np.random.rand()*360)     # 隨機數產生炫轉角度
12                  for i in range(num)]            # 執行 num 次
13
14  fig, axes = plt.subplots(subplot_kw={'aspect':'equal'})
15  # 將橢圓物件加入軸物件，同時格式化所有橢圓物件
16  for e in ells:
17      axes.add_artist(e)                          # 將橢圓物件加入軸物件
18      e.set_clip_box(axes.bbox)                   # 擷取橢圓
19      e.set_alpha(np.random.rand())               # 隨機數產生透明度
20      e.set_facecolor(np.random.rand(3))          # 建立隨機數顏色
21  # 設定顯示空間
22  axes.set_xlim(0, 10)
23  axes.set_ylim(0, 10)
24  plt.show()
```

執行結果

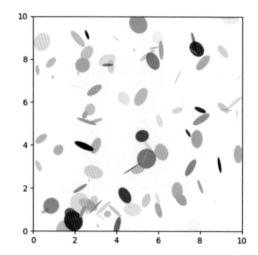

　　上述程式第 8 – 12 列是建立 100 個橢圓，然後第 16 – 20 列是將圖表加入子圖表 (軸物件)。第 18 行 set_clip_box( ) 設定剪輯，內部參數一定是物件的屬性 bbox，也可稱只取此橢圓物件。第 19 列 set_alpha( ) 函數是使用隨機數設定透明度，第 20 列 set_facecolor( ) 函數是使用隨機數設定橢圓內部顏色。

27-3 矩形 Rectangle( )

27-3-1　Rectangle( ) 語法解說

這是繪製矩形的函數，其語法如下：

matplotlib.patches.Rectangle(xy, width, height, angle=0, **kwargs)

下列是矩形函數幾個參數的圖說。

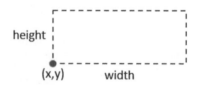

上述各參數與常用的參數意義如下：

❑ xy：相當於 (x, y)，代表矩形的左下角。

❑ width：矩形的寬。

❏ height：矩形的高。

❏ angle：以 (xy) 為中心逆時針旋轉角度，預設是 0 度。

❏ fill：填滿，預設是 True，若是設為 False 則是繪製矩形框。

❏ facecolor 或 fc：矩內部顏色，如果是無色則設定 None。

❏ edgecolor 或 ec：矩形的邊緣顏色。

❏ color：內部和邊框顏色。

❏ linewidth：矩形的線條寬度。

❏ linestyle：矩形線條樣式。

❏ alpha：透明度。

27-3-2　簡單矩形實例

程式實例 ch27_9.py：繪製 xy 點在 (1,1)，width 是 4，height 是 2 的矩形實例。

```
1   # ch27_9.py
2   import matplotlib.pyplot as plt
3   from matplotlib.patches import Rectangle
4
5   # 建立軸單位長度相同的 ax 軸物件
6   figure, ax = plt.subplots(subplot_kw={'aspect':'equal'})
7   center = (1,1)                      # 橢圓中心
8   width = 4                           # 橢圓水平軸直徑
9   height = 2                          # 橢圓垂直軸直徑
10  rect = Rectangle(xy=center,
11                   width=width,
12                   height=height,
13                   facecolor='lightyellow',
14                   edgecolor='b')     # 繪製矩形
15  ax.add_artist(rect)                 # 將物件加入軸物件
16  ax.set_xlim(0,6)
17  ax.set_ylim(0,4)
18  plt.show()
```

執行結果

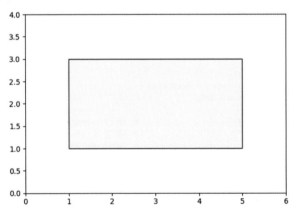

27-3-3　在影像內建立矩形

程式實例 ch27_10.py：在影像內繪製矩形，這個影像是自行建立，可以參考第 8 列。

```
1  # ch27_10.py
2  import matplotlib.pyplot as plt
3  from matplotlib.patches import Rectangle
4  import numpy as np
5
6  fig = plt.figure()
7  ax = fig.add_subplot(111)
8  img = np.arange(25).reshape(5, 5)        # 建立影像
9  ax.imshow(img, cmap='Blues')
10 ax.add_patch(Rectangle((0.5,0.5),        # 矩形 xy
11                         3, 3,             # 寬與高
12                         fc ='none',       # 內部顏色
13                         ec = 'g',         # 矩形框的顏色
14                         linestyle='--',   # 線條樣式
15                         lw = 8) )         # 矩形線寬
16 plt.show()
```

執行結果　可以參考下方左圖。

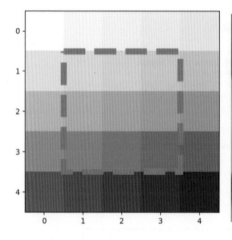

程式實例 ch27_11.py：讀取 jk.jpg 影像，然後使用 Rectangle( ) 函數將大頭照框起來。

```
1  # ch27_11.py
2  import matplotlib.pyplot as plt
3  from matplotlib.patches import Rectangle
4  import matplotlib.image as img
5
6  jk = img.imread('jk.jpg')                 # 讀取原始圖像
7  fig, ax = plt.subplots()                  # 建立 axes 軸物件
8  im = ax.imshow(jk)                        # 顯示 jk 影像物件
9  ax.add_patch(Rectangle((60,30),           # 矩形 xy
10                         200, 200,          # 寬與高
11                         fc ='none',        # 內部顏色
12                         ec = 'g',          # 矩形框的顏色
```

```
13                         lw = 5) )          # 矩形線寬
14  ax.axis('off')                           # 關閉軸標記與刻度
15  plt.show()
```

執行結果 可以參考上方右圖。

27-3-4 繪製多個矩形的實例

如果要在一個軸物件（或稱子圖表）內繪製多個幾何圖形，可以先繪製這些幾何圖形，最後使用 add_patch( ) 函數將這些圖形物件加入子圖內。

程式實例 ch27_12.py：繪製多個矩形的實例，這個程式使用 color 設定顏色，相當於是設定內部和框的顏色。

```
1  # ch27_12.py
2  import matplotlib.pyplot as plt
3  import matplotlib.patches as patch
4
5  fig = plt.figure()
6  ax = fig.add_subplot(111)
7
8  rect1 = patch.Rectangle((-150, -200),      # 矩形 xy
9                          400, 150,          # width, height
10                          color ='g')        # 矩形是綠色
11  rect2 = patch.Rectangle((-100, 10),        # 矩形 xy
12                          400, 200,          # width, height
13                          color ='m')        # 矩形是品紅色
14  rect3 = patch.Rectangle((-300, -50),       # 矩形 xy
15                          100, 200,          # width, height
16                          color ='y')        # 矩形是淺黃色
17  ax.add_patch(rect1)                        # 將 rect1 加入軸物件
18  ax.add_patch(rect2)                        # 將 rect2 加入軸物件
19  ax.add_patch(rect3)                        # 將 rect3 加入軸物件
20  plt.xlim([-400, 400])
21  plt.ylim([-300, 300])
22  plt.show()
```

執行結果

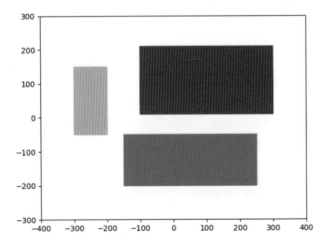

27-4 圓弧 Arc( )

27-4-1 Arc( ) 語法解說

這是依照橢圓為基礎繪製圓弧的函數，其語法如下：

```
matplotlib.patches.Arc(xy, width, height, angle=0, theta1=0.0, theta2=0.0,
**kwargs)
```

建立 Arc 物件時的需注意下列事項：

1：　圓弧沒有填滿功能。

2：　建立圓弧必須使用軸物件 (axes) 方式處理。

上述各參數與常用的參數意義如下：

❑ xy：相當於 (x, y)，代表橢圓的中心。

❑ width：水平軸的直徑。

❑ height：垂直軸的直徑。

❑ angle：逆時針旋轉角度，預設是 0 度。

❑ theta1, theta2：theta1 是圓弧的起始角度，theta2 是圓弧的結束角度。如果起始角度是 45 度，如果旋轉角度是 90 度，則絕對的起始角度是 135 度。預設起始角度是 0 度，結束角度是 360 度，會產生橢圓。

❑ color：圓弧的邊緣顏色。

❑ linewidth：圓弧的線條寬度。

❑ linestyle：圓弧線條樣式。

❑ alpha：透明度。

27-4-2 簡單圓弧實例

程式實例 ch27_13.py：這是一個綜合圓弧的實作，除了使用預設以 Arc 繪製橢圓，也實際以不同角度、不同線條樣式、不同顏色與寬度的圓弧。

```
1   # ch27_13.py
2   import matplotlib.pyplot as plt
3   import matplotlib.patches as patch
```

```
 4
 5  fig = plt.figure()
 6  ax = fig.subplots()
 7  # 繪製橢圓
 8  xy = (2, 1.5)                          # 定義 xy
 9  arc0 = patch.Arc(xy,2,1)               # 使用 Arc 繪製橢圓
10  # 繪製圓弧
11  arc1 = patch.Arc(xy,3,1.5,             # xy, width, height
12                   theta1=0,             # 圓弧起始角度
13                   theta2=120,           # 圓弧結束角度
14                   ec='g',               # 綠色線
15                   lw=10)                # 線寬是 10
16  arc2 = patch.Arc(xy,3,1.5,             # xy, width, height
17                   theta1=120,           # 圓弧起始角度
18                   theta2=180,           # 圓弧結束角度
19                   ec='r',               # 紅色線
20                   linestyle = '--',     # 虛線
21                   lw=5)                 # 線寬是 5
22  arc3 = patch.Arc(xy,3,1.5,             # xy, width, height
23                   theta1=180,           # 圓弧起始角度
24                   theta2=300,           # 圓弧結束角度
25                   color='b',            # 藍色線
26                   lw=10)                # 線寬是 10
27  arc4 = patch.Arc(xy,3,1.5,             # xy, width, height
28                   theta1=300,           # 圓弧起始角度
29                   theta2=360,           # 圓弧結束角度
30                   ec='m',               # 品紅色
31                   linestyle = '-.',     # 虛點線
32                   lw=5)                 # 線寬是 5
33  for arc in (arc0, arc1, arc2, arc3, arc4):
34      ax.add_patch(arc)
35  ax.axis([0,4,0,3])
36  ax.set_aspect(1)                       # 1與'equal'效果相同
37  plt.show()
```

執行結果

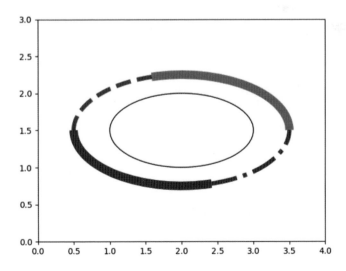

27-5 楔形 Wedge( )

27-5-1 Wedge( ) 語法解說

這是建立楔形的函數，其語法如下：

> matplotlib.patches.Wedge(center, r, theta1=0.0, theta2=0.0, width=None, **kwargs)

上述各參數與常用的參數意義如下：

❑ center：相當於 (x, y)，代表楔形的中心。

❑ r：楔形的半徑。

❑ height：垂直軸的直徑。

❑ theta1, theta2：theta1 是第一掃描角，theta2 是第 2 掃描角，單位是角度。

❑ color：楔形的顏色。

❑ facecolor 或 fc：圓形內部顏色，如果是無色則設定 None。

❑ edgecolor 或 ec：圓形的邊緣顏色。

❑ linewidth：圓弧的線條寬度。

❑ linestyle：圓弧線條樣式。

❑ alpha：透明度。

27-5-2 簡單楔形實例

程式實例 ch27_15.py：在不同的中心點繪製不同角度與顏色的楔形。

```
1  # ch27_15.py
2  import matplotlib.pyplot as plt
3  import matplotlib.patches as patch
4
5  fig = plt.figure()
6  ax = fig.subplots()
7  # 繪製楔形, wedge1 使用預設顏色
8  wedge1 = patch.Wedge((1,3),0.6,       # center, r
9                       theta1=0,        # 楔形第 1 掃描角
10                      theta2=270)      # 楔形第 2 掃描角
11
12 wedge2 = patch.Wedge((1,1),0.6,       # center, r
13                      theta1=90,       # 楔形第 1 掃描角
14                      theta2=360,      # 楔形第 2 掃描角
```

```
15                              color='r')      # 紅色
16
17
18  wedge3 = patch.Wedge((3,1),0.6,     # center, r
19                       theta1=180,     # 楔形第 1 掃描角
20                       theta2=90,      # 楔形第 2 掃描角
21                       color='g')      # 藍色
22
23  wedge4 = patch.Wedge((3,3),0.6,     # center, r
24                       theta1=270,     # 楔形第 1 掃描角
25                       theta2=180,     # 楔形第 2 掃描角
26                       color='m')      # 品紅色
27  ax.add_patch(wedge1)
28  ax.add_patch(wedge2)
29  ax.add_patch(wedge3)
30  ax.add_patch(wedge4)
31  ax.axis([0,4,0,4])
32  ax.set_aspect('equal')                      #
33  plt.show()
```

執行結果

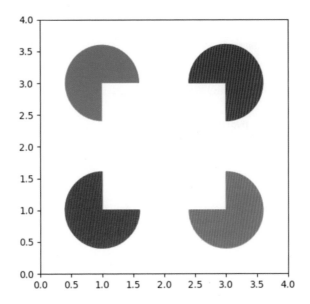

27-6 箭頭 Arrow( )

27-6-1 Arrow( ) 語法解說

這是建立箭頭的函數，其語法如下：

matplotlib.patches.Arrow(x, y, dx, dy, width=1.0, **kwargs)

上述各參數與常用的參數意義如下：

❑ x：箭頭尾部 x 座標。

❑ y：箭頭尾部 y 座標。

❑ dx：箭頭 x 方向的長度。

❑ dy：箭頭 y 方向的長度。

❑ width：這是箭頭寬度比例因子，預設尾部寬度是 0.2，頭部寬度是 0.6。

❑ color：箭頭的顏色。

❑ facecolor 或 fc：箭頭內部顏色，如果是無色則設定 None。

❑ edgecolor 或 ec：箭頭的邊緣顏色。

❑ alpha：透明度。

27-6-2　簡單箭頭實例

程式實例 ch27_16.py：4 個箭頭的實例。

```
1   # ch27_16.py
2   from matplotlib import pyplot as plt
3   from matplotlib.patches import Arrow
4
5   fig = plt.figure()
6   ax = fig.subplots()
7
8   arr1 = Arrow(3, 3, 2, 0)
9   arr2 = Arrow(3, 3, 0, 1.75, color='g', width=0.6)
10  arr3 = Arrow(3, 3, -1.5,0, color ='m', width=0.4)
11  arr4 = Arrow(3, 3, 0,-1, color ='r', width=0.2)
12  ax.add_patch(arr1)
13  ax.add_patch(arr2)
14  ax.add_patch(arr3)
15  ax.add_patch(arr4)
16  ax.set_xlim(0,6)
17  ax.set_ylim(0,6)
18  ax.set_aspect('equal')
19  ax.grid(True)
20  plt.show()
```

執行結果

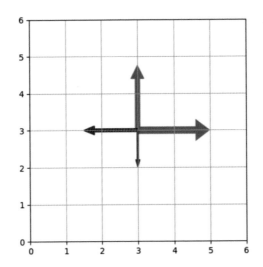

27-7 多邊形 Polygon( )

27-7-1 Polygon( ) 語法解說

這是建立箭頭的函數,其語法如下:

matplotlib.patches.Polygon(xy, colsed=True, **kwargs)

上述各參數與常用的參數意義如下:

❑ xx:多邊形的座標點陣列。

❑ closed:如果 closed 是 True,多邊形將關閉,起點和終點相同。

❑ color:多邊形的顏色。

❑ facecolor 或 fc:多邊形內部顏色,如果是無色則設定 None。

❑ edgecolor 或 ec:邊緣顏色。

❑ alpha:透明度。

27-7-2 簡單箭頭實例

程式實例 ch27_17.py：簡單多邊形的實例。

```
1   # ch27_17.py
2   import matplotlib.pyplot as plt
3   import  matplotlib.patches as patch
4   import numpy as np
5
6   ax = plt.subplot()
7   xy = np.array([[5,5],[8,3],[8,1],[2,1],[2,3]])
8   poly = patch.Polygon(xy, closed=True, fc='g')
9   ax.add_patch(poly)
10  ax.set_xlim(0,10)
11  ax.set_ylim(0,6)
12  ax.set_aspect('equal')
13  plt.show()
```

執行結果

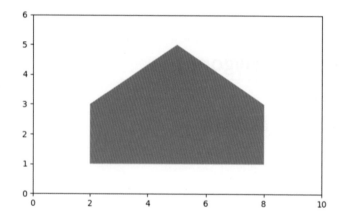

27-7-3 將多個幾何圖形物件加入軸物件

程式實例 ch27_18.py：設計 4 個幾何圖形，然後將這些幾何圖形加入軸物件 (子圖表)。

```
1   # ch27_18.py
2   import numpy as np
3   import matplotlib.pyplot as plt
4   import matplotlib.patches as patch
5
6   circle = patch.Circle((2, 8), 1.5, fc='r')
7   square = patch.Rectangle((7, 6.5), 2.5, 3, fc='b')
8   triangle = patch.Polygon(((0.5,1),(4,1),(2.2, 3.8)),fc='m')
9   diamond = patch.Polygon(((5,2),(7,5.3),(5,8.5),(3,5.3)),fc='g')
10
11  fig = plt.figure()
12  ax = fig.add_subplot(fc='lightyellow', aspect='equal')
13  # for 迴圈加入外形物件
```

```
14  for shape in (square, circle, triangle, diamond):
15      ax.add_artist(shape)                    # 加入物件
16  ax.xaxis.set_visible(False)
17  ax.yaxis.set_visible(False)
18  ax.set(xlim=(0,10),ylim=(0,10))             # 設定顯示區間
19  plt.show()
```

執行結果

　　讀者可以留意上述第 18 列，筆者使用單一列取代過去使用二列設定軸物件的顯示
空間。

第二十八章

表格製作

模組也可以建立表格，這一章將講解這方面的知識。

28-1 表格的語法

表格的函數是 table( )，這個函數基本語法如下：

```
plt.table(cellText=None, cellColours=None, cellLoc='right', cellWidths=None,
rowLabels=None, rowColours=None, rowLoc='Left', colLabels=None,
colColours=one, colLoc='center, loc='bottom', bbox=None, edges='closed',
**kwargs)
```

將表格加入軸物件至少需要有 cellText 或是 cellColours，這些參數必須是 2D 串列，然後外部串列定義列 (rows)，內部串列定義每列的行資料，每一列必須有相同的元素數量。建立好數列資料後，可以使用 Axes.add_table 將所建的表格加入軸物件。上述各參數意義如下：

❑ cellText：儲存格的資料。

❑ cellColours：儲存格的背景顏色。

❑ cellLoc：儲存格的對齊方式。

❑ colWidths：以軸為單位的欄位寬度，如果沒有寫，所有欄寬皆是 1/ncols。

❑ rowLabels：列的標題。

❑ rowColors：列的標題顏色。

❑ rowLoc：列標題的對齊方式，可以是 'left'、'center'、'right'，預設是 'left'。

❑ colLabels：欄位標題。

❑ colColours：欄位標題顏色。

❑ loc：儲存格相對位置，可以使用 codes 字典的任一種。

```
codes = {'best':0, 'bottom':17, 'bottom left':12, 'bottom right':13, 'center':9,
        'center left':5, 'center right':6, 'left':15, 'lower center':7, 'lower left':3,
        'lower right':4, 'right':14, 'top':16, 'top left':11, 'top right':10,
        'upper center':8, 'upper left':2, 'upper right':1}
```

上述 table( ) 函數回傳是表格物件。

28-2 簡單的表格實例

程式實例 ch28_1.py：建立外銷統計表的表格。

```
1  # ch28_1.py
2  import matplotlib.pyplot as plt
3
4  plt.rcParams["font.family"] = ["Microsoft JhengHei"]
5  fig, ax =plt.subplots()
6  data=[[100,300],                      # 定義儲存格資料
7        [400,600],
8        [500,700]]
9  column_labels=["2023年", "2024年"]     # 定義欄位標題
10 c_colors = ['lightyellow'] * 2         # 定義欄標題顏色
11 row_labels=['亞洲','歐洲','美洲']       # 定義列標題
12 r_colors = ['lightgreen'] * 3          # 定義列標題顏色
13 ax.table(cellText=data,                # 建立表格
14          colLabels=column_labels,
15          colColours=c_colors,
16          rowLabels=row_labels,
17          rowColours=r_colors,
18          loc="upper left")             # 從左邊上方放置表格
19 ax.axis('off')
20 ax.set_title('深智軟件銷售表',fontsize=16,color='b')
21 plt.show()
```

執行結果

深智軟件銷售表

	2023年	2024年
亞洲	100	300
歐洲	400	600
美洲	500	700

28-3 直條圖與表格的實例

在使用 Excel 建立直條圖時，我們可以很方便建立含有表格的直條圖，使用 matplotlib 模組也可以搭配使用 plt.bar( ) 和 plt.table( ) 函數建立這方面的應用。

程式實例 ch28_2.py：直條圖與表格的實作。

```
1  # ch28_2.py
2  import matplotlib.pyplot as plt
3  import numpy as np
4
5  plt.rcParams["font.family"] = ["Microsoft JhengHei"]
6  data = [[100,105,110,115],
7          [58,61,66,72],
8          [69,70,79,82],
9          [50,52,35,55],
10         [12,14,20,22]]
```

```
11  columns = ('2022年', '2023年', '2024年', '2025年')
12  rows = ("海外","聯合發行", "博客來", "天瓏", "Momo")
13  # 建立長條圖的漸層色彩值
14  colors = plt.cm.Greens(np.linspace(0,0.6,len(data)))
15  n_rows = len(data)
16  # 最初化堆疊長條圖資料的垂直位置, [0, 0, 0, 0]
17  y_bottom = np.zeros(len(columns))
18  # 繪製堆疊長條圖
19  index = np.arange(len(columns)) + 0.3
20  cell_text = []
21  for row in range(n_rows):
22      plt.bar(index, data[row],width=0.5,bottom=y_bottom,
23              color=colors[row])
24      y_bottom = y_bottom + data[row]      # 計算堆疊位置
25      cell_text.append(['%1.1f' % (x) for x in y_bottom])
26  # 反轉色彩和文字標籤, 下方資料在上方出現
27  colors = colors[::-1]
28  cell_text.reverse()
29  # 在長條圖下方建立表格
30  the_table = plt.table(cellText=cell_text,
31                        rowLabels=rows,
32                        rowColours=colors,
33                        colLabels=columns,
34                        loc='bottom')
35  plt.ylabel("各通路業績表")
36  plt.yticks(np.arange(0,500,step=100))
37  plt.xticks([])                          # 隱藏顯示 x 軸刻度
38  plt.title('深智業績表',fontsize=16,color='b')
39  plt.tight_layout()
40  plt.show()
```

執行結果

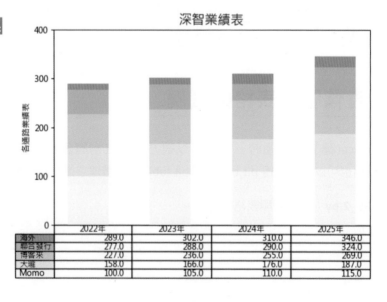

28-4 折線圖與表格的實例

程式實例 ch28_3.py：使用與 ch28_2.py 相同的營業數據，繪製組合的折線圖與表格。

```python
1   # ch28_3.py
2   import numpy as np
3   import matplotlib.pyplot as plt
4
5   plt.rcParams["font.family"] = ["Microsoft JhengHei"]
6   data = [[100,105,110,115],
7           [58,61,66,72],
8           [69,70,79,82],
9           [50,52,35,55],
10          [12,14,20,22]]
11
12  columns = ('2022年', '2023年', '2024年', '2025年')
13  rows = ("Momo","天瓏", "博客來", "聯合發行", "海外")
14
15  colors = ['r', 'g', 'b', 'm', 'orange']     # 建立色彩
16  index = np.arange(len(columns)) + 0.3
17  n_rows = len(data)
18  # 繪製折線圖圖
19  for row in range(n_rows):
20      plt.plot(index, data[row], color=colors[row])
21  # 在折線圖下方建立表格
22  plt.table(cellText=data,
23            rowLabels=rows,
24            rowColours=colors,
25            colLabels=columns,
26            loc='bottom')
27  plt.ylabel("各通路業績表")
28  plt.yticks(np.arange(0,130,step=10))
29  plt.xticks([])
30  plt.title('深智業績表',fontsize=16,color='b')
31  plt.tight_layout()
32  plt.show()
```

執行結果

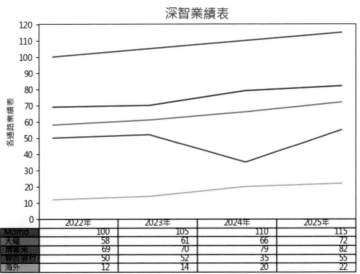

第二十九章
基礎 3D 繪圖

這一章將講解 3D 繪圖的基礎知識。

29-1 啟動 3D 繪圖模式

使用 subplot( ) 函數在建立軸物件時，設定參數 projection='3d'，可以建立繪製 3D 的軸物件。

程式實例 ch29_1.py：建立 3D 繪圖的軸物件。

```
1   # ch29_1.py
2   import matplotlib.pyplot as plt
3
4   plt.rcParams["font.family"] = ["Microsoft JhengHei"]
5   fig = plt.figure()
6   ax = fig.add_subplot(projection='3d')
7   ax.set_title('3D圖表',fontsize=16,color='b')
8   plt.show()
```

執行結果 可以參考下方左圖。

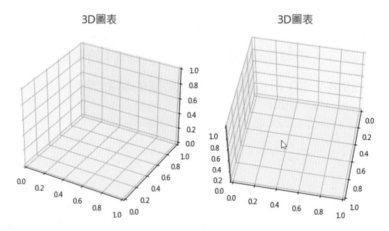

當進入 3D 圖表後，將滑鼠游標放在 3D 圖表內，拖曳移動可以旋轉 3D 圖表，上方右圖是旋轉結果。進入 3D 圖表後預設是顯示座標軸的隔線，如果不想顯示隔線，可以使用下列方式隱藏。

　　ax.grid(False)

29-2 在 3D 繪圖環境使用 plot( ) 繪製折線圖

既然要執行 3D 繪圖，就必須提供 x、y、z 軸的資料，如果我們要繪製的是折線圖，這時就必須要有 x、y、z 資料，所以最基礎的 plot( ) 函數所需的資料將如下所示：

    ax.plot(x, y, z)

至於 plot( ) 函數內部參數使用的與第 2 章所述相同，本節程式也可以改為 plot3D( ) 函數，所獲得的結果相同。

程式實例 ch29_2.py：繪製 3D 折線圖，註：ch29_2_1.py 是用 plot3D( ) 取代 plot( ) 的實例，讀者可以自行開啟此檔案練習。

```
1  # ch29_2.py
2  import matplotlib.pyplot as plt
3  import numpy as np
4
5  z = np.linspace(0, 1, 300)
6  x = z * np.sin(30*z)
7  y = z * np.cos(30*z)
8
9  fig = plt.figure()
10 ax = fig.add_subplot(projection='3d')
11 ax.set_xlabel('x',fontsize=14,color='b')
12 ax.set_ylabel('y',fontsize=14,color='b')
13 ax.set_zlabel('z',fontsize=14,color='b')
14 ax.plot(x, y, z)
15 plt.show()
```

執行結果 可以參考下方左圖。

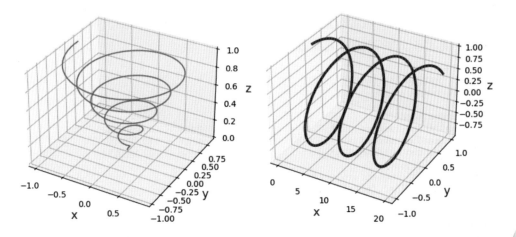

程式實例 ch29_3.py：繪製品紅色線條的實例，這個程式同時將線條寬度改為 3。

```python
1   # ch29_3.py
2   import matplotlib.pyplot as plt
3   import numpy as np
4
5   x = np.arange(0, 20, 0.1)
6   y = np.sin(x)
7   z = np.cos(x)
8
9   fig = plt.figure()
10  ax = fig.add_subplot(projection='3d')
11  ax.set_xlabel('x',fontsize=14,color='b')
12  ax.set_ylabel('y',fontsize=14,color='b')
13  ax.set_zlabel('z',fontsize=14,color='b')
14  ax.plot(x, y, z, color='m', lw=3)
15  plt.show()
```

執行結果 可以參考上方右圖。

29-3 在 3D 繪圖環境使用 scatter( ) 繪製散點圖

　　這一節雖然使用 scatter( ) 函數解說繪製 3D 散點圖，讀者也可以使用 scatter3D( ) 取代 scatter( ) 的，獲得的結果將會相同。

29-3-1 基礎實例

　　對於繪製 3D 散點圖的觀念，除了須提供 x、y、z 軸的點資料外，其他皆與第 9 章觀念相同。

程式實例 ch29_4.py：繪製散點圖。註：ch29_4_1.py 是用 scatter3D( ) 取代 scatter( ) 的實例，讀者可以自行開啟此檔案練習。

```python
1   # ch29_4.py
2   import matplotlib.pyplot as plt
3   import numpy as np
4
5   np.random.seed(10)
6   x = np.random.random(150)*10        # 建立150個0 - 10的隨機數
7   y = np.random.random(150)*15        # 建立150個0 - 15的隨機數
8   z = np.random.random(150)*20        # 建立150個0 - 20的隨機數
9   fig = plt.figure()
10  ax = fig.add_subplot(projection='3d')
11  ax.set_xlabel('x',fontsize=14,color='b')
12  ax.set_ylabel('y',fontsize=14,color='b')
13  ax.set_zlabel('z',fontsize=14,color='b')
14  ax.scatter(x, y, z)
15  plt.show()
```

執行結果 可以參考下方左圖。

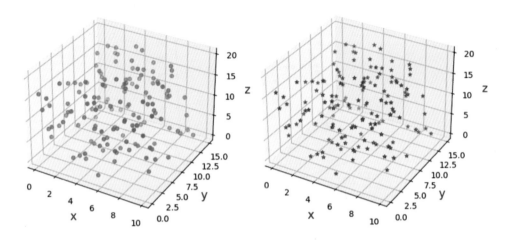

程式實例 ch29_5.py：使用品紅色和星號重新設計 ch29_4.py。

```
14  ax.scatter(x, y, z, marker='*', color='m')
```

執行結果 可以參考上方右圖。

程式實例 ch29_6.py：建立不同年齡，身高與體重的分佈圖，所有資料皆使用隨機數函數 randint( ) 產生。

```
1   # ch29_6.py
2   import matplotlib.pyplot as plt
3   import numpy as np
4
5   plt.rcParams["font.family"] = ["Microsoft JhengHei"]
6   np.random.seed(10)
7   x_heights = np.random.randint(120,190,50)
8   y_weights = np.random.randint(30,100,50)
9   z_ages = np.random.randint(low=10,high=35,size=50)
10  # 性別標籤 1 是男生，0 是女生
11  gender = np.random.choice([0, 1],50)
12  # 建立軸物件
13  fig = plt.figure()
14  ax = fig.add_subplot(projection='3d')
15  # 繪製散點圖
16  ax.scatter(x_heights,y_weights,z_ages,c=gender)
17  ax.set_xlabel('身高 (單位 : 公分)',color='m')
18  ax.set_ylabel('體重 (單位 : 公斤)',color='m')
19  ax.set_zlabel('年齡 (單位 : 歲',color='m')
20  ax.set_title('不同年齡體重與身高分佈圖',fontsize=16,color='b')
21  plt.show()
```

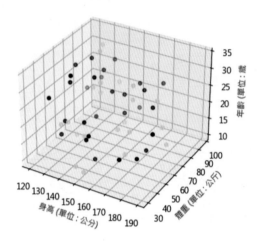

不同年齡體重與身高分佈圖

　　程式實例 ch9_2.py 筆者使用 plot( ) 函數繪製螺旋圖，如果改成使用 scatter( ) 函數可以得到不同結果。

程式實例 ch9_7.py：使用 scatter( ) 函數重新設計 ch9_2.py。

```
1  # ch29_7.py
2  import matplotlib.pyplot as plt
3  import numpy as np
4
5  z = np.linspace(0,1,300)
6  x = z * np.sin(30*z)
7  y = z * np.cos(30*z)
8  c = x + y
9  fig = plt.figure()
10 ax = fig.add_subplot(projection='3d')
11 ax.set_xlabel('x',fontsize=14,color='b')
12 ax.set_ylabel('y',fontsize=14,color='b')
13 ax.set_zlabel('z',fontsize=14,color='b')
14 ax.scatter(x, y, z, c = c)
15 plt.show()
```

執行結果　可以參考下方左圖。

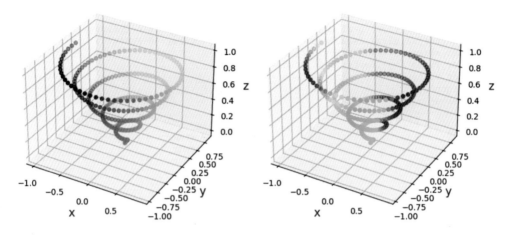

上述色彩是預設，我們可以使用 cmap 參數設定色彩。

程式實例 ch29_8.py：使用 hsv 映射色彩重新設計 ch29_7.py。

```
14  ax.scatter(x, y, z, c=c, cmap='hsv')
```

執行結果 可以參考上方右圖。

29-3-2 建立圖例

建立圖例的觀念不會困難，只要在 scatter( ) 函數內使用 label 參數建立標籤，未來就可以使用軸物件 ax 調用 legend( ) 函數即可。

程式實例 ch29_9.py：建立 2 個類型的散點，然後增加圖例標記這兩類散點。

```
1   # ch29_9.py
2   import matplotlib.pyplot as plt
3   import numpy as np
4
5   plt.rcParams["font.family"] = ["Microsoft JhengHei"]
6   plt.rcParams["axes.unicode_minus"] = False
7   np.random.seed(10)
8   # 第 A 組資料
9   x1 = np.random.randn(100)
10  y1 = np.random.randn(100)
11  z1 = np.random.randn(100)
12  # 第 B 組資料
13  x2 = np.random.randn(100)
14  y2 = np.random.randn(100)
15  z2 = np.random.randn(100)
16
17  fig = plt.figure()
18  ax = fig.add_subplot(projection='3d')
```

```
19   # 繪製散點圖
20   ax.scatter(x1,y1,z1,c=z1,cmap='Oranges',marker='d',label='A 資料組')
21   ax.scatter(x2,y2,z2,c=z2,cmap='Blues',marker='*',label='B 資料組')
22   ax.set_xlabel('x',fontsize=14,color='b')
23   ax.set_ylabel('y',fontsize=14,color='b')
24   ax.set_zlabel('z',fontsize=14,color='b')
25   ax.legend()                              # 建立圖例
26   plt.show()
```

執行結果

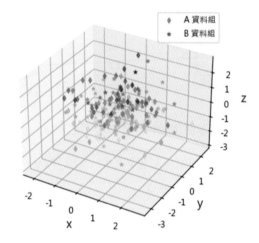

29-3-3 建立資料條

因為這是使用軸物件繪 3D 圖，使用 colorbar( ) 時需要 ax 調用 scatter( ) 時的回傳值當做 colorbar( ) 函數的參數。

程式實例 ch29_10.py：擴充設計 ch29_8.py，增加散點圖。

```
1    # ch29_10.py
2    import matplotlib.pyplot as plt
3    import numpy as np
4
5    z = np.linspace(0,1,300)
6    x = z * np.sin(30*z)
7    y = z * np.cos(30*z)
8    c = x + y
9    fig = plt.figure()
10   ax = fig.add_subplot(projection='3d')
11   ax.set_xlabel('x',fontsize=14,color='b')
12   ax.set_ylabel('y',fontsize=14,color='b')
13   ax.set_zlabel('z',fontsize=14,color='b')
14   sc = ax.scatter(x, y, z, c=c, cmap='hsv')    # 散點圖物件
15   fig.colorbar(sc)                             # 資料條
16   plt.show()
```

執行結果

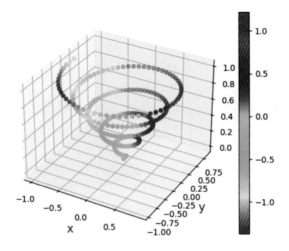

29-4 3D 折線圖和 3D 散點圖的精彩實例

　　matplotlib 模組允許在一個 3D 軸物件內，同時有 3D 折線圖和 3D 散點圖。

程式實例 ch29_11.py：繪製 3D 折線圖和 3D 散點圖，同時使用圖例標記。

```python
1  # ch29_11.py
2  import matplotlib.pyplot as plt
3  import numpy as np
4
5  fig = plt.figure()
6  ax = fig.add_subplot(projection='3d')
7  N = 150
8  # 建立折線用的 3D 座標資料
9  z = np.linspace(0, 20, N)
10 x1 = np.cos(z)
11 y1 = np.sin(z)
12 # 繪製 3D 折線
13 ax.plot(x1, y1, z, color='m', label='plot')
14
15 # 建立散點用的 3D 座標資料, z 則沿用
16 x2 = np.cos(z) + np.random.randn(N) * 0.1
17 y2 = np.sin(z) + np.random.randn(N) * 0.1
18 # 繪製 3D 散點
19 ax.scatter(x2,y2,z,c=z,cmap='hsv',label='scatter')
20
21 ax.legend()
22 plt.show()
```

執行結果　可以參考下方左圖。

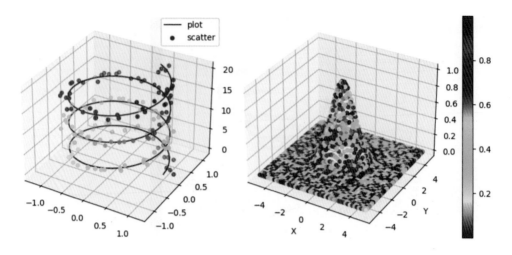

程式實例 **ch29_12.py**：散點圖的實例，這個實例 X 和 Y 是由 meshgrid( ) 函數產生，Z 軸值則是指數 e 的次方，此次方公式是 Z 軸的關鍵。

```
1   # ch29_12.py
2   import matplotlib.pyplot as plt
3   import numpy as np
4
5   N = 50
6   x = np.linspace(-5, 5, N)
7   y = np.linspace(-5, 5, N)
8   X, Y = np.meshgrid(x, y)             # 建立 X 和 Y 資料
9   Z = np.exp(-(0.5*X**2+0.5*Y**2))     # 建立 Z 資料
10  np.random.seed(10)
11  c = np.random.rand(N, N)
12
13  fig = plt.figure()
14  ax = fig.add_subplot(projection='3d')
15  sc = ax.scatter(X, Y, Z, c=c, marker='o', cmap='hsv')
16  fig.colorbar(sc)
17  ax.set_xlabel('X',color='b')
18  ax.set_ylabel('Y',color='b')
19  plt.show()
```

執行結果　可以參考上方右圖。

　　上述實例如果調整第 9 列的 0.5 值，可以有不同範圍的凸起效果。

程式實例 **ch29_12_1.py**：使用 0.1 取代 0.5，重新設計 ch29_12.py。

```
9   Z = np.exp(-(0.1*X**2+0.1*Y**2))     # 建立 Z 資料
```

執行結果 可以參考下方左圖。

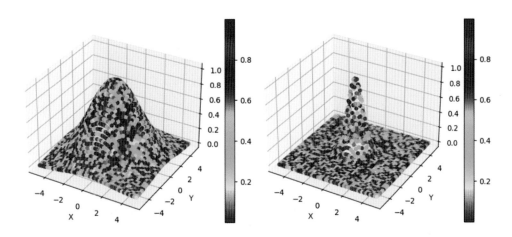

程式實例 ch29_12_2.py：使用 1 取代 0.5，重新設計 ch29_12.py。

```
9   Z = np.exp(-(X**2+Y**2))              # 建立 Z 資料
```

執行結果 可以參考上方右圖。

第三十章
3D 曲面與輪廓設計

30-1　plot_surface( ) 函數

前一章筆者介紹可以使用 projection='3d' 關鍵參數設定建立一個三維軸物件，這一節將介紹下列函數可以建立曲面。

> matplotlib.Axes3D.plot_surface(X, Y, Z, rcount, ccount, rstride, cstride, cmap)

上述各參數意義如下：

□ X, Y, Z：軸資料。

□ recount, ccount：這是選項，預設是 50，表示每個方向最大的樣本數，如果設定超過此樣本數則使用向下採樣，透過切片採 50 個樣本數。

□ rstride, cstride：這是選項，表示每個方向向下採樣的步幅，這些參數與 recount 和 ccount 互斥，如果只設定 rstride 或 cstride 之一，則另一個預設是 10。

□ cmap：曲面的色彩映射設定。

30-2　plot_surface( ) 函數的系列實例

曲面設計的重點是 Z 軸的公式，其實這是雙重積分的一環，更多觀念讀者可以參考筆者所著。

機器學習彩色圖解 + 基礎微積分 + Python 實作

30-2-1　測試數據

matplotlib 官方模組有提供測試數據，可以使用下列方式取得。

> from mpl_toolkits.mplot3d import axes3d
>
> …
>
> X, Y, Z = axes3d.get_test_data(0.05)

程式實例 ch30_1.py：使用測試數據和 plot_surface( ) 函數繪製曲面。

```
1  # ch30_1.py
2  from mpl_toolkits.mplot3d import axes3d
3  import matplotlib.pyplot as plt
4  import numpy as np
5
```

```
 6   plt.rcParams["font.family"] = ["Microsoft JhengHei"]
 7   plt.rcParams["axes.unicode_minus"] = False
 8   fig = plt.figure()
 9   ax = fig.add_subplot(111, projection='3d')
10   # 取得測試資料
11   X, Y, Z = axes3d.get_test_data(0.05)
12   # 繪製曲線表面
13   ax.plot_surface(X, Y, Z, cmap="bwr")
14   ax.set_xlabel('X',color='b')
15   ax.set_ylabel('Y',color='b')
16   ax.set_zlabel('Z',color='b')
17   ax.set_title('繪製曲線表面',fontsize=14,color='b')
18   plt.show()
```

執行結果

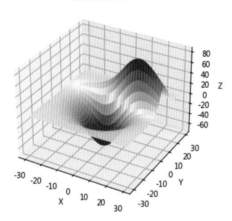

繪製曲線表面

30-2-2 曲線系列實例

程式實例 ch30_2.py：曲面設計 1。

```
 1   # ch30_2.py
 2   import matplotlib.pyplot as plt
 3   from mpl_toolkits.mplot3d import Axes3D
 4   import numpy as np
 5
 6   def f(x, y):                              # 曲面函數
 7       return (np.power(x,2) + np.power(y, 2))
 8
 9   fig = plt.figure()
10   ax = Axes3D(fig)                          # 建立 3D 軸物件
11
12   X = np.arange(-3, 3, 0.1)                 # 曲面 X 區間
13   Y = np.arange(-3, 3, 0.1)                 # 曲面 Y 區間
14   X, Y = np.meshgrid(X, Y)                  # 建立取樣數據
```

```
15    ax.plot_surface(X, Y, f(X,Y), cmap='hsv')    # 繪製 3D 圖
16    ax.set_xlabel('x', color='b')
17    ax.set_ylabel('y', color='b')
18    ax.set_zlabel('z', color='b')
19    plt.show()
```

執行結果　可以參考下方左圖。

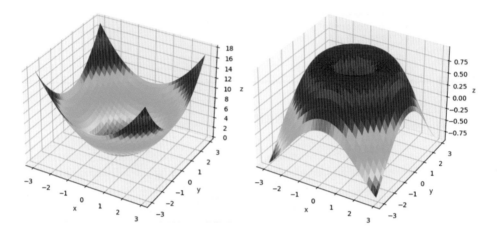

程式實例 ch30_3.py：重新設計 ch30_2.py 的曲面設計 2，這一個程式只是修改 f(x, y) 函數。

```
6    def f(x, y):                                # 曲面函數
7        r = np.sqrt(np.power(x,2) + np.power(y, 2))
8        return (np.sin(r))
```

執行結果　可以參考上方右圖。

程式實例 ch30_4.py：重新設計 ch30_3.py 的曲面設計 3，這一個程式除了修改 f(x, y) 函數，cmap 改為 'seismic'。

```
1    # ch30_4.py
2    import matplotlib.pyplot as plt
3    from mpl_toolkits.mplot3d import Axes3D
4    import numpy as np
5
6    def f(x, y):                                # 曲面函數
7        return np.sin(np.sqrt(x ** 2 + y ** 2))
8
9    fig = plt.figure()
10   ax = Axes3D(fig)                            # 建立 3D 軸物件
11
12   X = np.arange(-3, 3, 0.1)                   # 曲面 X 區間
13   Y = np.arange(-3, 3, 0.1)                   # 曲面 Y 區間
14   X, Y = np.meshgrid(X, Y)                    # 建立取樣數據
```

```
15  ax.plot_surface(X, Y, f(X,Y), cmap='seismic') # 繪製 3D 圖
16  ax.set_xlabel('x', color='b')
17  ax.set_ylabel('y', color='b')
18  ax.set_zlabel('z', color='b')
19  plt.show()
```

執行結果 可以參考下方左圖。

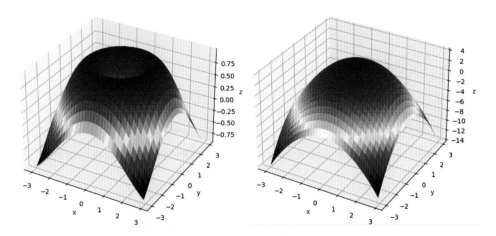

程式實例 ch30_5.py：重新設計 ch30_4.py 的曲面設計 4，這一個程式只是修改 f(x, y) 函數。

```
6  def f(x, y):                                    # 曲面函數
7      return (4 - x**2 - y**2)
```

執行結果 可以參考上方右圖。

30-3 plot_wireframe( ) 函數

這一節將介紹下列函數可以用 3D 線框繪製曲面。

matplotlib.Axes3D.plot_wireframe(X, Y, Z, rcount, ccount, rstride, cstride)

上述各參數意義如下：

❑ X, Y, Z：軸資料。

❑ recount, ccount：這是選項，預設是 50，表示每個方向最大的樣本數，如果設定超過此樣本數則使用向下採樣，透過切片只採 50 個樣本數。

❑ rstride, cstride：這是選項，表示每個方向向下採樣的步幅，這些參數與 recount 和 ccount 互斥，如果只設定 rstride 或 cstride 之一，則另一個預設是 1。

30-4 plot_wireframe( ) 函數的系列實例

函數 plot_wireframe( ) 主要是可以繪製 3D 線框圖。

30-4-1 測試數據

這一節的實例主要是使用 matplotlib 官方所提供的測試數據，然後使用不同的採樣步幅做說明。

程式實例 ch30_6.py：使用與 ch30_1.py 相同的測試數據和 plot_wireframe( ) 函數用 3D 線框繪製曲面。

```
1  # ch30_6.py
2  from mpl_toolkits.mplot3d import axes3d
3  import matplotlib.pyplot as plt
4  import numpy as np
5
6  fig = plt.figure()
7  ax = fig.add_subplot(111, projection='3d')
8  # 取得測試資料
9  X, Y, Z = axes3d.get_test_data(0.05)
10 # 用 3D 線框繪製曲線表面
11 ax.plot_wireframe(X, Y, Z, color='g')
12 plt.show()
```

執行結果 可以參考下方左圖。

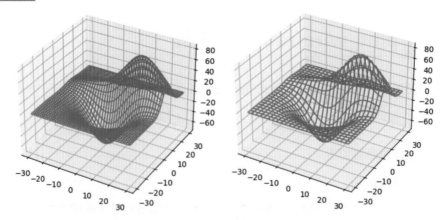

程式實例 ch30_7.py：重新設定 cstride 和 rstride 參數，重新設計 ch30_6.py。

```
11  ax.plot_wireframe(X, Y, Z, cstride=5, rstride=5, color='g')
```

執行結果 可以參考上方右圖。

上述若是持續將 cstride 和 rstride 參數職放大，可以看到更鬆散的 3D 線框曲面。

30-4-2 3D 線框應用到曲面的實例

程式實例 ch30_8.py：將 3D 線框函數 plot_wireframe( ) 應用到曲面繪製的實例。

```python
1  # ch30_8.py
2  import matplotlib.pyplot as plt
3  import numpy as np
4
5  def f(x, y):
6      return np.sin(np.sqrt(x ** 2 + y ** 2))
7
8  plt.rcParams["font.family"] = ["Microsoft JhengHei"]
9  plt.rcParams["axes.unicode_minus"] = False
10  fig = plt.figure()
11  ax = fig.add_subplot(111, projection='3d')
12  # 定義資料資料
13  x = np.linspace(0, 5, 20)
14  y = np.linspace(0, 5, 20)
15  X, Y = np.meshgrid(x, y)
16  Z = f(X, Y)
17  # 用 3D 線框繪製曲線表面
18  ax.plot_wireframe(X, Y, Z, color = 'm')
19  ax.set_title('wireframe( )函數的實例',fontsize=16,color='b');
20  plt.show()
```

執行結果

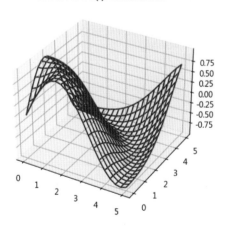

wireframe( )函數的實例

30-5 3D 輪廓圖

這一節將介紹下列函數可以繪製 3D 輪廓圖,語法可以參考第 24 章。

> matplotlib.Axes3D.contour(X, Y, Z, zdir, **kwargs)
> matplotlib.Axes3D.contourf(X, Y, Z, zdir, **kwargs)

上述參數 zdir 主要是指投影方向,可以有 'x'、'y'、'z',預設是 'z'。另外,也可以使用下列 3D 輪廓圖。

> matplotlib.Axes3D.contour3D(X, Y, Z, zdir, **kwargs)
> matplotlib.Axes3D.contourf3D(X, Y, Z, zdir, **kwargs)

上述 contour3D( ) 和 contour( ) 功能相同,contourf3D( ) 和 contourf( ) 功能相同。

30-6 contour( ) 和 contourf( ) 函數的系列實例

30-4-1 測試數據

這一節的實例主要是使用 matplotlib 官方所提供的測試數據做說明。

程式實例 ch30_9.py:使用與 ch30_1.py 相同的測試數據和 contour( ) 函數繪製輪廓圖。

註:ch30_9_1.py 是使用 contour3D( ) 函數取代 contour( ) 函數,可以得到相同的結果。

```
1  # ch30_9.py
2  from mpl_toolkits.mplot3d import axes3d
3  import matplotlib.pyplot as plt
4
5  ax = plt.figure().add_subplot(projection='3d')
6  X, Y, Z = axes3d.get_test_data(0.05)
7  ax.contour(X, Y, Z, cmap='jet')
8  plt.show()
```

執行結果 可以參考下方左圖。

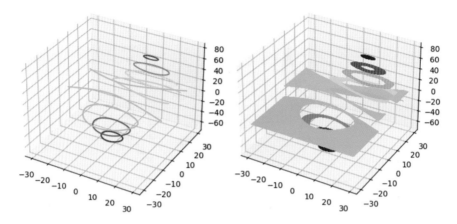

　　另外，這個實例第 5 列，筆者只用一列就建立了 3D 軸物件，主要是讓讀者瞭解建立軸物件有不同的方法。

程式實例 ch30_10.py：使用 contourf( ) 函數重新設計 ch30_9.py。註：ch30_10_1.py 是使用 contourf3D( ) 函數取代 contourf( ) 函數，可以得到相同的結果。

```
7   ax.contourf(X, Y, Z, cmap='jet')
```

執行結果　可以參考上方右圖。

程式實例 ch30_11.py：使用測試數據，繪製輪廓圖，同時使用設定 offset 參數，將輪廓圖投影到 X、Y、Z 座標面。

```
1   # ch30_11.py
2   from mpl_toolkits.mplot3d import axes3d
3   import matplotlib.pyplot as plt
4
5   fig = plt.figure()
6   ax = fig.gca(projection='3d')
7   # matplotlib 官方測試數據
8   X, Y, Z = axes3d.get_test_data(0.05)
9   # 繪製 3D 框線圖
10  ax.plot_wireframe(X, Y, Z, rstride=5, cstride=5, alpha=0.3)
11  # 測試數據投影到 X、Y、Z 平面，同時設定偏移將數據投影到牆面
12  cset = ax.contourf(X, Y, Z, zdir='z', offset=-100, cmap='jet')
13  cset = ax.contourf(X, Y, Z, zdir='x', offset=-40, cmap='jet')
14  cset = ax.contourf(X, Y, Z, zdir='y', offset=40, cmap='jet')
15  # 建立顯示區間和設定座標軸名稱
16  ax.set_xlim(-40, 40)
17  ax.set_ylim(-40, 40)
18  ax.set_zlim(-100, 100)
19  ax.set_xlabel('X',color='b')
20  ax.set_ylabel('Y',color='b')
21  ax.set_zlabel('Z',color='b')
22  plt.show()
```

執行結果

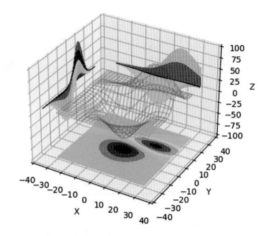

30-6-2　3D 輪廓圖的實例

程式實例 ch36_12.py：使用自建數據，搭配 contourf( ) 函數繪製輪廓圖。

```
1   # ch30_12.py
2   import matplotlib.pyplot as plt
3   import numpy as np
4
5   fig = plt.figure()
6   ax = fig.gca(projection='3d')
7   # 建立數據
8   N = 50
9   x = np.linspace(-5, 5, N)
10  y = np.linspace(-5, 5, N)
11  X, Y = np.meshgrid(x, y)
12  c = np.random.rand(N, N)
13  Z = 10 * np.exp(-(0.5*X**2+0.5*Y**2))
14  # 繪製 3D 框線圖
15  ax.plot_wireframe(X,Y,Z,rstride=5,cstride=5,color='g')
16  # 數據投影到 X, Y, Z 平面，同時設定偏移將數據投影到牆面
17  cset = ax.contourf(X,Y,Z,zdir='z',offset=-10,cmap='cool')
18  cset = ax.contourf(X,Y,Z,zdir='x',offset=-10,cmap='cool')
19  cset = ax.contourf(X,Y,Z,zdir='y',offset=10,cmap='cool')
20  # 建立顯示區間和設定座標軸名稱
21  ax.set_xlim(-10, 10)
22  ax.set_ylim(-10, 10)
23  ax.set_zlim(-10, 10)
24  ax.set_xlabel('X',color='b')
25  ax.set_ylabel('Y',color='b')
26  ax.set_zlabel('Z',color='b')
27  plt.show()
```

執行結果

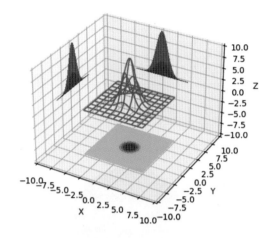

30-7 3D 視角

在繪製 3D 圖形時也可以使用 view_init( ) 函數繪製仰角和方位角,此函數語法如下:

matplotlib.Axes3D.view_init(elev=None, azim=None, vertical_axis='z')

上述各參數意義如下:

❑ elev:這是垂直平面的仰角,單位是角度。

❑ azim:水平面的方位角。

❑ vertical_axis:要垂直對齊的軸,azim 是圍繞該軸旋轉。

程式實例 ch30_13.py:使用 elev=60, azim=45 重新設計 ch30_4.py。

```
1  # ch30_13.py
2  import matplotlib.pyplot as plt
3  from mpl_toolkits.mplot3d import Axes3D
4  import numpy as np
5
6  def f(x, y):                              # 曲面函數
7      return np.sin(np.sqrt(x ** 2 + y ** 2))
8
9  fig = plt.figure()
10 ax = Axes3D(fig)                          # 建立 3D 軸物件
11
12 X = np.arange(-3, 3, 0.1)                 # 曲面 X 區間
13 Y = np.arange(-3, 3, 0.1)                 # 曲面 Y 區間
```

```
14   X, Y = np.meshgrid(X, Y)                         # 建立取樣數據
15   ax.plot_surface(X, Y, f(X,Y), cmap='seismic')  # 繪製 3D 圖
16   ax.set_xlabel('x', color='b')
17   ax.set_ylabel('y', color='b')
18   ax.set_zlabel('z', color='b')
19   ax.view_init(60,45)                              # 設定 3D 視角
20   plt.show()
```

執行結果

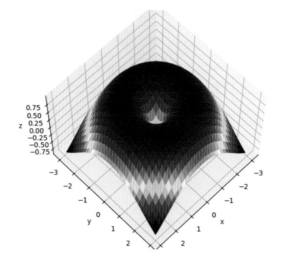

30-8 3D 箭袋圖

這一節將介紹下列函數可以在 3D 空間繪製 3D 箭袋，語法可以參考第 24 章。

matplotlib.Axes3D.quiver([X, Y], U, V, [C], **kw)

也可以使用下列函數，功能相同。

matplotlib.Axes3D.quiver3D([X, Y], U, V, [C], **kw)

程式實例 ch30_14.py：繪製 3D 箭袋圖。

```
1   # ch30_14.py
2   import matplotlib.pyplot as plt
3   import numpy as np
4
5   ax = plt.figure().add_subplot(projection='3d')
6   # 建立網格空間
7   x, y, z = np.meshgrid(np.arange(-0.8, 1, 0.2),
8                         np.arange(-0.8, 1, 0.2),
9                         np.arange(-0.8, 1, 0.8))
```

```
10  # 建立箭頭方向
11  u = np.sin(np.pi * x) * np.cos(np.pi * y) * np.cos(np.pi * z)
12  v = -np.cos(np.pi * x) * np.sin(np.pi * y) * np.cos(np.pi * z)
13  w = (np.sqrt(2.0 / 3.0) * np.cos(np.pi * x) * np.cos(np.pi * y) *
14      np.sin(np.pi * z))
15
16  ax.quiver(x, y, z, u, v, w,length=0.1,normalize=True,color='r')
17  plt.show()
```

執行結果

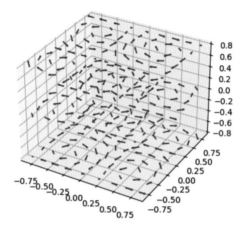

第三十一章
3D 長條圖

31-1 使用 bar( ) 函數仿製 3D 長條圖

使用第 13 章所介紹的 bar( ) 函數可以在不同平面上繪製 2D 長條圖，這時在 3D 網格物件看時，好像是看到 3D 長條圖的效果，應用在此觀念下，bar( ) 函數語法觀念如下：

　　　matplotlib.Axes3D.bar(left, height, zs=0, zdir='z')

上述各參數意義如下：

❏ left：指定長條的 x 座標，這是一維陣列資料。

❏ height：指定長條的高度，，這是一維陣列資料。

❏ zs：這是選項，指定長條的 z 座標，如果是單個值則應用在所有長條柱。

❏ zdir：繪製 2D 數據時，當做 z 方向，可以設為 'x'、'y'、'z'，預設是 'z'。

程式實例 ch31_1.py：使用 bar( ) 在不同的平面繪製長條圖，仿製 3D 長條圖效果。

```
1   # ch31_1.py
2   import matplotlib.pyplot as plt
3   import numpy as np
4
5   fig = plt.figure()
6   ax = fig.add_subplot(111, projection='3d')
7
8   np.random.seed(10)              # 隨機數種子值
9
10  colors = ['m', 'r', 'g', 'b']   # 不同平面的顏色
11  yticks = [3, 2, 1, 0]           # y 座標平面
12  ax.set_yticks(yticks)           # 設定 y 軸刻度標記
13  # 依次在 y = 3, 2, 1, 0 平面繪製長條圖
14  for c, k in zip(colors, yticks):
15      left = np.arange(12)        # 建立 x 軸座標
16      height = np.random.rand(12) # 建立長條高度
17      ax.bar(left, height, zs=k, zdir='y', color=c, alpha=0.8)
18  ax.set_xlabel('X',color='b')
19  ax.set_ylabel('Y',color='b')
20  ax.set_zlabel('Z',color='b')
21  plt.show()
```

執行結果

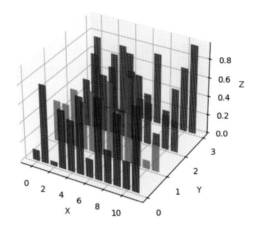

31-2　繪製 3D 長條圖使用 bar3d( ) 函數

這是透過設定寬度、深度和高度建立 3D 長條圖的方法，同時也可以設定不同顏色的長條，此函數語法如下：

bar3d(x, y, z, dx, dy, dz, color=None, zsort='average', shade=True,
lightsource=None, **kwargs)

❑ x, y, z：長條的 x, y, z 座標。

❑ dx, dy, dz：長條的寬度 (x)、深度 (y) 和高度 (z)，這相當於是定義長條外形。

❑ color：色彩。

❑ zsort：z 軸的排序方案。

❑ shade：陰影，預設是 True。

❑ lightsource：如果 shade 是 True 時，所使用的光源。

❑ edgecolor：長條邊界色彩。

31-3　bar3d( ) 的系列實例

看似簡單的語法結構，可是沒有使用簡單的實例說起，其實不好懂。

31-3-1　基礎實例

程式實例 ch31_2.py：用簡單的實例建構 10 根 3D 長條圖，這個實例會在指定位置建立 3D 長條，其中 z 軸就是長條的高度，因為每個長條高度皆是從 0 開始，所以第 10 列定義所有長條皆是 0。

```
1  # ch31_2.py
2  import matplotlib.pyplot as plt
3  import numpy as np
4
5  fig = plt.figure()
6  ax = fig.add_subplot(111, projection='3d')
7  # 定義長條的位置
8  xpos = [1,2,3,4,5,6,7,8,9,10]
9  ypos = [1,2,3,4,5,6,7,8,9,10]
10 zpos = [0,0,0,0,0,0,0,0,0,0]
11 # 定自長條的外形
12 dx = np.ones(10)                # 寬度
13 dy = np.ones(10) * 0.5          # 深度
14 dz = [1,2,3,4,5,6,7,8,9,10]     # 高度
15 ax.bar3d(xpos, ypos, zpos, dx, dy, dz, color='m',alpha=0.8)
16 ax.set_xlabel('X',color='b')
17 ax.set_ylabel('Y',color='b')
18 ax.set_zlabel('Z',color='b')
19 plt.show()
```

執行結果

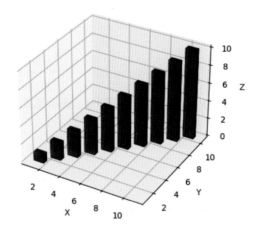

　　從上述程式可以看到長條數有 10 根，為了讓讀者了解長條定義，所以上圖標記了 x、y 和 z 軸，同時第 12 列標記長條寬度是 1，第 13 列深度是 0.5，第 14 列則是標記每根長條圖的高度，分別是 1, 2, …, 10。

　　如果使用其他比較淺的色彩，當上述使用 alpha=0.5 時，可以透視看到長條背後的網格，讀者可以自行測試。

31-3-2　3D 長條的色彩與陰影的設定

幾個與色彩設定有關的參數如下：

color：色彩設定。

edgecolor：長條邊界色彩。

shade：預設是 True，表示長條有陰影。

程式實例 ch31_3.py：建立長條有黑色邊界。

```
1   # ch31_3.py
2   import matplotlib.pyplot as plt
3   import numpy as np
4
5   fig = plt.figure()
6   ax = fig.add_subplot(111, projection='3d')
7   # 定義長條的位置
8   xpos = [1,2,3,4,5,6,7,8,9,10]
9   ypos = [1,2,3,4,5,6,7,8,9,10]
10  zpos = [0,0,0,0,0,0,0,0,0,0]
11  # 定自長條的外形
12  dx = np.ones(10)              # 寬度
13  dy = np.ones(10) * 0.5        # 深度
14  dz = [1,2,3,4,5,6,7,8,9,10]   # 高度
15  ax.bar3d(xpos, ypos, zpos, dx, dy, dz,
16           color='lightgreen',
17           edgecolor='black')
18  ax.set_xlabel('X',color='b')
19  ax.set_ylabel('Y',color='b')
20  ax.set_zlabel('Z',color='b')
21  plt.show()
```

執行結果　可以參考下方左圖。

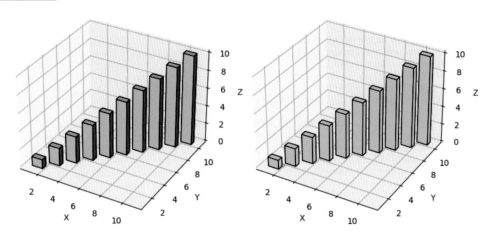

程式實例 ch31_4.py：取消陰影重新設計 ch31_3.py。

```
15   ax.bar3d(xpos, ypos, zpos, dx, dy, dz,
16            color='lightgreen',
17            edgecolor='black',shade=False)
```

執行結果　可以參考上方右圖。

31-4　建立多組長條數據

如果要建立多組長條圖，可以使用 ravel( ) 函數先將二維陣列降維。

程式實例 ch31_5.py：建立 5 組長條圖的應用。

```
1   # ch31_5.py
2   import matplotlib.pyplot as plt
3   import numpy as np
4
5   # 定義 xpos, ypos, zpos 座標位置
6   x = list(range(1,6))
7   y = list(range(1,6))
8   xx, yy = np.meshgrid(x, y)
9   xpos = xx.ravel()
10  ypos = yy.ravel()
11  zpos = np.zeros(len(x)*len(y))
12  # 定義長條
13  dx = np.ones(len(x)*len(y)) * 0.6
14  dy = np.ones(len(x)*len(y)) * 0.6
15  z = np.linspace(1,3,25).reshape(len(x),len(y))
16  dz = z.ravel()
17  # 定義顏色
18  color = ["yellow","aqua","lightgreen","orange","blue"]
19  color_list = []
20  for i in range(len(x)):
21      c = color[i]
22      color_list.append([c] * len(y))
23  colors = np.asarray(color_list)
24  barcolors = colors.ravel()
25  # 建立 3D 軸物件
26  fig = plt.figure()
27  ax = fig.add_subplot(111, projection="3d")
28  # 繪製 3D 長條圖
29  ax.bar3d(xpos, ypos, zpos, dx, dy, dz, color=barcolors)
30  # 顯示座標軸
31  ax.set_xlabel('X', color='b')
32  ax.set_ylabel('Y', color='b')
33  ax.set_zlabel('Z', color='b')
34  plt.show()
```

執行結果

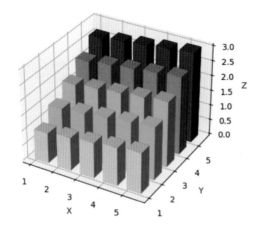

31-5 3D 長條圖的應用

程式實例 ch31_6.py：建立 2 組長條圖，然後一組有陰影，一組沒有陰影。

```
1   # ch31_6.py
2   import matplotlib.pyplot as plt
3   import numpy as np
4
5   plt.rcParams["font.family"] = ["Microsoft JhengHei"]
6   # 建立影像和 3D 軸物件
7   fig = plt.figure(figsize=(8,3))
8   ax1 = fig.add_subplot(121, projection='3d')
9   ax2 = fig.add_subplot(122, projection='3d')
10  # 建立 x, y, z
11  _x = np.arange(3)
12  _y = np.arange(6)
13  _xx, _yy = np.meshgrid(_x, _y)
14  x, y = _xx.ravel(), _yy.ravel()
15  z = np.zeros(len(_x) * len(_y))
16  # 建立 dx, dy, dz
17  dx = np.ones(len(x))
18  dy = dx
19  dz = x + y
20  # 建立 3D 長條圖
21  ax1.bar3d(x,y,z,dx,dy,dz,shade=True,edgecolor='w',color='g')
22  ax1.set_title('含陰影',fontsize=16,color='m')
23  ax1.set_xlabel('X',color='b')
24  ax1.set_ylabel('Y',color='b')
25  ax1.set_zlabel('Z',color='b')
26  ax2.bar3d(x,y,z,dx,dy,dz,shade=False,edgecolor='w',color='g')
27  ax2.set_title('不含陰影',fontsize=16,color='m')
28  ax2.set_xlabel('X',color='b')
29  ax2.set_ylabel('Y',color='b')
30  ax2.set_zlabel('Z',color='b')
31  plt.show()
```

執行結果　含陰影　　　　　不含陰影

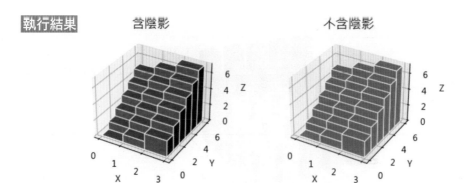

程式實例 ch31_7.py：建立 3 組不同顏色的遞減長條。

```
1   # ch31_7.py
2   import matplotlib.pyplot as plt
3   import numpy as np
4
5   # 建立影像和 3D 軸物件
6   fig = plt.figure()
7   ax = fig.gca(projection = '3d')
8   # 建立 x, y, z
9   _x = np.linspace(0, 10, 10)
10  _y = np.linspace(1, 10, 3)
11  _xx, _yy = np.meshgrid(_x, _y)
12  _zz = np.exp(-_xx * (1. / _yy))
13  x = _xx.flatten()
14  y = _yy.flatten()
15  z = np.zeros(_zz.size)
16  # 建立 dx, dy, dz, 也就是定義長條
17  dx = .25 * np.ones(_zz.size)
18  dy = .25 * np.ones(_zz.size)
19  dz = _zz.flatten()
20  # 定義顏色
21  color = ["yellow","aqua","lightgreen"]
22  color_list = []
23  for i in range(len(_y)):
24      c = color[i]
25      color_list.append([c] * len(_x))
26  colors = np.asarray(color_list)
27  barcolors = colors.ravel()
28  # 建立 3D 長條圖
29  ax.bar3d(x, y, z, dx, dy, dz, color=barcolors, alpha=0.5)
30  # 顯示座標軸
31  ax.set_xlabel('x',color='b')
32  ax.set_ylabel('y',color='b')
33  ax.set_zlabel('z',color='b')
34  plt.show()
```

執行結果

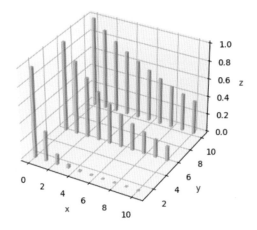

　　上述第 13 列指令如下：

　x = _xx.flatten( )

　　上述函數 flatten( ) 功能和 ravel( ) 函數相同是將數據降至一維，不過 ravel( ) 函數將多維數據降轉成一維時不會產生數據副本，flatten( ) 函數則是回傳數據副本。

第三十二章
設計動畫

使用 matplotlib 模組除了可以繪製靜態圖表，也可以繪製動態圖表，這一章將講解繪製動態圖表常用的 animation 模組。

32-1　FuncAnimation( ) 函數

為了要使用 FuncAnimation( ) 函數，需要導入 animation 模組，如下所示：

import matplotlib.animation as animation

未來 FuncAnimation( ) 需使用 animation.FuncAnimation( ) 方式調用。或是使用下列方式直接導入 FuncAnimation( ) 函數。

from matplotlib.animation import FuncAnimation

導入上述模組後，就可以直接使用 FuncAnimation( ) 函數設計動態圖表，此函數語法如下：

animation.FuncAnimation(fig, func, frames=None, init_func=None, fargs=None, save_count=None, *, cache_frame_data=True, **kwargs)

上述動畫的運作規則，主要是重複調用 func 函數參數來製作動畫，各參數意義如下：

❑ fig：用於顯示動態圖形物件。

❑ func：每一個幀調用的函數，透過第一個參數給幀的下一個值，程式設計師習慣用 animate( ) 或是 update( ) 為函數名稱，當做 func 參數。

❑ frames：可選參數，這是可以迭代的，主要是傳遞給 func 的動畫數據來源。如果所給的是整數，系統會使用 range(frames) 方式處理。

❑ init_func：這是起始函數，會在第一個幀之前被調用一次，主要是繪製清晰的框架。這個函數必須回傳物件，以便重新繪製。

❑ fargs：這是可選參數，可以是元組或是串列，主要是傳遞給 func 的附加參數。

❑ save_count：這是可選參數，這是從幀到緩存的後備，只有在無法推斷幀數時使用，預設是 100。

❑ interval：這是可選參數，每個幀之間的延遲時間，預設是 100，相當於 0.1 秒。

- ❑ repeat_delay：這是可選參數，主要是重複動畫之前添加使用毫秒為單位，預設是 0。

- ❑ repeat：當串列內的系列幀顯示完成時，是否繼續，預設是 True。

- ❑ cache_frame_data：這是可選參數，用於控制數據在快取記憶體，預設是 True。

- ❑ blit：是否優化繪圖，預設是 False。

下列各節主要是使用各種實例介紹 matplotlib 模組各類動畫的應用。

32-2 動畫設計的基礎實例

32-2-1 設計移動的 sin 波

程式實例 ch32_1.py：設計會移動的 sin 波形。

```
1   # ch32_1.py
2   import matplotlib.pyplot as plt
3   import numpy as np
4   from matplotlib.animation import FuncAnimation
5
6   # 建立最初化的 line 資料 (x, y)
7   def init():
8       line.set_data([], [])
9       return line,
10  # 繪製 sin 波形, 這個函數將被重複調用
11  def animate(i):
12      x = np.linspace(0, 2*np.pi, 500)        # 建立 sin 的 x 值
13      y = np.sin(2 * np.pi * (x - 0.01 * i))  # 建立 sin 的 y 值
14      line.set_data(x, y)                     # 更新波形的資料
15      return line,
16
17  # 建立動畫需要的 Figure 物件
18  fig = plt.figure()
19  # 建立軸物件與設定大小
20  ax = plt.axes(xlim=(0, 2*np.pi), ylim=(-2, 2))
21  # 最初化線條 line, 變數, 須留意變數 line 右邊的逗號',' 是必須的
22  line, = ax.plot([], [], lw=3, color='g')
23  # interval = 20, 相當於每隔 20 毫秒執行 animate()動畫
24  anim = FuncAnimation(fig, animate,
25                       frames = 200,
26                       init_func = init,
27                       interval = 20)          # interval是控制速度
28  plt.show()
```

執行結果 可以參考下方左圖。

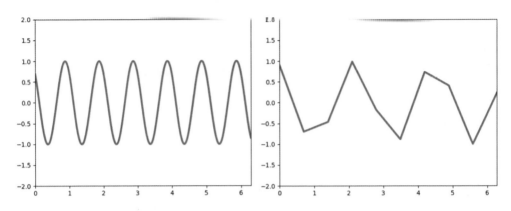

上述程式第 22 列，程式碼如下：

```
line, = ax.plot([ ], [ ], lw=3, color='g')
```

　　這個 line 右邊的 ',' 不可省略，我們可以將此 line 視為是變數，未來只要填上參數 [ ],[ ] 值，這個動畫就會執行。動畫的基礎是 animate( ) 函數，這個函數會被重複調用，第 11 列是 animate(i) 函數名稱，其中 i 的值第一次被呼叫時是 0，第二次被呼叫時是 1，其餘可依此類推遞增，因為 FuncAnimation( ) 函數內的參數 frames 值是 200，相當於會重複調用函數 animati(i)200 次，超過 200 次後 i 計數又會重新開始。在第 12 列會設定變數 line 所需的 x, 第 13 列是設定變數所需的 y 值，需留意在 y 值公式中有使用變數 i，這也是造成每一次調用會產生新的 y 值。第 14 列會使用 line.set_data( ) 函數，這個函數會將 x 和 y 資料填入變數 line，因為 y 值不一樣了所以會產生新的波形。

```
line.set_data(x, y)
```

程式實例 ch32_2.py：上述程式 ch32_1.py 第 13 列筆者採用 x 軸 $0-2\pi$ 區間有 500 個點，如果點數不足，無法建立完整的 sin 波形，但是也將產生有趣的動畫。

　　sin 波形點數不足，將產生有趣的畫面。

```
12      x = np.linspace(0, 2*np.pi, 10)        # 建立 sin 的 x 值
```

執行結果 可以參考上方右圖。

32-2-2　設計球沿著 sin 波形移動

程式實例 ch32_3.py：設計紅色球在 sin 波形上移動。

```python
1   # ch32_3.py
2   import numpy as np
3   import matplotlib.pyplot as plt
4   from matplotlib.animation import FuncAnimation
5
6   # 建立最初化點的位置
7   def init():
8       dot.set_data(x[0], y[0])          # 更新紅色點的資料
9       return dot,
10  # 繪製 sin 波形，這個函數將被重複調用
11  def animate(i):
12      dot.set_data(x[i], y[i])          # 更新紅色點的資料
13      return dot,
14
15  # 建立動畫需要的 Figure 物件
16  fig = plt.figure()
17  N = 200
18  # 建立軸物件與設定大小
19  ax = plt.axes(xlim=(0, 2*np.pi), ylim=(-1.5, 1.5))
20  # 建立和繪製 sin 波形
21  x = np.linspace(0, 2*np.pi, N)
22  y = np.sin(x)
23  line, = ax.plot(x, y, color='g',linestyle='-',linewidth=3)
24  # 建立和繪製紅點
25  dot, = ax.plot([],[],color='red',marker='o',
26                  markersize=15,linestyle='')
27  # interval = 20, 相當於每隔 20 毫秒執行 animate()動畫
28  ani = FuncAnimation(fig=fig, func=animate,
29                  frames=N,
30                  init_func=init,
31                  interval=20,
32                  blit=True,
33                  repeat=True)
34  plt.show()
```

執行結果　可以參考下方左圖。

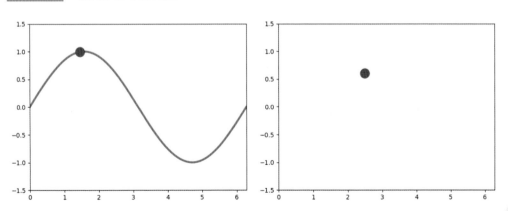

　　如果我們現在想要設計紅色球沿者 sin 波的軌跡移動，可以刪除第 23 列的繪製 sin 波的線即可。

程式實例 ch32_4.py：隱藏 sin 波，程式只要取消第 23 列功能即可。

```
23  #line, = ax.plot(x, y, color='g',linestyle='-',linewidth=3)
```

執行結果　可以參考上方右圖。

32-2-3　繪製 cos 波形的動畫

　　這一小節雖然是設計 cos 波形的動畫，但是更重要的是講解 line 變數設定 y 值資料，其語法如下：

　　　line.set_ydata(xx)

　　上述 xx 值可以更新 line 變數的資料，相當於更改波形。

程式實例 ch32_5.py：繪製 cos 波形的動畫。

```
1   # ch32_5.py
2   import matplotlib.pyplot as plt
3   from matplotlib.animation import FuncAnimation
4   import numpy as np
5
6   # 繪製 cos 波形, 這個函數將被重複調用
7   def animate(i):
8       line.set_ydata(np.cos(x - i / 50))  # 更新 line 變數
9       return line,
10  # 建立動畫需要的 Figure 物件和軸物件 ax
11  fig, ax = plt.subplots()
12  # 建立 x 資料
13  x = np.arange(0, 2*np.pi, 0.01)
14  # 建立 line 變數
15  line, = ax.plot(x, np.cos(x))
16  # interval = 20, 相當於每隔 20 毫秒執行 animate()動畫
17  ani = FuncAnimation(fig, animate,
18                      frames=200,
19                      interval=20)
20  plt.show()
```

執行結果

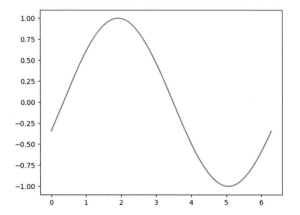

32-2-4　建立逆時針的螺紋線

程式實例 ch32_6.py：建立逆時針的螺紋線。

```
1   # ch32_6.py
2   from matplotlib.animation import FuncAnimation
3   import matplotlib.pyplot as plt
4   import numpy as np
5
6   # 建立最初化的 line 資料 (x, y)
7   def init():
8       line.set_data([], [])
9       return line,
10  # 建立逆時鐘的螺紋線
11  def animate(i):
12      r = 0.1 * i
13      x = r * np.sin(-r)        # 建立 x 點資料
14      y = r * np.cos(-r)        # 建立 y 點資料
15      xlist.append(x)           # 將新的點資料 x 加入 xlist
16      ylist.append(y)           # 將新的點資料 y 加入 ylist
17      line.set_data(xlist, ylist)     # 更新線條
18      return line,
19  # 建立動畫需要的 Figure 物件
20  fig = plt.figure()
21  # 建立軸物件與設定大小
22  axes = plt.axes(xlim=(-25, 25), ylim=(-25, 25))
23  # 最初化線條 line, 變數, 須留意變數 line 右邊的逗號','是必須的
24  line, = axes.plot([], [], lw=3, color='g')
25  # 最初化線條的 x, y 資料, xlist, ylist
26  xlist, ylist = [], []
27  # interval = 20, 相當於每隔 20 毫秒執行 animate()動畫
28  anim = FuncAnimation(fig, animate,
29                       init_func = init,
30                       frames = 200,
31                       interval = 10)
32  plt.show()
```

執行結果

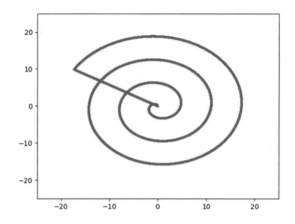

32-3 走馬燈設計

我們可以透過不斷的在相同位置輸出字串的方式建立走馬燈。

程式實例 ch32_7.py：設計走馬燈。

```
1  # ch32_7.py
2  from matplotlib.animation import FuncAnimation
3  import matplotlib.pyplot as plt
4
5  # 輸出文字, 這個函數將被重複調用
6  def animate(i):
7      label.set_text(string[:i + 1])        # 顯示字串
8
9  plt.rcParams["font.family"] = ["Microsoft JhengHei"]
10 # 建立動畫需要的 Figure 物件和軸物件
11 fig, ax = plt.subplots()
12 # 建立軸物件與設定大小
13 ax.set(xlim=(-1,1), ylim=(-1,1))
14 string = '我的夢幻大學 - 明志科技大學'  # 設定字串
15 # 使用水平與垂直置中在座標 0,0 位置顯示字串
16 label = ax.text(0,0,string[0],ha='center',va='center',
17                 fontsize=20, color="b")
18 # interval = 300, 相當於每隔 0.3 秒執行 animate()動畫
19 anim = FuncAnimation(fig,animate,
20                 frames=len(string),# 字串長度當作frames數
21                 interval=300)
22 ax.axis('off')
23 plt.show()
```

執行結果 下列是走馬燈畫面。

我的夢幻大學 - 明志科技大學

32-4 設計動態矩陣影像

設計動態矩陣影像的原則是每次執行 animate(i) 函數時，產生新的矩陣影像。

程式實例 ch32_8.py：設計 cmap='jet' 的矩陣影像。

```
1   # ch32_8.py
2   from matplotlib.animation import FuncAnimation
3   import matplotlib.pyplot as plt
4   import numpy as np
5
6   # 輸出矩陣影像, 這個函數將被重複調用
7   def animate(i):
8       pict = np.random.rand(8,8)
9       ax.imshow(pict, cmap='jet')
10  # 建立動畫需要的 Figure 物件和軸物件
11  fig, ax = plt.subplots()
12  # interval = 50, 相當於每隔 0.05 秒執行 animate()動畫
13  anim = FuncAnimation(fig,animate,frames=50,interval=50)
14  ax.set_axis_off()
15  plt.show()
```

執行結果

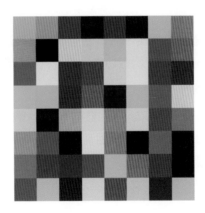

32-5 ArtistAnimation( ) 使用串列當作動畫來源

在講解串列當作動畫來源前，筆者想先用實例講解 1 x 3 和 3 x 1 陣列的加法。

程式實例 ch32_9.py：建立 1 x 3 陣列 x 和 y，將 y 改為 3 x 1 陣列，然後執行 1 x 3 陣列和 3 x 1 陣列的加法。

```
1   # ch32_9.py
2   import numpy as np
3   x = np.array([1, 2, 3])        # 1 x 3 陣列 x
4   y = np.array([2, 3, 4])        # 1 x 3 陣列 y
```

```
6   print(f'y = {y}')
7   print('='*50)
8   y = y.reshape(-1,1)                      # y 改為 3 x 1 陣列
9   print(f'新的 y = \n{y}')
10  print('='*50)
11  print(f'x + y = \n{x+y}')
```

執行結果

```
==================== RESTART: D:/matplotlib/ch32/ch32_9.py ====================
x = [1 2 3]
y = [2 3 4]
================================================
新的 y =
[[2]
 [3]
 [4]]
================================================
x + y =
[[3 4 5]
 [4 5 6]
 [5 6 7]]
```

從上述可以看到 1 x 3 和 3 x 1 陣列相乘後可以得到 3 x 3 矩陣，有了這個矩陣就可以使用 imshow( ) 顯示此矩陣的數值影像，只要每次顯示的影像不同，就可以達到動畫效果。

當我們建立了矩陣的數值影像後，可以使用串列儲存矩陣的數值影像，這個影像就是一個幀，透過不斷的 append( ) 函數功能，串列就成了儲存系列幀的影像包，相當於每個串列元素就是一個幀。

前面幾節我們使用 FuncAnimation( ) 函數的 func 參數，不斷的調用 animate( ) 達到動畫的目的。在 matplotlib.animation 模組有 ArtistAnimation( ) 函數，這個函數可以用設定串列方式達到循序調用串列的元素，也就是顯示幀，因為每個串列元素的幀皆不相同，所以可以達到動畫的效果。此函數語法如下：

matplotlib.animation.ArtistAnimation(fig, artists, *args, **kwargs)

上述各參數意義如下：

❑ fig：用於顯示動態圖形物件。

❑ artists：每個元素是一個幀的串列。

❑ interval：這是可選參數，每個幀之間的延遲時間，預設是 200，相當於 0.2 秒。

❑ repeat_delay：這是可選參數，主要是重複動畫之前添加使用毫秒為單位，預設是 0。

❑ repeat：當串列內的系列幀顯示完成時，是否繼續，預設是 True。

程式實例 ch32_10.py：使用串列儲存影像，然後使用 ArtistAnimation( ) 調用此串列的系列幀達到顯示動畫的目的。

```python
1  # ch32_10.py
2  from matplotlib.animation import ArtistAnimation
3  import matplotlib.pyplot as plt
4  import numpy as np
5
6  # 建立動畫需要的 Figure 物件和軸物件
7  fig, ax = plt.subplots()
8  # 建立影像數值
9  def f(x, y):
10     return np.sin(x) + np.cos(y) * 2      # 數值相加變成矩陣
11 # 建立 x 和 y 陣列
12 x = np.linspace(0, 2 * np.pi, 120)
13 y = np.linspace(0, 2 * np.pi, 120).reshape(-1, 1)
14 # 建立影像串列 pict, 每一列皆是一個frame
15 picts = []
16 # for 迴圈填滿 60 個影像
17 for i in range(60):
18     x += np.pi / 2                        # 建立影像陣列 x
19     y += np.pi / 25                       # 建立影像陣列 y
20     pict = ax.imshow(f(x, y), cmap='hsv')
21     if i == 0:                            # 繪製索引 0
22         ax.imshow(f(x, y), cmap='hsv')
23     picts.append([pict])                  # 影像儲存到串列
24 # interval = 20, 相當於每隔 0.1 秒執行 animate()動畫
25 ani = ArtistAnimation(fig, picts,
26                       interval=100,
27                       repeat_delay=500,
28                       repeat=True)
29 plt.axis('off')
30 plt.show()
```

執行結果

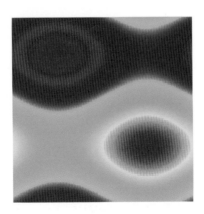

程式實例 ch32_11.py：程式 ch32_10.py 因為第 28 列設定 repeat=True，會不斷地執行，這個程式會設定 repeat=False，在所有的幀顯示完成後就終止顯示。

```
25   ani = ArtistAnimation(fig, picts,
26                         interval=100,
27                         repeat_delay=500,
28                         repeat=False)
```

執行結果　與 ch32_10.py 相同，不過所有幀顯示完成後畫面會中止。

附錄 A
函數與關鍵字索引表

附錄 B
RGB 色彩表

色彩名稱	16 進位	色彩樣式
AliceBlue	#F0F8FF	
AntiqueWhite	#FAEBD7	
Aqua	#00FFFF	
Aquamarine	#7FFFD4	
Azure	#F0FFFF	
Beige	#F5F5DC	
Bisque	#FFE4C4	
Black	#000000	
BlanchedAlmond	#FFEBCD	
Blue	#0000FF	
BlueViolet	#8A2BE2	
Brown	#A52A2A	
BurlyWood	#DEB887	
CadetBlue	#5F9EA0	
Chartreuse	#7FFF00	
Chocolate	#D2691E	
Coral	#FF7F50	
CornflowerBlue	#6495ED	
Cornsilk	#FFF8DC	
Crimson	#DC143C	
Cyan	#00FFFF	
DarkBlue	#00008B	
DarkCyan	#008B8B	
DarkGoldenRod	#B8860B	
DarkGray	#A9A9A9	
DarkGrey	#A9A9A9	
DarkGreen	#006400	
DarkKhaki	#BDB76B	

色彩名稱	16 進位	色彩樣式
DarkMagenta	#8B008B	
DarkOliveGreen	#556B2F	
DarkOrange	#FF8C00	
DarkOrchid	#9932CC	
DarkRed	#8B0000	
DarkSalmon	#E9967A	
DarkSeaGreen	#8FBC8F	
DarkSlateBlue	#483D8B	
DarkSlateGray	#2F4F4F	
DarkSlateGrey	#2F4F4F	
DarkTurquoise	#00CED1	
DarkViolet	#9400D3	
DeepPink	#FF1493	
DeepSkyBlue	#00BFFF	
DimGray	#696969	
DimGrey	#696969	
DodgerBlue	#1E90FF	
FireBrick	#B22222	
FloralWhite	#FFFAF0	
ForestGreen	#228B22	
Fuchsia	#FF00FF	
Gainsboro	#DCDCDC	
GhostWhite	#F8F8FF	
Gold	#FFD700	
GoldenRod	#DAA520	
Gray	#808080	
Grey	#808080	
Green	#008000	

色彩名稱	16 進位	色彩樣式
GreenYellow	#ADFF2F	
HoneyDew	#F0FFF0	
HotPink	#FF69B4	
IndianRed	#CD5C5C	
Indigo	#4B0082	
Ivory	#FFFFF0	
Khaki	#F0E68C	
Lavender	#E6E6FA	
LavenderBlush	#FFF0F5	
LawnGreen	#7CFC00	
LemonChiffon	#FFFACD	
LightBlue	#ADD8E6	
LightCoral	#F08080	
LightCyan	#E0FFFF	
LightGoldenRodYellow	#FAFAD2	
LightGray	#D3D3D3	
LightGrey	#D3D3D3	
LightGreen	#90EE90	
LightPink	#FFB6C1	
LightSalmon	#FFA07A	
LightSeaGreen	#20B2AA	
LightSkyBlue	#87CEFA	
LightSlateGray	#778899	
LightSlateGrey	#778899	
LightSteelBlue	#B0C4DE	
LightYellow	#FFFFE0	
Lime	#00FF00	
LimeGreen	#32CD32	

色彩名稱	16 進位	色彩樣式
Linen	#FAF0E6	
Magenta	#FF00FF	
Maroon	#800000	
MediumAquaMarine	#66CDAA	
MediumBlue	#0000CD	
MediumOrchid	#BA55D3	
MediumPurple	#9370DB	
MediumSeaGreen	#3CB371	
MediumSlateBlue	#7B68EE	
MediumSpringGreen	#00FA9A	
MediumTurquoise	#48D1CC	
MediumVioletRed	#C71585	
MidnightBlue	#191970	
MintCream	#F5FFFA	
MistyRose	#FFE4E1	
Moccasin	#FFE4B5	
NavajoWhite	#FFDEAD	
Navy	#000080	
OldLace	#FDF5E6	
Olive	#808000	
OliveDrab	#6B8E23	
Orange	#FFA500	
OrangeRed	#FF4500	
Orchid	#DA70D6	
PaleGoldenRod	#EEE8AA	
PaleGreen	#98FB98	
PaleTurquoise	#AFEEEE	
PaleVioletRed	#DB7093	

色彩名稱	16 進位	色彩樣式
PapayaWhip	#FFEFD5	
PeachPuff	#FFDAB9	
Peru	#CD853F	
Pink	#FFC0CB	
Plum	#DDA0DD	
PowderBlue	#B0E0E6	
Purple	#800080	
RebeccaPurple	#663399	
Red	#FF0000	
RosyBrown	#BC8F8F	
RoyalBlue	#4169E1	
SaddleBrown	#8B4513	
Salmon	#FA8072	
SandyBrown	#F4A460	
SeaGreen	#2E8B57	
SeaShell	#FFF5EE	
Sienna	#A0522D	
Silver	#C0C0C0	
SkyBlue	#87CEEB	
SlateBlue	#6A5ACD	
SlateGray	#708090	
SlateGrey	#708090	
Snow	#FFFAFA	
SpringGreen	#00FF7F	
SteelBlue	#4682B4	
Tan	#D2B48C	
Teal	#008080	
Thistle	#D8BFD8	

色彩名稱	16 進位	色彩樣式
Tomato	#FF6347	
Turquoise	#40E0D0	
Violet	#EE82EE	
Wheat	#F5DEB3	
White	#FFFFFF	
WhiteSmoke	#F5F5F5	
Yellow	#FFFF00	
YellowGreen	#9ACD32	

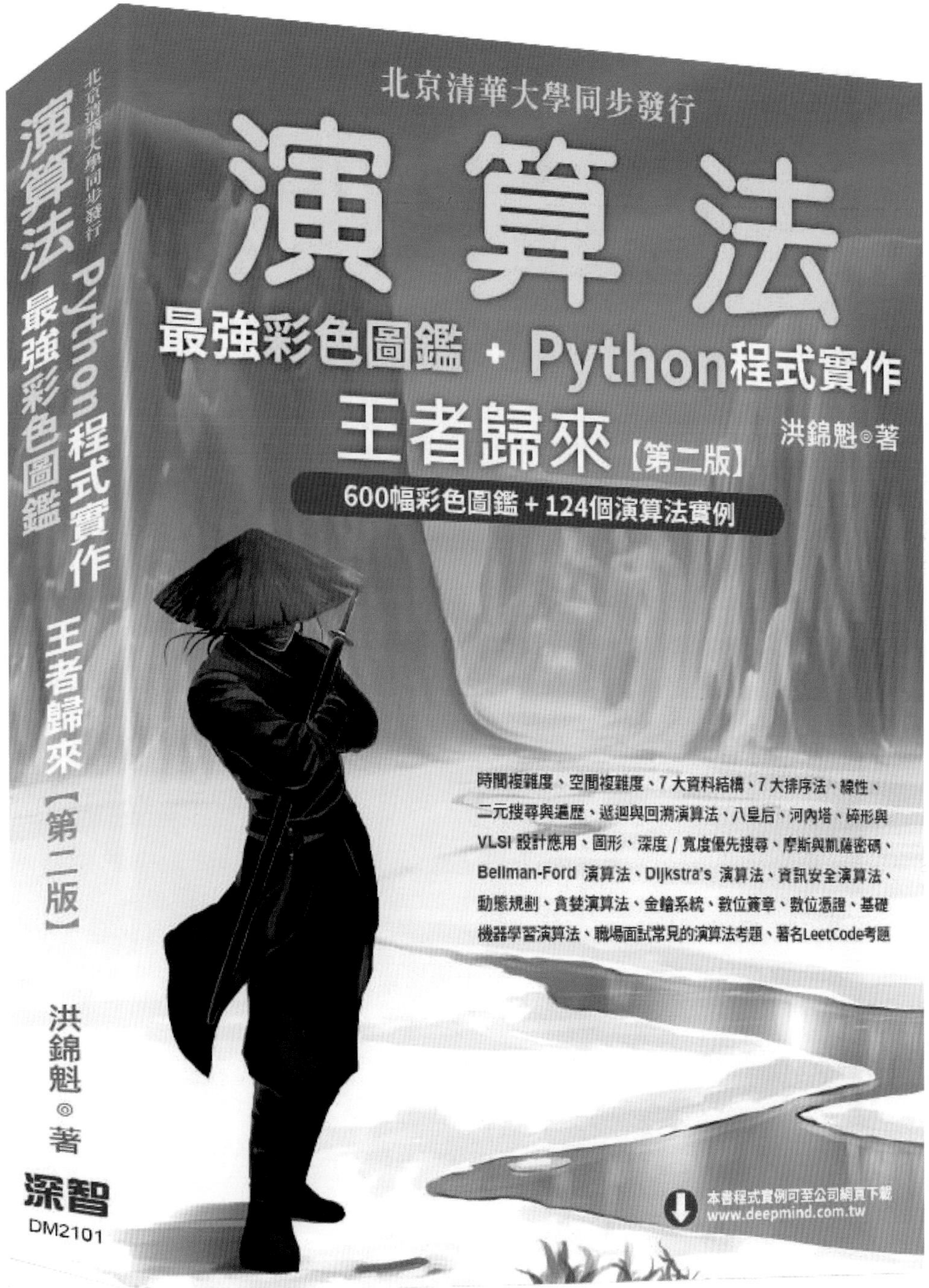
北京清華大學同步發行
演算法
最強彩色圖鑑 + Python程式實作
王者歸來【第二版】
洪錦魁◎著
600幅彩色圖鑑 + 124個演算法實例
時間複雜度、空間複雜度、7 大資料結構、7 大排序法、線性、二元搜尋與遍歷、遞迴與回溯演算法、八皇后、河內塔、碎形與 VLSI 設計應用、圖形、深度 / 寬度優先搜尋、摩斯與凱薩密碼、Bellman-Ford 演算法、Dijkstra's 演算法、資訊安全演算法、動態規劃、貪婪演算法、金鑰系統、數位簽章、數位憑證、基礎機器學習演算法、職場面試常見的演算法考題、著名LeetCode考題
本書程式實例可至公司網頁下載
www.deepmind.com.tw
北京清華大學同步發行
演算法 最強彩色圖鑑 Python程式實作 王者歸來【第二版】
洪錦魁◎著
深智
DM2101

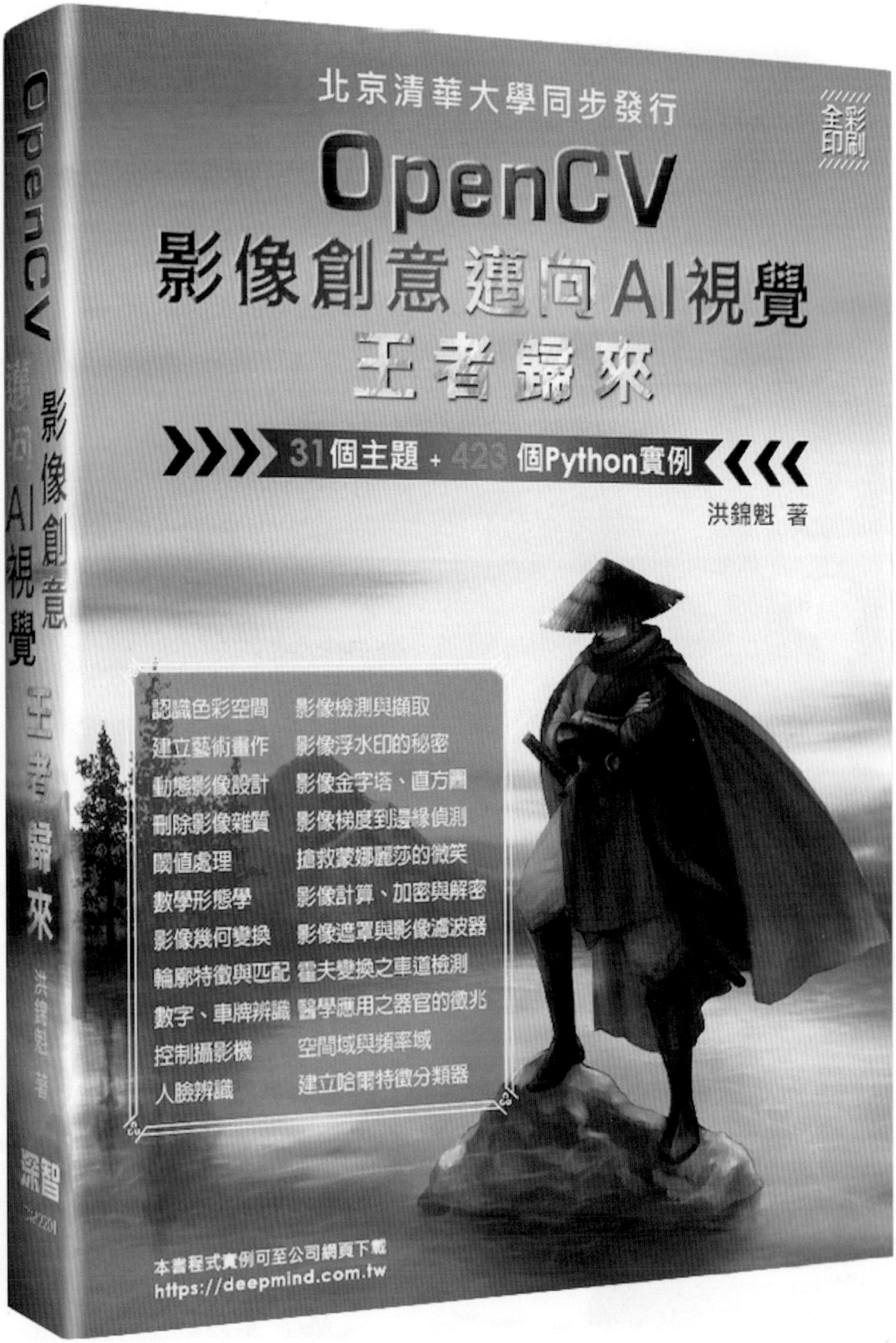

北京清華大學同步發行
全彩印刷
OpenCV
影像創意邁向AI視覺
王者歸來
31個主題 + 423 個Python實例
洪錦魁 著
認識色彩空間
建立藝術畫作
動態影像設計
刪除影像雜質
閾值處理
數學形態學
影像幾何變換
輪廓特徵與匹配
數字、車牌辨識
控制攝影機
人臉辨識
影像檢測與擷取
影像浮水印的秘密
影像金字塔、直方圖
影像梯度到邊緣偵測
搶救蒙娜麗莎的微笑
影像計算、加密與解密
影像遮罩與影像濾波器
霍夫變換之車道檢測
醫學應用之器官的徵兆
空間域與頻率域
建立哈爾特徵分類器
本書程式實例可至公司網頁下載
https://deepmind.com.tw
OpenCV 影像創意 邁向AI視覺 王者歸來
洪錦魁 著
深智